全国高等教育自学考试指定教材
计算机网络专业（独立本科段）

网络操作系统

（2019 年版）

（含：网络操作系统自学考试大纲）

全国高等教育自学考试指导委员会　组编
陈向群　孙卫真　编著

机械工业出版社

本书从计算机学科基础理论和基本实践出发，全面、系统地讲述了网络操作系统的基本概念、基本原理以及相关的应用技术，反映了当前计算机网络操作系统发展的新趋势和新水平。

全书共分为 8 章，第一章为网络操作系统概论，讲述了操作系统的基本概念，分析了操作系统的分类及其主要功能，阐明了网络操作系统与传统操作系统的区别与联系。第二章详细讲述了网络操作系统必须具备的五大基本功能。第三、四章分别讲述了网络操作系统的两个特别增强的功能：网络通信和网络资源共享。第五章讲述了网络操作系统提供给用户的调用接口及其应用。第六章重点介绍了网络操作系统的网络管理及其所提供的服务。第七、八章分别介绍了两个网络操作系统的实例：Linux 和 Windows Server。

本书层次分明，概念明确，逻辑性强，内容丰富，叙述深入浅出，通俗易懂，便于自学。适合作为高等教育自学考试的教材，也可以作为高等学校计算机、信息化等专业本科、专科学生的教科书，还可作为相关专业师生和工程技术人员学习、研究网络操作系统的参考用书。

图书在版编目（CIP）数据

网络操作系统：2019 年版 / 陈向群，孙卫真编著. —北京：机械工业出版社，2019.10（2022.1 重印）

全国高等教育自学考试指定教材

ISBN 978-7-111-63830-8

Ⅰ. ①网… Ⅱ. ①陈… ②孙… Ⅲ. ①网络操作系统－高等教育－自学考试－教材 Ⅳ. ①TP316.8

中国版本图书馆 CIP 数据核字（2019）第 212958 号

机械工业出版社（北京市百万庄大街 22 号　邮政编码 100037）

策划编辑：王　斌　　责任编辑：王　斌

责任校对：张艳霞　　责任印制：单爱军

北京虎彩文化传播有限公司印刷

2022 年 1 月第 1 版 • 第 3 次印刷

184mm×260mm • 14.75 印张 • 359 千字

标准书号：ISBN 978-7-111-63830-8

定价：36.00 元

电话服务

客服电话：010-88361066

010-88379833

010-68326294

网络服务

机　工　官　网：www.cmpbook.com

机　工　官　博：weibo.com/cmp1952

金　　书　　网：www.golden-book.com

机工教育服务网：www.cmpedu.com

组 编 前 言

21 世纪是一个变幻难测的世纪，是一个催人奋进的时代。科学技术飞速发展，知识更替日新月异。希望、困惑、机遇、挑战，随时随地都有可能出现在每一个社会成员的生活之中。抓住机遇，寻求发展，迎接挑战，适应变化的制胜法宝就是学习——依靠自己学习、终生学习。

作为我国高等教育组成部分的自学考试，其职责就是在高等教育这个水平上倡导自学、鼓励自学、帮助自学、推动自学，为每一个自学者铺就成才之路。组织编写供读者学习的教材就是履行这个职责的重要环节。毫无疑问，这种教材应当适合自学，应当有利于学习者了解和掌握新知识、新信息，有利于学习者增强创新意识、培养实践能力、形成自学能力，也有利于学习者学以致用，解决实际工作中所遇到的问题。具有如此特点的书，我们虽然沿用了“教材”这个概念，但它与那种仅供教师讲、学生听，教师不讲、学生不懂，以“教”为中心的教科书相比，已经在内容安排、编写体例、行文风格等方面都大不相同了。希望读者对此有所了解，以便从一开始就树立起依靠自己学习的坚定信念，不断探索适合自己的学习方法，充分利用自己已有的知识基础和实际工作经验，最大限度地发挥自己的潜能，达到学习的目标。

欢迎读者提出意见和建议。

祝每一位读者自学成功！

全国高等教育自学考试指导委员会

2018 年 7 月

目　　录

网络操作系统自学考试大纲

网络操作系统

全国高等教育自学考试
计算机网络专业（独立本科段）

网络操作系统
自学考试大纲

（含考核目标）

全国高等教育自学考试指导委员会　制定

大纲前言

为了适应社会主义现代化建设事业的需要，鼓励自学成才，我国在 20 世纪 80 年代初建立了高等教育自学考试制度。高等教育自学考试是个人自学、社会助学和国家考试相结合的一种高等教育形式。应考者通过规定的专业课程考试并经思想品德鉴定达到毕业要求的，可获得毕业证书；国家承认学历并按照规定享有与普通高等学校毕业生同等的有关待遇。经过 30 多年的发展，高等教育自学考试为国家培养造就了大批专门人才。

课程自学考试大纲是国家规范自学者学习范围、要求和考试标准的文件。它是按照专业考试计划的要求，具体指导个人自学、社会助学、国家考试、编写教材及自学辅导书的依据。

为更新教育观念，深化教学内容方式、考试制度、质量评价制度改革，更好地提高自学考试人才培养的质量，全国考委各专业委员会按照专业考试计划的要求，组织编写了课程自学考试大纲。

新编写的大纲，在层次上，专科参照一般普通高校专科或高职院校的水平，本科参照一般普通高校本科水平；在内容上，力图反映学科的发展变化以及自然科学和社会科学近年来研究的成果。

全国考委电子电工与信息类专业委员会参照普通高等学校网络操作系统课程的教学基本要求，结合自学考试计算机网络专业（独立本科段）的实际情况，组织制定的《网络操作系统自学考试大纲》，经教育部批准，现颁发施行。各地教育部门、考试机构应认真贯彻执行。

全国高等教育自学考试指导委员会

2019 年 6 月

Ⅰ. 课程性质与课程目标

一、课程性质和特点

网络操作系统是计算机网络专业(独立本科段)的一门重要的基础课程。

网络操作系统是在网络环境下，支持多计算机系统的一种操作系统。与单机操作系统相比，网络操作系统加强了网络之间的相互通信、资源共享、网络管理和网络服务的功能。同时网络操作系统也是网络上用户和其他计算机（服务器或其他用户）之间进行交互的桥梁，它管理计算机的硬件和软件资源，为用户提供各种网络应用接口。因此，网络操作系统在计算机网络系统中占有举足轻重的地位，是网络系统中其他应用软件系统的基础。任何网络软件都是在网络操作系统的基础上建立起来的。

设置网络操作系统课程的目的是使得学员理解网络操作系统的基本概念和基本原理，掌握网络操作系统的基本功能、基本技术以及应用，为后续课程的学习打下坚实的理论基础，并为在网络环境下开发软件、发挥计算机网络的作用提供支持，满足国家和公众对计算机网络应用技术的需要。

二、课程目标

本课程设置的目标是：

1．在正确理解通用操作系统的基本概念、基本原理和基本方法的基础上，领会各种不同类型操作系统的特点、联系和区别，掌握网络操作系统的基本概念、基本原理、基本功能及其特点。

2．深入理解网络操作系统的内部结构，领会客户/服务器模式，掌握网络操作系统与用户的接口，能正确、有效地使用网络。

3．理解网络操作系统中通信与资源共享的原理和机制，领会网络操作系统在提高网络通信的效率以及提高系统资源利用率上所做的工作。

4．理解网络操作系统的管理功能和服务功能，领会它们的实现方法和使用方法，为正确使用并在其基础上进一步开发新的软件打下基础。

5．基本掌握网络操作系统中的用户编程接口，具备网络环境下的编程能力。

6．理解 Linux 网络操作系统的基本原理和基本概念。领会 Windows Server 网络操作系统的原理和概念，掌握其基本操作方法和一般的应用。

三、与相关课程的联系与区别

本课程的先行课是“计算机网络原理”。学习网络操作系统必须先学习计算机网络的基础知识，包括网络的拓扑结构、网络体系结构及通信协议等。没有这些基础知识，会给网络操作系统的学习带来很大的困难。

操作系统的相关内容将在本课程中加以阐述。

本课程的后继课程为数据库技术、计算机网络管理、网络工程、互联网及其应用，这些课程都是在网络操作系统的基础上开设的。

四、课程的重点和难点

本课程的主要内容分为操作系统的知识和网络方面的知识，包括网络操作系统的概念、基本功能、通信、共享和接口；网络管理和网络服务。其中，操作系统部分的重点是进程管理、存储管理和文件管理；网络部分重点是网络通信接口、资源共享类型和方法、网络管理的结构和方法、网络服务的类型和实现。

本课程的难点是进程表理解、调度算法计算、互斥与同步编程、虚拟存储实现、文件物理结构分析、通信原语编程、共享及其权限分析、网络服务实现。

Ⅱ. 考核目标

大纲在考核知识点与考核要求中，按照识记、领会、应用三个层次规定其应达到的能力层次要求。三个能力层次是递进关系。各个能力层次的含义是：

识记（Ⅰ）：要求能够识别和记忆本课程中的有关知识点的主要内容（如操作系统的定义；操作系统的特征；文件、目录、文件系统的概念；进程的低级通信方式有哪些；内存共享的意义；应用程序接口的作用是什么；何为网络管理等），考生应能根据考核的不同要求作出正确的表达（解释名词或填空）、选择和判断（基本概念）。

领会（Ⅱ）：要求能够理解和掌握本课程中规定的有关知识点的内涵与外延，熟悉其内容要点与它们之间的区别与联系（如什么是计算机系统；计算机系统的软硬件的层次关系；系统调用是如何实现的；描述处理机调度时的流程；描述一次远程过程调用的步骤和方法；共享访问的安全性的实现；套接字通信的基本原理等），并能够根据考核的不同要求作出正确的解释、说明和论述（填空和简答题）。

应用（Ⅲ）：要求能够运用本课程中规定的知识点，分析和解决一般应用问题（如用伪语言编写互斥算法程序；调度算法中先来先服务的简单计算；网络通信中可靠通信机制的流程图和原理分析；网络管理中包含的各个管理对象以及实现；对网络服务中的关键配置进行填空等）。

Ⅲ. 课程内容与考核要求

第一章　网络操作系统概论

一、课程内容

1.1 操作系统的定义
1.2 操作系统的特征
1.3 操作系统的作用及特点
1.4 操作系统的分类及发展
1.5 网络操作系统的结构和特点

二、学习目的与要求

本章介绍了操作系统的基本概念、基本工作原理以及操作系统的各种类型和特点，进而引入了网络操作系统的概念，并对网络操作系统的结构和特点进行了阐述。

本章的要求是：理解操作系统的概念、特征，领会操作系统的作用及特点、分类和发展，掌握网络操作系统的概念及其结构和特点。

本章的重点是：理解通用操作系统的作用及分类，领会分布式操作系统和并行操作系统的概念以及它们与网络操作系统的区别与联系。

三、考核内容与考核要求

1．识记
1.1　操作系统的定义。
1.2　批处理操作系统、交互式操作系统与实时操作系统的概念。
1.3　分布式操作系统和并行操作系统的特点、区别与联系。
1.4　网络操作系统定义。
1.5　网络操作系统的结构。
2．领会
2.1　计算机系统的定义。
2.2　操作系统的发展、操作系统的作用。
2.3　进程管理、存储管理、文件管理和输入/输出管理。
2.4　网络操作系统的特点。
2.5　网络操作系统的功能组成。
3．应用

3.1 操作系统在计算机系统中的作用。

3.2 现代操作系统的主要特征。

第二章 网络操作系统基本功能

一、课程内容

2.1 网络操作系统的用户接口

2.2 进程管理

2.3 处理机调度

2.4 存储管理

2.5 文件管理

2.6 输入/输出管理

二、学习目的与要求

本章介绍了网络操作系统的基本功能。从通用操作系统出发，对网络操作系统的五大功能和一个接口加以阐述。五大功能是进程管理、处理机管理、存储管理、文件管理和输入/输出管理，一个接口是用户接口。

本章的要求是：理解网络操作系统的功能，掌握网络操作系统的用户接口，领会进程的概念，进程组织与控制，进程的状态与转换，进程的同步与互斥，线程概念；处理机调度的概念，调度与切换的时机，调度的准则和方法，调度算法，死锁的概念；存储管理的概念，虚拟存储的概念，页式存储概念，请求分页的实现，页面置换和置换算法；文件管理的概念，文件、目录和文件系统的概念，文件的逻辑结构和存储的物理结构，文件控制块，文件的保护和共享；输入/输出的概念，设备分配和回收，缓冲和假脱机，磁盘调度。

本章的重点是进程管理、处理机调度、存储管理和文件管理。

三、考核内容与考核要求

1．识记

1.1 操作系统的用户接口。

1.2 进程的状态与转换，线程的概念和多线程模型。

1.3 处理机调度的概念，调度的基本准则，死锁概念。

1.4 存储管理的概念，存储体系，内存分配方式。

1.5 文件、目录和文件系统，文件和目录的操作。

1.6 文件的逻辑结构、物理结构。

1.7 输入/输出管理的概念。

2．领会

2.1 命令行与脚本文件。

2.2 系统调用的概念，系统调用的种类。

2.3 进程概念，进程的特征，进程控制，PCB 概念，进程队列，进程同步的概念。

2.4 处理机调度，调度时机、切换与过程，调度方法，死锁发生的原因。

2.5 静态、动态重定位，共享与保护，虚拟存储管理，页式存储管理，缺页中断，页面分配和置换。

2.6 文件结构和存取方法，记录式文件和流式文件。

2.7 文件存取，文件系统实现，位示图和链表，文件的保护与共享。

2.8 设备分配原则，缓冲和假脱机技术。

2.9 磁盘调度以及调度算法。

3．应用

3.1 进程状态及其相互转换，进程队列。

3.2 利用信号量实现进程同步与互斥。

3.3 运用调度算法实现处理机调度。

3.4 地址转换的计算。

3.5 运用位示图计算内存分配。

3.6 运用页面置换算法计算置换的页面。

3.7 文件的成组计算和分解。

3.8 磁盘调度计算。

第三章　网络操作系统的通信

一、课程内容

3.1 共享变量通信方式的概念

3.2 消息传递通信方式的概念

3.3 远程过程调用的概念

3.4 各种通信机制的特点及比较

3.5 消息传递通信机制的算法实现

二、学习目的与要求

本章介绍了网络中计算机间的通信，通信是网络操作系统中的一个重要功能。在网络系统中存在两种通信方式：一是基于共享变量的通信方式，二是基于消息传递的通信方式。

基于共享变量的通信方式需要访问一个有界的共享存储器，所以这种通信方式一般适用于网络节点主机内部各进程之间的通信。节点主机之间的进程间传递的大量信息一般采用消息传递的通信方式，其又分为消息缓冲通信和信箱通信两种，是高级通信方式。消息缓冲通信和信箱通信均为异步通信，具有高效灵活的特点。网络系统中各节点主机之间进程的通信是采用基于消息传递的通信方式。在这种方式下采用通信原语 send( )和 receive( )来实现。此外还可以采用远程过程调用方式（RPC）来实现。

本章的重点是深入理解同步、互斥的概念，能利用共享变量和消息传递收发信息，对于高级通信的实例，要求领会并应用。

三、考核内容与考核要求

1．识记

1.1 进程间低级通信方式。

1.2 实现通信原语的三种类型。

1.3 消息传递的通信方式。

1.4 远程过程调用以及其他通信的概念。

1.5 各种通信机制的原理。

2．领会

2.1 客户/服务器进程通信模式。

2.2 进程间通信的原语，各类信号量的意义。

2.3 客户与服务器之间的通信协议。

2.4 同步原语与异步原语；缓冲原语与非缓冲原语；可靠原语与非可靠原语。

2.5 单机环境下过程调用的方法及参数传递机制。

2.6 远程过程调用的实现方式。

2.7 组通信及其实现方式。

3．应用

3.1 消息缓冲通信的算法实现。

3.2 理解信箱的数据结构、信箱通信的工作过程、收发的算法实现。

3.3 客户与服务器之间通信的算法实现。

第四章　网络操作系统的资源共享

一、课程内容

4.1 资源管理的概念

4.2 硬件资源共享

4.3 网络文件和数据的共享

4.4 共享的安全性

4.5 文件映射方法

4.6 云计算平台资源共享的评定方法

二、学习目的与要求

本章介绍网络上的资源共享，实现网络资源共享是网络操作系统的另一个重要功能，也是发展计算机网络的目的之一。合理地组织、分配和调度网络资源是提高计算机网络系统效率的重要途径。为此，应深入理解网络资源共享的意义以及共享方法，掌握实现共享的机制。其中，通过硬件资源共享与网络文件和数据的共享需要特别关注。

本章的重点是要求理解网络资源的含义、网络资源的范围，掌握网络资源共享的基本方法。

三、考核内容与考核要求

1．识记

1.1　网络软、硬件资源的概念，文件映射的概念。

1.2　安全的概念：权限设置，密码保护。

1.3　内存共享的概念。

2．领会

2.1　网络用户、用户组以及它们之间的关系。

2.2　域、树、林以及它们之间的关系。

2.3　共享资源的管理方法。

2.4　硬件资源共享：虚拟设备方法、文件服务方法。

2.5　网络文件系统的实现方法。

2.6　网络文件和数据的共享方法。

2.7　网络资源共享的实现方法。

2.8　共享访问的限制。

2.9　共享的安全性的实现。

2.10 云平台的计算能力、存储能力和通信能力。

3．应用

3.1　用户和用户组权限的配置。

3.2　硬件资源共享的实现。

3.3　文件服务共享的实现。

3.4　打印机共享的实现。

3.5　数据移动和计算移动的实现。

第五章　网络操作系统的接口

一、课程内容

5.1 应用编程接口概念

5.2 套接字及其相关的基本系统调用

5.3 简单套接字及其应用

5.4 WinSock 套接字及其应用

二、学习目的与要求

本章介绍实现网络资源共享需要的接口。提供用户与网络之间的接口是网络操作系统的一个主要功能。用户通过网络操作系统来指挥计算机完成所要求的工作。与普通操作系统一样，网络操作系统为用户提供两类用户接口：命令接口和系统调用接口。适当的组合系统调用而满足一个特定的功能就形成了应用编程接口（API）。本章系统地介绍了 API 接口的基本概念，以及利用 API 接口编写各种应用程序和网络服务软件的方法。通常，用户对网络操作系统的命令输入主要用于配置、远程控制各种网络设备等；而系统调用和应用编程接口主要用于传递数据。

本章的重点是理解 API 的概念，掌握套接字的工作原理，能够使用套接字编写用户应用程序。

三、考核内容与考核要求

1．识记

1.1　应用程序接口概念。

1.2　TLI/XTI 函数。

1.3　套接字概念。

2．领会

2.1　TLI/XTI 的服务模式。

2.2　UNIX 套接字及其简单应用：套接字和套接字地址，客户/服务器简单响应的应用。

2.3　利用 WinSock 套接字实现网络通信。

3．应用

3.1　TLI/XTI 函数的应用。

3.2　编程实现套接字通信。

3.3　编程实现 WinSock 套接字的通信。

第六章　网络管理与服务

一、课程内容

6.1 网络管理概念

6.2 网络管理的功能

6.3 网络管理协议和网络管理实现方式

6.4 网络服务概念

6.5 域名解析 DNS 服务

6.6 电子邮件 E-mail 服务

6.7 文件传输 FTP 服务

6.8 Web 服务和其他服务

二、学习目的与要求

本章介绍网络管理和网络服务的内容。网络操作系统为用户提供了一些基本的网络管理和服务软件。对这些软件的分析是使用网络操作系统的一个重要部分。所以，对网络管理的要求是：了解网络管理的意义，掌握管理的基本要素，重点掌握网络管理协议，了解集中式、分布式和分层式网络管理的要点。

对网络服务的要求是：了解网络服务的意义，掌握服务控制管理程序的工作原理，重点掌握 DNS 服务、电子邮件服务、文件传输服务的工作原理以及使用方法，深入理解 WWW

万维网、WWW 和 Internet 的关系以及 HTTP 协议。

本章的重点是网络操作系统的管理和网络服务的实现。能够熟练掌握 FTP、E-mail 的使用。对于非操作系统类的应用软件不作要求。

三、考核内容与考核要求

1．识记

1.1　网络管理的基本概念。

1.2　网络管理的协议。

1.3　网络服务的基本概念。

1.4　网络服务的分类。

2．领会

2.1　网络管理系统标准。

2.2　简单网络管理协议以及网络管理协议的改进。

2.3　网络管理类型：配置管理、故障管理、性能管理、计费管理、安全管理。

2.4　集中式网络管理，分布式网络管理，分层式网络管理。

2.5　域名解析服务（DNS）和动态地址分配（DHCP）。

2.6　电子邮件的概念，电子邮件的结构和服务，电子邮件的工作过程。

2.7　FTP 文件服务的工作原理，FTP 文件服务的功能。

2.8　WWW 和 Internet 的关系，Web 的工作原理，URL 统一资源定位器。

2.9　代理服务。

3．应用

3.1　网络管理的实现。

3.2　网络服务的实现。

第七章　Linux 网络操作系统

一、课程内容

7.1 Linux 网络操作系统概念

7.2 Linux 网络操作系统的基本组成

7.3 Linux 网络操作系统域名解析服务的实现

7.4 Linux 网络操作系统共享文件系统

7.5 Linux 网络操作系统提供的其他网络服务

二、学习目的与要求

本章全面地介绍了 Linux 网络操作系统，讨论了 Linux 网络操作系统的组织结构，Linux 网络操作系统提供的网络管理和网络服务功能。由于 Linux 网络操作系统具有灵活的模块化的网络服务功能，且具有开放的体系结构，因此它得到了广泛的应用。

本章要求理解 Linux 网络操作系统的组成，理解 Linux 网络操作系统的网络管理方法和服务结构和协议，理解 Linux 网络操作系统的工作原理，领会 Linux 网络操作系统的应用程序简单接口的开发。

三、考核内容与考核要求

1．识记

1.1 Linux 网络操作系统的基本结构。

1.2 Linux 网络操作系统的特点、分类和发展。

1.3 Linux 网络操作系统的域名解析服务实现。

1.4 Linux 网络操作系统共享文件系统的实现。

1.5 Linux 网络操作系统的其他服务。

2．领会

2.1 Linux 域名解析服务的安装及配置过程。

2.2 Samba 的安装及配置过程。

2.3 WWW 服务的安装及配置。

2.4 E-mail 服务的安装及配置。

2.5 FTP 服务的安装及配置。

3．应用

不作要求。

第八章 Windows Server

一、课程内容

8.1 Windows Server 的概念及其发展过程

8.2 Windows Server 的用户、计算机和组管理

8.3 Windows Server 的活动目录管理

8.4 Windows Server 管理工具的使用

8.5 Windows Server 服务配置和性能优化

二、学习目的与要求

本章全面深入地介绍了 Windows Scrvcr 网络操作系统。Windows Server 提供了网络操作系统的几乎所有功能。例如多任务能力、多处理系统、虚拟资源管理、统一的一体化 I/O 系统以及网络通信功能等。通过本章的学习，一方面可以掌握网络操作系统的新技术，另一方面也使我们对网络操作系统有一个全面、具体的认识和理解，并在具体的网络操作系统上实现基本的网络应用。

本章重点是掌握 Windows Server 的内核结构与网络功能，能够通过该网络操作系统来实现管理和提供服务。

三、考核内容与考核要求

1．识记

1.1　Windows Server 的基本结构和功能。

1.2　Windows Server 网络管理及网络服务概念。

2．领会

2.1　Windows Server 的基本模型。

2.2　Windows Server 网络操作系统的体系结构及其特点。

2.3　Windows Server 提供的 Web 服务。

2.4　Windows Server 提供的文件服务。

2.5　Windows Server 提供的远程登录服务。

3．应用

3.1　Windows Server 提供的邮件服务。

3.2　Windows Server 提供的活动目录。

3.3　Windows Server 提供的 IIS 服务。

Ⅳ. 关于大纲的说明与考核实施要求

一、自学考试大纲的目的和作用

课程自学考试大纲是根据专业自学考试计划的要求，结合自学考试的特点制定的。其目的是对个人自学、社会助学和课程考试命题进行指导和规定。

课程自学考试大纲明确了课程自学内容及其深广度，规定出课程自学考试的范围和标准，是编写自学考试教材的依据，是社会助学的依据，是个人自学的依据，也是进行自学考试命题的依据。

二、关于自学教材

《网络操作系统》，全国高等教育自学考试指导委员会组编，陈向群、孙卫真编著，机械工业出版社出版，2019 年版。

三、关于考核内容及考核要求的说明

1）课程中各章的内容均由若干知识点组成，在自学考试命题中知识点就是考核点。因此，课程自学考试大纲中所规定的考核内容是以分解为考核知识点的形式给出的。因各知识点在课程中的地位、作用以及知识自身的特点不同，自学考试将对各知识点分别按三个认知层次确定其考核要求（认知层次的具体描述请参看Ⅱ.考核目标）。

2）按照重要性程度不同，考核内容分为重点内容和一般内容。为有效地指导个人自学和社会助学，本大纲已指明了课程的重点和难点，在各章的“学习目的与要求”中一般也指明了本章内容的重点和难点。在本课程试卷中重点内容所占分值比例一般不少于 60%。

本课程共 5 学分。

四、关于自学方法的指导

在学习网络操作系统课程时，重要的一点是把精力集中到学习知识、掌握技能上，而不是如何应付考试。学习任何一门课程，要能做到真正学有所用、学以致用，就必须认真阅读教材，认真做好笔记，遇到不懂的地方，需要及时利用各种条件进行查找或询问。对每章后面的习题，要及时、认真去做，从而巩固所学内容。学习不能只读一遍书，需要反复学习，举一反三，及时总结已学过的知识，正确理解课程内容。

每一门课程都有其自身的特殊性，应按照具体课程的特点，具体探索如何进行学习。要学好网络操作系统，关键在于弄清楚网络操作系统在网络环境下要做什么、怎样去做以及为什么这样做。所以，如能注意以下几点，将会对网络操作系统课程的学习起到促进作用，也会取得较好的效果。

1）在开始阅读教材某章之前，先阅读考试大纲中有关这一章的课程内容、学习目的和要求、考核知识点与考核要求，把握重点，以便在阅读教材时做到心中有数、有的放矢。

2）阅读教材时要逐段细读，逐句推敲，吃透每一知识点。对基本概念必须反复深刻理解，对基本原理必须彻底弄清，对设计技巧要能灵活应用。

3）学习网络操作系统要采用对比的方法进行学习。对每一个概念、原理、技巧和方法都要将网络操作系统与传统单机（或称集中式）操作系统进行比较。指定的自学教材分 8 章，第一章是概论，叙述了操作系统的基本组成内容并介绍了各种类型的操作系统；第二章讲述操作系统的作用、功能等，这些功能是针对传统单机操作系统来讲述的；网络操作系统不同于传统单机操作系统之处主要表现在通信机制、资源共享、网络管理和网络服务、用户（编程）接口上，这些内容分别在第三至第六章讲述；第七章和第八章讲述两个网络操作系统实例：Linux 网络操作系统和 Windows Server。在学习本课程之前，了解教材内容的组成是十分必要的。对于每一章的学习，可以根据教材中每章前的导言（内容提要）和每章后的本章小结进行归纳、总结和提炼。

4）对于应考者来说教材阅读一遍是不够的，要学好一门课程，应反复阅读（先粗读后细读）教材，遇到问题可请教老师，或找同学相互讨论，多去查阅参考书和有关资料。

5）做习题是理解、消化和巩固所学知识，培养分析问题和解决问题能力的重要环节。在做习题之前应先认真理解教材内容，否则可能本末倒置，欲速则不达。

6）上机实验是学好网络操作系统的重要一环，只有经常上机做实验才能熟练掌握网络技能，深入理解所学知识，加深感性认识。应通过上机实验熟悉各种网络操作，验证所编程序的正确性。但是，本门课程没有规定实验学分，这就要靠应考者自己安排，自己创造条件上机、上网，也可以在学习其他网络课程时加以弥补。

五、考试指导

在考试过程中应做到卷面整洁，书写工整，段落与间距合理，卷面赏心悦目有助于教师评分，书写不清楚会导致不必要的丢分。答题时不要所答非所问，避免超过问题的范围。

正确处理对失败的惧怕，要正面思考。如果可能，请教已经通过该科目考试的人，问他们一些问题。考试前合理膳食，保持旺盛精力，保持冷静。临考前，根据考试大纲的要求将课程内容总结为“记忆线索”，当阅读考卷时，一旦有了思路就快速记下。按自己的步调进行答卷。为每个考题或部分分配合理时间，并按此时间安排进行。

六、对社会助学的要求

1）组织应考者自学或面授辅导时，应以指定教材为基础，以考试大纲为依据，不要随意增删内容，以免与大纲脱节。

2）应熟知考试大纲所提出的总要求和各章的知识点，应掌握各知识点要求达到的层次，并深刻了解对各知识点的考核要求。

3）辅导时，应对学习方法加以指导。应提倡“认真阅读和刻苦钻研教材，主动争取帮助和依靠自己读懂学通”的学习方法。

4）应注重应考者自学能力的培养与循序渐进地提高独立学习的能力。要引导应考者在学习中善于提出问题、分析问题和解决问题，善于归纳总结，不断深入不断提高。

5）要使应考者了解试题的难易程度和能力层次二者不完全相同，在各个能力层次中都有不同难易程度的试题。

6）辅导时，要注重基础，突出重点，对应考者提出的问题应积极启发引导。

7）助学单位在安排本课程辅导时，授课时间建议不少于 90 课时。

七、关于考试命题的若干规定

1）考试方式为闭卷、笔试，考试时间为 150 分钟。试题量以中等水平考生在规定时间内答完全部试题为准。考试时只允许携带笔、橡皮和尺子，答卷必须使用黑色钢笔或签字笔书写。

2）本大纲各章所规定的基本要求、知识点及知识点下的知识细目，都属于考核的内容。考试命题既要覆盖到章，又要避免面面俱到。要注意突出课程的重点，加大重点内容的覆盖度。

3）不应命制超出大纲中考核知识点范围的题目，考核目标不得高于大纲中所规定的相应的最高能力层次要求。命题应着重考核自学者对基本概念、基本知识和基本理论是否了解或掌握，对基本方法是否会用或熟练。不应命制与基本要求不符的偏题或怪题。

4）本课程在试卷中对不同能力层次要求的分数比例大致为：识记占 20%，领会占 50%，应用占 30%。

5）要合理安排试题的难易程度，试题的难度可分为：易、较易、较难和难四个等级。每份试卷中不同难度试题的分数比例一般为：2∶3∶3∶2。

必须注意，试题的难易程度与能力层次有一定的联系，但二者不是等同的概念，在各个能力层次都有不同难度的试题。

6）课程考试命题的主要题型一般有单项选择题、填空题、简答题和应用题等。

V. 题型举例

一、单项选择题

1. 在操作系统中，并发性是指若干个事件（　　）发生。

A. 一定在同一时刻　　B. 可以在任意时刻

C. 在一定的时间间隔内同时　　D. 在不同时间间隔内依次

2. 下列哪些存储分配方案可能使系统抖动（　　）。

Ⅰ动态分区分配；Ⅱ简单页式；Ⅲ虚拟页式；Ⅳ简单段页式；Ⅴ简单段式；Ⅵ虚拟段式

A. Ⅰ和Ⅱ　　B. Ⅲ和Ⅳ

C. Ⅴ和Ⅵ　　D. Ⅲ和Ⅵ

二、填空题

1. 网络管理一般分为（　　　　）、性能管理、计费管理、（　　　　）、安全管理等。

2. 网络管理中很大一部分是对网络中（　　　　）的管理。这其中包括硬件、软件以及所提供的（　　　　）等。

3. 最常见的三种网络服务是邮件服务、文件服务和（　　　　）。它们分别用来完成电子邮件的投递、（　　　　）和信息发布或信息获取的工作。

三、简答题

1. 请描述什么是同步原语、异步原语；缓冲原语、非缓冲原语；可靠原语、非可靠原语？

2. 什么是配置管理？配置管理主要完成什么工作？

四、应用题

1. 对于如下四个进程，为满足同步关系，特设置同步信号量 s1、s2、s3 和 s4，初值均为 0，a、b、c 和 x、y、z 均为共享存储区。

proc1	proc2	proc3	proc4
{a:=1,b:=2;	{P(s1);	{x:=8,y:=7;	{P(s3);
V(s1);	z=a+b;	P(s2);	c=a+x;
P(s4);	V(s2);}	z=z+x+y;	x=5;
c=a+b+c+x+y+z;}		V(s3);}	V(s4);}

请问：上述四个进程运行结束后，a、b、c、x、y、z 的值各是多少？

2. 在实现文件系统时，一般为加快文件目录的检索速度，可利用“文件控制块部分装入”的方法。假设目录文件（即文件控制块）存放在磁盘上，磁盘的每个盘块为 512B，每个目录项占 128B，其中文件名占 11B。为提高检索速度，通常将目录项分解成两部分，第一部分（包括文件名和文件内部号）占 16B，第二部分（包括文件内部号和文件其他描述信息）占 122B。假设某一目录共有 254 个目录项（文件控制块），试分别给出前、后二种方法查找该目录文件某一目录项的平均访问磁盘次数。

后　记

本大纲是根据全国高等教育自学考试指导委员会电子电工与信息类专业委员会《高等教育自学考试计算机网络专业（独立本科段）考试计划》和全国高等教育自学考试指导委员会《关于修订高等教育自学考试课程自学考试大纲的几点意见》的精神制定的。

本大纲提出初稿后，曾聘请专家初审，并由电子电工与信息类专业委员会在上海组织召开审稿会进行审稿，根据审稿会意见由编者进行了修改。最后由电子电工与信息类专业委员会定稿。

本大纲由北京大学陈向群教授、首都师范大学孙卫真副教授负责编写。参加审稿并提出修改意见的有中国科学技术大学张信明教授、上海大学武频副教授。

对参与本大纲编写和审稿的各位专家表示感谢。

全国高等教育自学考试指导委员会
电子电工与信息类专业委员会
2019 年 6 月

全国高等教育自学考试指定教材
计算机网络专业（独立本科段）

网络操作系统

全国高等教育自学考试指导委员会　组编

编 者 的 话

进入 21 世纪以来，计算机技术的发展日新月异，特别是最近十年，网络新技术和新应用更是层出不穷。如何把握时代的脉搏，将这些新知识、新技术更快、更好地引入到“网络操作系统”课程的学习中，是本书在编写时思考的重点。

本课程的先行课程是“计算机网络原理”。与操作系统相关的知识将在本课程中加以阐述。本课程的后继课程为“数据库技术”“计算机网络管理”“局域网技术与组网工程”（或“网络工程”）、“互联网及其应用”，因为这些课程都是在“网络操作系统”的基础上开设的。

本书的内容安排如下：

1）第一章介绍操作系统的基本概念，操作系统的分类、功能和网络操作系统的结构与特征。

2）第二章详细阐述了网络操作系统的基本原理和基本功能。

3）第三章和第四章围绕网络操作系统的特点进行重点讲述，包括进程通信、资源共享等内容。

4）第五章介绍网络操作系统的应用调用接口。

5）第六章介绍了网络操作系统特有的功能——网络管理和网络服务。

6）第七章和第八章引入两个网络操作系统实例：Linux 网络操作系统和 Windows Server，并着重介绍二者在网络管理和网络服务方面的应用。

本书作为计算机网络专业（独立本科段）的专业课教材，主要面向参加高等教育自学考试的学生，同时也适合高等学校计算机、信息化等专业的本科、专科学生学习使用，还可作为相关专业师生和技术人员学习、研究网络操作系统的参考用书。

本教材由陈向群主编并统稿。陈向群编写并修改了第一、二、七章；孙卫真编写并修改了第三～六章和第八章。

全国高等教育自学考试指导委员会电子电工与信息类专业委员会组织了本书的审稿工作。全书由张信明教授（中国科学技术大学）主审、武频副教授（上海大学）参审。上海交通大学陈建平教授做了大量细致周到的组织工作。在此向他们表示衷心的感谢！

编　者

2019 年 7 月

第一章 网络操作系统概论

本章对操作系统和网络操作系统做一个概括性的介绍，使读者在深入学习和理解网络操作系统基本原理之前，能够对网络操作系统有一个整体上认识和了解。

本章首先阐述操作系统的基本概念，包括计算机系统的定义，操作系统的定义、作用、特征，操作系统的分类，操作系统的基本功能，以及网络操作系统的基本概念。

通过本章的学习，读者应该了解到:

1. 操作系统的基本概念。
2. 操作系统的分类和基本功能。
3. 网络操作系统的结构和特点。

第一节 操作系统的基本概念

本节从计算机系统出发，介绍了操作系统的定义、作用、特征以及功能，为理解网络操作系统建立基本概念。

一、计算机系统的定义

所谓计算机系统是一种可以按用户的要求接收和存储信息、自动进行数据处理并输出结果信息的系统。广义的计算机系统包含机械式系统和电子式系统两类。在电子式系统中，还可以划分为模拟式和数字式两种计算机系统。我们在这里讨论的是数字电子计算机系统，简称计算机系统。

计算机系统包括硬件系统和软件系统。硬件系统是计算机系统赖以工作的实体。软件系统是能够使得计算机系统按用户指定的要求协调地工作的操作命令的集合。这两个部分构成了计算机系统的资源。因此，计算机系统的资源包括两大类：硬件资源和软件资源。

处理机、主存储器、辅存储器（磁盘、磁带等）以及各种类型的输入/输出设备（键盘、鼠标、显示器、打印机等）组成了计算机硬件系统；而各种程序和数据则组成了计算机的软件系统。

在利用计算机系统处理各种问题之前，首先要有相关程序。这些程序的来源可以多种多样，比如自行开发、购买等。任何一个程序在计算机系统中执行前，必须先要得到计算机系统的主存地址空间后才能被装入主存。这些程序的执行要依靠处理机。程序在执行的过程中需要调用公共服务子程序和共享文件，还要使用计算机的各种输入/输出设备。

各个程序在运行时对计算机资源的要求和使用是不同的。不同用户对计算机资源的请求和使用中还可能会发生冲突。比如，当一个用户在使用打印机时，另外一个用户也要求使用该打印机。如果没有一种方法或规则对用户使用打印机的要求进行管理的话，就有可能引起混乱。

对一台打印机的使用需要进行管理，同样，对计算机系统中的其他资源也需要进行管理。适当地控制和协调计算机资源的分配是必要的。

用户在使用计算机系统时，当然希望计算机能够按照用户的要求工作，控制程序按照用户的意愿执行。所以，计算机系统必须有识别用户要求的能力，还必须具有对不同用户进行不同控制执行的能力。

二、操作系统的定义

在计算机系统中，集中了资源管理功能和控制程序执行功能的一种复杂的软件，称为操作系统。

操作系统是计算机系统中的一个系统软件，它是这样一些程序模块的集合——它们能有效地组织和管理计算机系统中的硬件及软件资源，合理地组织计算机工作流程，控制程序的执行，并向用户提供各种服务功能，使得用户能够灵活、方便、有效地使用计算机，并使整个计算机系统能高效地运行。

从操作系统的表现形式上看，操作系统是一个大型软件程序，其中有大量的为实现操作系统各项功能的软件程序，这些软件程序从设计和结构角度看，它们通常是模块化的。也有的操作系统是层次化的，其每一个层次的程序通常也是模块化的。还有些操作系统是客户/服务器结构，而客户机或服务器内部程序一般也是模块化的。总结起来，操作系统这样一个大型软件程序，是具有各种功能的、大量程序模块的集合。

操作系统的任务之一是组织和管理计算机系统中的硬件及软件资源。在操作系统内部，为了掌握整个计算机系统的硬件和软件资源，设计了各种不同类型的表格或数据结构，将所有的硬件和软件资源一一加以登记，资源的名称、类型、数量、用途、完好状态以及目前使用状态等所有信息，均在有关数据结构中保存，并动态地、实时地不断更新着这些数据。记录数据的目的是：让操作系统根据用户对各种资源的需求情况，资源的当前分配和使用情况以及有关的资源调度策略，对资源进行有效的组织和管理。

这里，“有效”是指系统在管理计算机资源时要考虑到系统运行的效率和资源的利用率。要尽可能提高处理机的利用率，让它尽可能少地空转，应该在保证访问效能的前提下尽可能地有效利用其他资源，例如减少对内存、磁盘空间的浪费等。

在计算机系统中，不同的用户有不同的要求，系统中运行的程序有大有小。有的程序需要运算时间长，有的程序有大量的信息需要打印输出，有的事件需要立即处理。比如，笔记本电脑的电池还有 30 秒钟即将没电了，需要立即通知用户，要么给电脑提供新的电源，要么赶紧保存重要的文档。而有的事件推迟一些时间处理，不会引起什么大的乱子，比如，通知用户信箱中刚刚收到一封电子邮件，早 10 秒钟发出通知还是晚 10 秒钟发出通知，不会对用户造成多大的影响。操作系统应该根据用户不同的要求，程序的各自特点以及紧急程度等等，合理地组织计算机工作流程，控制程序的执行。

这里“合理”是指操作系统要“公平”对待不同的用户程序，保证系统不发生“死锁”和“饥饿”的现象。

操作系统另一项重要任务，是向用户提供各种服务功能。一方面，向软件开发和设计人员提供高效的设计接口，另一方面，向使用计算机系统的用户提供操作接口，使用户能够灵活、方便、有效地使用计算机。

这里的“方便”是指操作系统的人机界面要考虑到用户使用界面和软件设计接口两个方面的易用性、易学性和易维护性。

三、操作系统在计算机系统中的作用

操作系统是系统软件，它连接了硬件和软件，是两者之间的桥梁。操作系统作为系统软件，它是计算机资源的管理者，计算机的软硬件资源在操作系统的管理下调配有序，协调工作；操作系统又是人机交互的接口，在操作系统的环境下人们通过命令或系统调用来控制计算机运行；操作系统还是扩展机和虚拟机，通过引入虚拟技术，操作系统扩展了计算机的运行范围。所以，对操作系统来讲，具体应用领域的工作不是操作系统所关心的事。例如，它不会预报天气，不会量体裁衣。但是离开了操作系统，计算机就难以高效地运转。

四、操作系统的特征

作为一种系统软件，操作系统有着与其他软件相比所不同的特征。

1. 并发性

并发性是指在计算机系统中同时存在若干个运行着的程序。从宏观上看，这些程序在同时向前推进。计算机程序的并发性体现在具体两个方面：用户程序与用户程序之间的并发执行；用户程序与操作系统程序之间的并发执行。实际上，从微观上看，在单处理机系统的环境下，这些同时运行着的程序是交替（交叉）在 CPU 上运行的。在多处理机系统的环境中，多个程序的并发特征，不仅在宏观上是并发的，而且在微观上，即在处理机一级上，程序也是并发执行的。而在分布式系统中，多个计算机的并存，使得程序的并发特征得到了充分体现，因为在每个计算机上都可以有程序执行，它们共同构造了程序并发执行的场景。

这里要强调指出的是，不论是哪一种计算环境，我们所指的并发都是在操作系统的统一指挥下的并发。在两个独立的操作系统控制下的机器，它们的程序也在同时运行着，但这种情况不属于本书所讨论的并发性范畴。

我们要区分两个相似的概念：并行性与并发性。应该说，这两个概念是有区别的。并行性是指两个或者多个事件在同一时刻发生，这是一个具有微观意义的概念，即在物理上这些事件是同时发生的。而并发性是指两个或者多个事件在同一时间间隔内发生，它是一个较为宏观的概念，与所使用的时间间隔相对应，具有某种程度的统计意义。换句话说，这里并行的若干事件一定是并发的，反之则不成立。在单处理机系统中，多个程序的并发执行不具有任何的并行性，因为它们在微观上确实是顺序执行的，没有任何两条指令并行执行。

2. 共享性

共享性是指操作系统程序与多个用户程序共用系统中的各种资源。这种共享性是在操作系统控制下实现的。资源共享主要是指计算机系统中的如下几项重要资源：

处理机：又称为处理器、中央处理器、中央处理单元、CPU 等。它是所有程序都必须使用的最重要的资源，操作系统必须采用恰当的调度策略，为多个并发程序分配处理机资源。

主存储器：又称为内存储器、内存等。任何一个程序必须首先调入内存才能执行。管理内存的公共使用是操作系统的重要功能之一。

辅助存储器：又称外存储器、外存等。主要用来保存各种程序和数据。这些程序和数据一般以文件的形式存放在外存储器上。外存储器有各种类型，如磁盘、磁带、光盘、闪存等，这些外存储器都是被所有的程序和数据共享的，操作系统同样必须对外存储器的共享进行管理，并且保证在外存储器中所有程序和数据的完整性和正确性。

输入/输出设备：又称外部设备、外设等。计算机系统中的外部设备是供所有的用户使用的，这些用户包括操作系统、系统用户（如管理员）和普通用户。这些用户对外部设备的使用要求，操作系统必须进行管理，使所有的外部设备能够按照一定的策略被全部用户所共享。

在计算机系统中，对资源的共享一般有两种形式：互斥共享和同时共享。

（1）互斥共享

系统中的有些资源比如打印机、磁带机、扫描仪等，虽然可以供多个用户程序同时使用，但是在一段特定的时间内只能由某一个用户程序使用。当这个资源正在被使用的时候，其他请求该资源的程序必须等待，并且在这个资源被使用完了以后才由操作系统根据一定的策略再选择一个用户程序占有该资源。通常把这样的资源称为临界资源。许多操作系统维护的重要系统数据都是临界资源，它们都要求被互斥共享。

（2）同时共享

系统中还有一类资源，它们在同一段时间内可以被多个程序同时访问。需要说明的一点是这种同时访问是指宏观上的同时，微观上这些程序访问这个资源有可能还是交替进行的，而且它们交替访问这个资源的顺序对访问结果没有什么影响。一个典型的可以同时共享的资源就是磁盘，当然，那些可以重入的操作系统代码也可以被同时共享。

3. 随机性

操作系统的运行是在一种随机的环境下进行的。这种随机环境的含义是，操作系统不能对所运行的程序的行为以及硬件设备的情况做出任何事先的假定。显然，一个设备可能在任何时候向处理机发出中断请求，而用户提交的、运行着的程序要做什么事情也无法事先知道。因而一般来说操作系统正处于什么样的状态之中是无法确切知道的，这就是随机性的含义。但是，随机性并不意味着操作系统不能很好地控制资源的使用和程序的运行，随机性突出强调了在进行操作系统的设计与实现时要充分考虑各种各样的可能性。操作系统本身应该稳定、可靠、安全、高效，实现程序并发和资源共享的目的。

第二节　操作系统的分类

随着历史的发展，操作系统形成了不同的类型，以下分别进行介绍。

一、批处理操作系统

批处理操作系统的基本工作方式是：用户将需要计算的一组任务（一般称为作业）请求交给系统操作员，系统操作员在收到后，并不立即将其输入计算机，而是在收到一定数量的用户作业之后，组成一批作业，再把这批作业输入到计算机中。这批作业可在系统中形成一个连续的、自动转接的作业流。系统操作员随后启动操作系统，系统自动、依次执行每个作业。最后由操作员将执行完毕的作业结果交给用户。

批处理操作系统又分为单道批处理和多道批处理系统，单道系统每次只将一个作业调入内存运行，不管中间发生什么事，该作业一直占用处理机（即使无事可做处理机也不能干别的），直到运行结束或出错退出。

所谓多道系统是指系统将多个作业调入内存，允许多个程序同时存在于主存之中，由处理机以切换方式为之服务，使得多个程序可以同时执行。计算机资源不再是“串行”地被一个个用户独占，而可以同时为几个用户共享，从而极大地提高了系统在单位时间内处理作业的能力。

二、分时操作系统

批处理系统不适合交互式的作业，对交互式工作方式的需求导致了分时系统（Time Sharing System）的出现。所谓分时系统是指多个用户通过终端设备与计算机交互来运行自己的作业，并且共享一个计算机系统而互不干扰，每个终端可由一个用户使用，每个用户就好像自己拥有一台计算机。用户通过终端交互式地向系统提出命令请求，系统接受用户的命令之后，采用时间片轮转方式处理用户请求，并通过交互方式在终端上向用户显示结果。由于调试程序的用户常常只发出简短的命令（如编译一个五页的源文件），而很少有长的费时命令（如上百万条记录的文件排序），所以计算机能够为许多用户提供交互式快速的服务，同时在 CPU 空闲时还能运行大的后台作业。

三、实时操作系统

实时操作系统（Real Time Operating System，RTOS）是指，使计算机能在规定的时间内，及时响应外部事件的请求，同时完成对该事件的处理，并能够控制所有实时设备和实时任务协调一致地工作的操作系统。实时操作系统主要目标是：在严格时间范围内，对外部请求做出反应，系统具有高度可靠性。

实时系统的特征具有及时性，能及时地响应外部请求；实时性，调度算法简单、实用，数据结构直接、明了，切换速度快；高可靠性，保证重要任务的实施；高过载防护性，例如，实时任务的数目在某些时刻超出系统的处理能力时，系统通过相应的措施（如延迟或丢弃不重要的任务）来保证实时性强的重要任务能及时处理。

四、桌面操作系统

20 世纪 70 年代末期，出现了面向个人计算机的操作系统，这样的操作系统主要用于个人办公、处理文稿等事务，更多地被人们在计算机桌面直接使用，故称为桌面操作系统。例如最早出现的微软公司的 MS DOS 操作系统。

1984 年，出现了具有交互式图形界面的苹果操作系统。1992 年微软推出了具有交互式图形界面的操作系统 Windows 3.1。Windows 95 在 1995 年 8 月正式登台亮相，从此，Windows 成为个人计算机平台的主流操作系统。

1991 年在 Internet 上 Linus 公布了 Linux 操作系统，于是，Linux 从最开始的一个个人产品逐渐演变成了一个成功的操作系统。Linux 遵从国际 UNIX 标准 POSIX，继承了 UNIX 的全部优点，而且还开放全部源码，并能在网上自由下载。Linux 极其健壮，世界上很多 Linux 连续不停机运行多年而不曾崩溃过。Linux 是 UNIX 操作系统家族中，具有自由版权的一个较突出的代表。而且，Linux 也包含有易操作的图形化界面，因此，也成为一个重要的桌面操作系统。

五、嵌入式操作系统

嵌入式操作系统（Embedded Operation System）是一种用途广泛的系统软件，广泛应用在当代的电子、电器和智能机械设备上。过去它主要应用于工业控制和国防系统领域。嵌入式操作系统负责嵌入式系统中的全部软、硬件资源的分配，处理机调度、控制、协调并发活动。它体现了灵活的特点，能够通过装卸某些模块来达到系统所要求的功能。

目前，除了传统的工业控制、航空航天和武器制导等领域外，嵌入式操作系统正在向各类家电、智能电器渗透。从单一的弱功能向高专业化的强功能方向发展。嵌入式操作系统在系统实时高效性、硬件的相关依赖性、软件固化以及应用的专用性等方面具有较为突出的特点。其中 VxWorks、pSOS、eCOS、QNX、RTEMS 以及嵌入式 Linux（如 RTLinux、KURT）等是较为突出的嵌入式操作系统。

六、网络操作系统

为计算机网络配置的操作系统称为网络操作系统。网络操作系统（Network Operating System）是基于计算机网络的、在各种计算机操作系统之上按网络体系结构协议标准设计开发的软件，它包括网络管理、通信、安全、资源共享和各种网络应用。

网络操作系统把计算机网络中的各个计算机有机地连接起来，其目标是相互通信及资源共享。通过网络操作系统，用户可以使用网络中其他计算机的资源，实现计算机间的相互信息交换，从而扩大了计算机的应用范围。

计算机网络有不同的模式。在集中式模式中，运算处理在主计算机里发生，终端仅作为输入/输出设备使用，通过连接两台或更多主机的方式构成计算机网络。

七、分布式操作系统

将大量的计算机通过网络连接在一起，可以获得极高的运算能力及广泛的数据共享。这样一种系统称作为分布式系统（Distributed System）。为分布式系统配置的操作系统称为分布式操作系统（Distributed Operating System）。

在分布式模式中，每台计算机都有运算处理能力，多台计算机通过网络交换数据并共享资源和服务。在分布式模式中，网络环境中的计算机不仅能共享数据、资源及服务，还能够共享运算处理能力。

通常，一个具体的商用操作系统涵盖了以上介绍的分类中的两种或两种以上，而本书主要为广大读者介绍网络操作系统的各种功能及其特点。

第三节　操作系统的基本功能

操作系统在计算机系统中具有非常重要的地位，承担着计算机系统中全部的管理功能。按照资源管理的观点，操作系统的这些功能主要可以分为进程（线程）管理、处理机调度、存储管理、文件管理、输入/输出管理。下面分别对它们进行简要的分析介绍。

一、进程（线程）管理

所谓“进程”，简单地讲是指一个正在运行着的程序。现代操作系统都采用了多道程序技术。如果一个程序因等待某一条件而不能运行下去时，就把处理机占用权转交给另一个可运行程序。或者，当出现了一个比当前运行的程序更重要的可运行的程序时，后者应能抢占CPU。为了描述多道程序的并发执行，就要引入进程的概念。通过对进程的管理协调多道程序之间的关系，解决有关处理机分配调度策略、分配的实施和回收等问题，以使 CPU 资源得到最充分的利用。

由于操作系统对处理机调度策略的不同，操作系统对其任务的处理方式也就不同，从而有各种不同性质的操作系统呈现在用户面前。

进程（线程）管理主要包括进程控制、进程同步和进程间通信等几方面的内容，其中进程控制主要处理进程的创建、状态转换、进程撤销以及相关的进程资源的分配与回收等事物；进程同步主要处理进程之间的关系，包括进程的同步和互斥；进程间通信主要处理相互协作进程之间信息的交换问题。

1．进程控制

在多道程序环境下，进程是操作系统进行资源分配的单位。在进程创建时，系统要为进程分配各种资源，例如内存、外设等等；在进程退出的时候，系统要从进程空间中回收分配给它的资源。进程控制的主要任务就是创建进程、撤销结束的进程以及控制进程运行时候的各种状态转换。

2．进程同步

多个进程的执行是并发的，它们以异步的方式运行，它的执行进度也是不可预知的。为了使多个进程可以有条不紊地运行，操作系统要提供进程同步机制，以协调进程的执行。一般有两种协调方式：互斥和同步。互斥指多个进程对临界资源访问时采用互斥的形式；同步则是在相互协作共同完成任务的进程之间，用同步机制协调它们之间的执行顺序。

最简单的实现互斥的方法就是给资源加锁，并提供操作锁变量的原语。包括开锁和关锁原语。所谓原语就是指具有某种功能、运行时有“原子性”的小段程序。原子性保证这一段程序要么全部被执行，要么全部不执行，即这一操作不可以被进一步分割或者打断。有关进程同步与互斥等内容在后面的章节中将详细讲述。

3．进程间通信

进程间通信主要发生在相互协作的进程之间。既然需要协作，那么协作的进程之间，就存在着信息或数据的交换。由操作系统提供的进程间通信机制是协作的进程之间相互交换数据和消息的手段。一个比较典型的例子是通过网络的在线流式媒体播放。流式媒体源获取线程（线程是现代操作系统中处理机时间分配的基本单位，它代表一个指令的执行流及执行的上下文环境，一个进程可以包含多个线程，这个概念将在后面的章节中详细描述）负责将媒体数据从远端的服务站点下载到本地的数据缓存中；流媒体的播放线程负责将缓存中的数据做流媒体数据分离（视频流和音频流）和解码，还原成实际的图像帧和声音数据；然后渲染线程将把前面的数据送往显示设备和声音设备。在整个播放过程中，为了保证播放的流畅，这三个线程的执行是有一定关系的，原始数据获取的速度要比解码的速度快，解码又要和渲染输出的速度匹配。这种执行速度的协调以及数据在不同线程之间的传递就需要进程间通信和进程同步机制来共同保证。

二、处理机调度

处理机调度又称为进程调度（在引入线程的系统中一般称为线程调度）。进程（线程）调度的任务就是从进程（线程）的就绪队列中按照一定的算法挑选出一个进程（线程）来把处理机资源分配给它，并准备好特定的执行上下文让它执行起来。如何将计算机中昂贵的处理机保持高效运转，又能公平地对待大小不同的各种作业是处理机调度的主要工作。计算机中，一般通过调度算法和处理机分派来保证计算机系统处理机调度的功能实现。

三、存储管理

存储管理的任务是管理计算机内存的资源。在当代计算机系统中，计算机内存空间越来越大。虽然内存空间可以扩充，但是内存空间再大也跟不上运行程序对内存空间的巨大需求。而且内存空间还受到CPU寻址能力的限制，内存的容量不能无限扩充。

概括地说，存储管理有三个方面的任务。首先，当多个程序共享有限的内存资源时，要考虑如何为多个程序分配有限的内存空间；其次，存放在内存中的多个程序和数据应该彼此隔离、互不侵扰；第三，解决内存扩充的问题，即将内存和外存结合起来管理，为用户提供一个容量比实际内存大得多的虚拟存储器。下面分别就这三项存储管理功能做进一步的叙述。

1．内存的分配与回收

操作系统要为每个进程分配内存空间，在分配的过程中还要尽可能提高内存资源的使用效能。对于已经退出运行的进程所占据的内存空间，操作系统还要加以回收，重新使用。人们在使用计算机时经常会发现，原本很大的内存在使用一段时间以后，似乎丢失了一部分空间，仔细检查会看到在空间使用图中，有一大堆空间碎片。这种现象，就是内存的分配与回收算法中的缺陷造成的。可见内存的分配与回收对计算机系统有效运行的影响很大。

2．存储保护

由于内存供多个程序共享，从理论上讲，每个程序都应该在分配给自己的内存区中运行。但是，从实际上看，必须考虑某个程序可能发生越界的情况。这是因为，首先，程序自身可能存在一些错误或隐患，造成程序的突然越界运行，不仅自身发生问题，而且会影响或破坏其他用户程序的运行。如果发生故障的程序越界到操作系统运行的内存空间，那么受到危害将更加严重，整个计算机系统有可能崩溃。其次，如果某个程序具有恶意，比如是病毒程序，或者是外界的入侵程序，那么就更有必要防止它们危害其他用户和整个计算机系统了。

在现代的计算机系统中，通常提供有硬件实现的存储保护机制，操作系统则利用这一机制实现进程的地址保护。

3．内存扩充

我们已经知道物理内存的大小总是有限的，各种程序对运行空间的需求经常超过实际内存的大小。内存扩充功能就是借助于虚拟存储技术在逻辑上增加进程运行空间的大小，这个大小比实际的物理内存要大得多。

在虚拟存储技术中，操作系统通常将空间划分为固定大小的页面，并且以页面为单位进行存储空间的调度。进程所需的总页面数所对应的空间可以超出实际物理空间。但是操作系统只把正在使用的页面保持在内存中或把即将使用的页面调入到内存中，而将不用的页面调换到外存上，用户感受不到实际内存对使用空间的限制，仿佛有一虚拟的大容量内存存在。当然，系统要实现这一机制，必须提供请求页面调入的功能和页面置换的功能。

四、文件管理

在计算机系统中的信息资源（如程序和数据）是以文件的形式存放在外存储器（如磁盘、磁带）上的，需要时再把它们装入内存。操作系统一般都提供很强的文件系统。文件管理的任务是有效地支持文件的存储、检索和修改等操作，解决文件的共享、保密和保护问题，以使用户方便、安全地访问文件。

1．文件存储空间的管理

任何文件存放在外存储器上，都需要以某种形式占据外存储器的空间。文件系统的一个很重要的功能就是为每个文件分配一定的外存空间，并且尽可能提高外存空间的利用率和文件访问的效能。文件系统设置专门的数据结构记录文件存储空间的使用情况。为了提高空间利用率，存储空间的分配通常采用离散分配方式，以 512B 或者几 KB 的块为基本单位进行分配。

2．目录管理

目录管理的主要任务就是给出组织文件的方法，它为每个文件建立目录项，并对众多的目录项加以有效的组织，以便为用户提供方便的按名存取。

3．文件系统的安全性

安全性包括文件的读写权限管理以及存取控制，用以防止未经核准的用户存取文件，防止越权访问文件，防止使用不正确的方式访问文件。

五、输入/输出管理

对与计算机相连设备的控制是操作系统设计者的主要任务之一。因为输入/输出设备在其功能与速度方面存在很大差异，所以需要采用多种方法来控制设备。这些方法就形成了输入/输出子系统的核心，该子系统使内核其他部分不必涉及输入/输出设备管理的细节。

输入/输出设备技术呈现两个相矛盾的趋势：一方面，可以看到硬件与软件接口的日益增长的标准化，这一趋势有助于人们将设备集成到现有计算机和操作系统；另一方面，可以看到输入/输出设备日益增长的多样性。有的新设备与以前的设备区别很大，以至于很难集成到计算机和操作系统中。这个问题需要软件和硬件技术协同解决。

输入/输出管理的功能是按照输入/输出子系统的结构和设备类型指定分配和使用设备的策略，为输入/输出操作的进程分配一条传输信息的通路，合理地控制输入/输出操作，最大程度地实现并行操作。因此，设备管理要求达到的目标是：

- 提高效率：匹配处理机和多种不同处理速度的外设。
- 方便使用：对不同类型的设备统一使用方法，协调对设备的并发使用。
- 方便控制：简单增加和删除设备，适应新的设备类型。

第四节　网络操作系统的基本概念

网络操作系统除具备操作系统的所有功能外，还具有强大的网络通信能力和广泛的网络资源共享的能力。下面通过分析网络操作系统的结构和特点来一一说明。

一、网络操作系统的结构

常见的操作系统体系结构有整体式结构、层次式结构和微内核（客户/服务器）结构等。

1. 整体式结构

这是早期操作系统设计中所采用的方法，即首先确定操作系统的总体功能，然后将总功能分解为若干个子功能，实现每个子功能的程序称为模块。再按照功能将上述每个大模块分解为若干个较小的模块，如此下去，直至每个模块仅包含单一功能或紧密联系的小功能为止，即分解为最基本的模块为止。最后通过接口将所有模块连接起来形成一个整体。我们把这种操作系统的结构称之为模块组合结构。它的主要优点是，结构紧密，用户使用的界面简单直接，系统效率较高。此时，操作系统是一个有多种功能的系统程序，既可以看成是一个整体模块，也可看成是由若干个模块按一定的结构方式组成的。

模块组合法（或称无序模块法、模块接口法等）中，系统中的模块不是根据程序和数据本身的特性而是根据它们完成的功能来划分的，数据基本上作为全程量使用。在系统内部，不同模块的程序之间可以不加控制地互相调用和转移，信息的传递方式也可以根据需要随意约定，因而可能造成模块间的循环调用。

模块组合法的缺点有以下三点：

1）模块间转接随便，各模块互相牵连，独立性差，系统结构不清晰。

2）数据基本上作为全程量处理，系统内所有模块的任一程序均可对其进行存取和修改，从而造成了各模块间有着更为隐蔽的关系。要更换一个模块或修改一个模块都比较困难，因为要弄清各模块间的接口，按当初设计时随意约定的格式来给信息，这是一件相当复杂的事。

3）由于模块组合结构常以大型表格为中心，为保证数据完整性，往往采用关闭全局中断的办法，从而限制了系统的并发性。系统中实际存在的并发性也未能抽象出明确的概念，缺乏规格的描述方法。所以，这种结构的可适应性比较差。

模块组合法关键在于模块相互之间的“接口”，因为把各基本模块之间的有机联结都推到“接口”上去了，所以无须太多的结构设计工作，很快就可进入编码阶段，而且模块之间转接的灵活性使得系统具有效率高的优点。但是，由于各基本模块之间可以任意相互调用，各模块之间相互依赖，形成一个复杂的网络。这种网络实际上是一种相当复杂的有向图，它使得难于对结构做出综合性的观察，也难于对系统做局部性修改，因而可靠性、易读性和适应性都很难得到保证。随着系统规模的不断增大，采用这种结构构造的系统的复杂性迅速增长，以致人们难以驾驭，这就促使人们去寻求新的结构概念和新的结构设计方法。

2. 层次式结构

从对整体式结构缺点的分析可以看到，要克服整体式结构的缺点，就必须减少各模块之间毫无规则地互相调用、互相依赖的关系。层次式结构正是从这点出发，力求使模块间调用的无序性变为有序性。因此所谓层次式结构就是把操作系统的所有功能模块，按功能流图的调用次序，分别将这些模块排列成若干层，各层之间的模块只能是单向依赖或单向调用（如只允许上层或外层模块调用下层或内层模块）关系。这样不但操作系统的结构清晰，而且调用关系明确。

在一个层次结构的操作系统中，不仅各层之间是单向调用的，而且每一层中的同层模块之间不存在互相调用的关系，则称这种层次结构关系为全序的层次关系。

但是在实际的大型操作系统中，要建成一个全序的层次结构关系是十分困难的，往往无法完全避免交叉或环路现象，此时我们应使系统中的交叉或环路现象尽量减少。

层次结构法的优点是，它既具有模块接口法的优点，把复杂的整体问题分解成若干个比较简单的相对独立的成份，即把整体问题局部化，使得一个复杂的操作系统分解成许多多功能单一的模块。同时它又具有模块接口法不具有的优点，即各模块之间的组织结构和依赖关系清晰明了。这不但增加了系统的可读性和可适应性，而且还使我们对操作系统的每一步都建立在可靠的基础上。

因为层次结构是单向依赖的，上一层各模块所提供的功能（以及资源）是建立在下一层的基础上的。或者说上一层功能是下一层的扩充和延续。最内层作为硬件基础是裸机，裸机的外层是操作系统的最下面（或内层）的第一层。按照分层虚拟机的观点，每加上一层软件就构成了一个比原来机器功能更强的虚拟机，也就是说进行了一次功能扩充。而操作系统的第一层是在裸机基础上进行的第一次扩充后形成的虚拟机，以后每增加一层软件就是在原虚拟机上的又一次扩充，又成为一个新的虚拟机。因此只要下层的各模块设计是正确的，就为上层功能模块的设计提供了可靠基础，从而增加了系统的可靠性。

层次式结构的优点还在于很容易对操作系统增加或替换掉一层而不影响其他层次。不难理解，采用层次结构法设计的操作系统具有易于调试、易于修改、易于扩充、易于维护、易于保证正确性等优点，因而被广泛地采用。

层次式结构的操作系统的各功能模块应放在哪一层，系统一共应有多少层，这是一个很自然会被提出的问题。但对这些问题通常并没有一成不变的规律可循，必须要依据总体功能设计和结构设计中的功能流图和数据流图进行分层，大致的分层原则如下：

1）为了增加操作系统的可适应性，并且方便于将操作系统移植到其他机器上，必须把与机器特点紧密相关的软件，如中断处理、输入输出管理等放在紧靠硬件的最底层。这样经过这一层软件扩充后的虚拟机，硬件的特性就被隐藏起来了，方便了操作系统的移植。为了便于修改移植，它把与硬件有关和与硬件无关的模块截然分开，而把与硬件有关的BIOS（基本输入输出系统）放在最内层。所以当硬件环境改变时只需要修改这一层模块就可以了。

2）对于一个计算机系统来说，往往具有多种操作方式（例如既可在前台处理分时作业，又可在后台以批处理方式运行作业），为了便于操作系统从一种操作方式转变到另一种操作方式，通常把多种操作方式共同要使用的基本部分放在内层，而把随操作方式而改变的部分放在外层：如批作业调度程序和联机作业调度程序，键盘命令解释程序和作业控制语言解释程序等，这样操作方式改变时仅需改变外层，内层部分保持不变。

3）当前操作系统的设计都是基于进程的概念，进程是操作系统的基本成分。为了给进程的活动提供必要的环境和条件，因此必须要有一部分软件来为进程提供服务，通常这些功能模块（各系统调用功能）构成操作系统内核，放在系统的内层。内层又分为多个层次，通常将各层均要调用的那些功能放在更内层，如图 1-1 所示。

图 1-1　一种操作系统的层次式结构示意图

在操作系统的层次式结构研究和应用中，还演化出几种不同的层次式结构，如进程分层结构、层次管程结构、虚拟机结构等等。

3．微内核（客户/服务器）结构

当前计算机技术发展的突出特点是要求广泛的信息和资源的共享。所以，分布式处理合乎客观实际和新的应用需要。在这样的应用环境下，操作系统的体系结构也在发展和变化。采用客户/服务器结构的操作系统就适宜于应用在网络环境下分布式处理的计算环境中。由于这种体系结构所具有的一些特征，它又被称为微内核体系结构。

微内核体系结构的特点如下：

1）微内核提供一组“最基本”的服务（如进程调度、进程间通信、存储管理、I/O 处理）和其他服务（如文件管理、网络支持等）通过接口连到微内核。

2）微内核具有很好的扩展性，并可简化应用程序开发。

3）用户只运行它们需要的服务，有利于减少磁盘空间和存储器需求。

4）微内核和硬件部件有接口，并向可安装模块提供一个接口。

二、网络操作系统的特点

采用客户/服务器结构的操作系统适宜应用在网络环境下分布式处理的计算环境中。采用客户/服务器结构模式的典型操作系统有卡内基梅隆大学研制的 Mach 操作系统和 Windows NT 的早期版本，而当前通用的操作系统在完善了各种网络的特定要求后均可以作为网络操作系统使用。它们的特点如下：

1）运行在核心态的内核。内核提供所有操作系统基本都具有的那些操作，如线程调度、虚拟存储、消息传递、设备驱动以及内核的原语操作集和中断处理等。这些部分通常采用层次结构并构成了基本操作系统。因为这时的内核只提供了一个很小的功能集合，所以通常又称为微内核。

2）运行在用户态的并以客户/服务器方式运行的进程层。除内核部分外，操作系统所有的其他部分被分成若干个相对独立的进程，每一个进程实现一组服务，称为服务进程（用户应用程序对应的进程，虽然也以客户/服务器方式活动于该层，但不作为操作系统的功能构成成分看待）。这些服务进程可以提供各种系统功能、文件系统服务以及网络服务等。服务进程的任务是检查是否有客户机提出要求服务的请求，并在满足客户机进程的请求后将结果返回。而客户机可以是一个应用程序，也可以是另一个服务进程。客户机进程与服务器进程之间的通信是采用发送消息进行的，这是因为每个进程属于不同的虚拟地址空间，它们之间不能直接通信，必须通过内核进行，而内核则是被映射到每个进程的虚拟地址空间内的，它可以操纵所有进程。客户机进程发出消息，内核将消息传给服务进程。服务进程执行相应的操作，其结果又通过内核用发消息方式返回给客户机进程，这就是客户/服务器的运行模式。

这种模式的优点在于，它将操作系统分成若干个小的并且自包含的分支（服务进程），每个分支运行在独立的用户进程中，相互之间通过规范一致的方式接收发送消息而联系起来。操作系统在内核中建立起了最小的机制，而把策略留给用户空间中的服务进程，这带来了很大的灵活性，直接的好处是：

1）可靠。由于每个分支是独立的自包含的（分支之间耦合最为松散），所以即使某个服务器失败或产生问题，也不会引起系统其他服务器和系统其他组成部分的损坏或崩溃。

2）灵活。便于操作系统增加新的服务功能，因为它们是自包含的，且接口规范。同时修改一个服务器的代码不会影响系统其他部分，可维护性好。

3）适宜于分布式处理的计算环境。因为不同的服务可以运行在不同的处理机或计算机上，从而使操作系统自然地具有分布式处理的能力。

当然这种体系结构也有它的缺陷，因为所有的用户进程只能通过微内核相互通信，微内核本身就成为系统的瓶颈，在一个通信很频繁的系统中，微内核往往不能提供很高的效率。

三、网络操作系统的功能组成

网络操作系统是连接网络上所有设备的系统软件，它允许网络上的资源共享，为客户提供网络服务。

网络操作系统又是管理和处理所有网络功能的管理工具，网络操作系统大多是客户/服务器模式，所以网络中存在提供服务的服务器和享受服务的客户机，运行在上述设备上的操作系统分别称为服务器操作系统和客户机操作系统。网络操作系统与普通操作系统相比有许多特定的功能。

1. 网络操作系统的基本功能

网络操作系统应能提供服务，从而可以使得客户机访问网络资源或得到服务。这类操作系统有许多，例如 Microsoft Windows、Linux、Sun Solaris、UNIX and Apple Macintosh OS 等。网络操作系统最关键的是它具有客户/服务器结构。

下面是一些网络操作系统所提供的资源和服务。

1）网络资源的集中管理，文件共享，访问打印机，读写存储设备，使用计算服务等。

2）通过权限管理严格控制网络访问从而保证安全。

3）远程访问功能使得地理上分离的用户能无缝地链接到本地的服务和获得本地的资源。

4）备份和数据恢复。

5）访问其他局域网或互联网。

6）监控服务器和其他网络设备的性能及运行效率。

7）提供软件更新和补丁。

2. 网络操作系统的特别功能

网络操作系统有许多特别功能，在此我们整理了一些它们的共同点。

（1）安全

安全模块是非常重要的。安全模块保护了网络的组织架构，保证想要访问网络的客户机个人信息不被泄漏，并保证不在权限内的资源和信息不会错误地传输到不相关的地方。安全保护模式实现了每一个层次的客户/服务器结构，任何一个层次的服务均需要提供保护。具体采用的方法有：

- 网络边界的防火墙保护。
- 加密数据保护以存储和传输。
- 采用数字签名阻止非签名的资源访问。

1）防火墙

防火墙主要是用来阻止不需要的网络流量冲击网络的边界或进入服务器。这是非常重要的，因为服务器均直接暴露在互联网上，例如网关服务器，电子邮件服务器，网页服务器或远程访问服务器等，它们需要具有足够的保护。一般情况下，任何暴露在外网上的服务器需要被放置在分离的单独的网络区域，称为隔离区 DMZ（Demilitarized Zone）。DMZ 不是局域网或互联网的一部分，它位于互联网和局域网之间，但是可以提供外部访问或需要服务的资源。

Windows、Linux、Solaris and Macintosh 等操作系统均可以提供防火墙功能模块。

最常用的操作系统防火墙的类型是 IP 包过滤防火墙，一个 IP 包过滤防火墙允许或拒绝 TCP/IP 数据包进入基于 IP 地址和端口号协议的服务器中。

2）加密

加密是将一个容易识别的数据变为不容易识别的过程。加密模块利用不同的算法来将数据密化，然后再存储到磁盘或发送到网络。数据在使用时需要被解码并恢复为原始的信息。最通用的加密形式是对原数据位封装一个秘钥，秘钥加密能够被分离为两类，私钥和公钥。

加密可以在数据存储和传输中由网络操作系统完成。数据在写入磁盘前被加密，在读出后被解密。当然这会增加文件的尺度大小或减缓读写的速度。

Linux 是一个灵活的网络操作系统，其支持许多文件系统，例如 ext3、RFS、NFS 和 FAT。Linux6.2 及以后的版本使用 Cryptoloop 来加密文件。

NTFS 是微软 Windows 服务器的文件系统，NTFS 支持数据原生加密。

苹果 Mac 服务器操作系统也支持文件加密。

存储是安全的一部分，然而数据在传输时很容易被截取，所以在传输以前对数据进行加密是非常重要的。有许多协议可以用来加密传输的数据，每一种协议都有其特殊的目的，安全套接字层（Secure Socket Layer，SSL）用来加密 TCP/IP 数据传输，例如在客户机和服务器之间传输的网页或 Web 应用，SSL 使用公钥加密技术来保证传输数据的安全，其他网络操作系统使用的重要的加密协议还有：

- 安全外壳协议（SSH）。
- 互联网安全协议（IPSec）。
- WiFi 访问协议（WPA）。

3）认证

认证是验证和确认一个客户/服务器链接并确定哪些客户/服务器可以被允许访问的过程。

Kerberos 是一个认证协议的例子，Kerberos 提供了集中认证服务，它能保证访问的客户进程的合法性，并许可该客户访问合法的网络资源。RADIUS（远程拨号用户认证服务）是另一个认证协议，被用来认证或许可远程拨号用户。

其他重要的认证协议还有：

- 口令认证协议（PAP）。
- 扩展认证协议（EAP）。
- 轻量目录访问协议（LDAP）。

（2）网络服务

一个服务器依据其被设置成的角色，来提供相应的网络服务，它们的主要功能包括：

1）异构平台的支持。网络操作系统的服务器端应能适应客户机上不同的操作系统平台，支持局域网和广域网的各种协议，局域网协议有TCP/IP，IPX/SPX和AppleTalk等。

2）路由和远程访问。若服务器连接的用户和网络不在本地局域网内，则需要路由和远程访问的支持。

① 远程访问允许用户在地理上分开的用户通过拨号或其他方式进入网络来访问资源，客户机利用调制解调器和公众电话网进行连接，一旦连接成功，用户可以使用远程桌面协议（RDP）来访问服务器的应用程序或读写存储在远程计算机中的数据。虚拟专用网络（VPN）则提供了一种通过利用互联网的远程访问方法。

② 路由是处理从一个网络到另一个网络的数据包的传输的过程。路由功能提供了链接远程或不同的网络到本地局域网的能力。一个服务器会用到许多协议来提供网络服务，包括：

- 域名解析服务（DNS）。
- 动态域名配置协议（DHCP）。
- Windows网络名称服务（WINS）。
- 文件传输协议（FTP）。
- 安全套接字协议（SSL）。

（3）监控、维护和恢复

监控服务器性能的好坏是非常重要的，服务器只有有限的资源提供给客户机使用，因此，服务器需要用性能工具来检测用户对这些资源的利用率。通过对每一类资源（例如内存或处理器）进行监控，服务器可以合理配置资源，从而提高服务性能。

服务器运行的过程中也需要维保以获得最大性能。网络操作系统对网络和服务器进行常规维护将降低这些主要部件发生故障的几率，一个好的网络操作系统应该能够提供自动日常维护，日常维护包括：

- 备份数据。
- 软件补丁或操作系统升级。
- 整理磁盘碎片。

网络操作系统所在的服务器在出现故障后，网络操作系统应能恢复系统。故障可能是硬件问题，病毒攻击，或者系统由于应用程序的缺陷而停止运行，不管是什么问题造成的，网络操作系统应能让服务器尽快地恢复正常。

现代网络操作系统提供了多样的系统恢复选项，从设置冗余硬件到自动系统恢复，每个网络操作系统支持以下恢复和修复功能：

- 自动备份。
- 自动恢复。

- 系统状态恢复。
- 自动诊断故障。
- 自愈。

本章小结

计算机系统包括硬件和软件两个部分，操作系统属于系统软件，是扩充硬件功能、提供软件运行环境的一类重要系统软件。操作系统是这样一些程序模块的集合，它们能有效地组织和管理计算机系统中的硬件及软件资源，合理地组织计算机工作流程，控制程序的执行，并向用户提供各种服务功能，使得用户能够灵活、方便、有效地使用计算机，使整个计算机系统能高效地运行。

一般来说，操作系统要实现进程（线程）管理、处理机调度、存储管理、文件管理、输入/输出管理等系统功能，它具有并发、共享、随机三个主要特征。

根据在用户界面的使用环境和功能特征的不同，操作系统可以分为多种类型。

批处理操作系统分为简单批处理系统和多道批处理系统两种类型。批处理操作系统的特点是成批处理，作业的运行通过作业控制说明书传递给监督程序，其追求的目标是系统资源利用率高，作业吞吐率高；缺点是用户不能直接与计算机交互。

分时操作系统是为了弥补批处理方式不能提供交互式快速服务的缺点而发展起来的，一台计算机主机连接若干个终端，用户通过终端交互式地向系统提出命令请求，系统采用时间片轮转方式处理服务请求，并通过交互方式在终端上显示结果，用户根据结果发出下一道交互命令。分时操作系统具有多路性、交互性、独占性和及时性的特点。

实时操作系统使计算机能在规定的时间内及时响应外部事件的请求，同时完成对该事件的处理，并能够控制所有实时设备和实时任务协调一致地工作。其主要目标是，在严格的时间范围内对外部请求做出反应。实时操作系统具备高度可靠性。实时操作系统主要有两类，分别是硬实时系统和软实时系统。

网络操作系统是基于计算机网络的，网络有集中式模式和分布式模式。网络操作系统是在各种计算机操作系统之上按网络体系结构协议标准设计开发的软件，它包括网络管理、通信、安全、资源共享和各种网络应用。

分布式操作系统是网络操作系统的更高级形式，除了有网络操作系统的功能之外，分布式操作系统中所有主机使用同一个操作系统，资源具有深度共享性、透明性和自治性。

网络操作系统的结构大多数是采用客户/服务器模式，其特点是微内核，以通信方式请求服务并返回结果。其优点是可靠、灵活，适宜网络上使用。

自测习题

一、思考题

1．什么是计算机系统？计算机系统是怎样构成的？

2．什么是操作系统？请说明操作系统在计算机系统中的作用和地位。

3．操作系统管理计算机系统的哪些资源？

4．请从资源管理的角度说明操作系统的主要功能。

5．操作系统有哪些基本特征？

6．请叙述各类操作系统的工作方式及特点。

7．请比较批处理系统、分时系统以及实时操作系统之间的相同点和不同点。

8．在什么情况下应该采用批处理方式？在什么情况下应该考虑分时策略？

9．现代的通用操作系统把批处理方式和分时方式二者结合起来，为什么要这样做？这样的结合有什么特点？

10．实时操作系统有什么主要特征？

11．在如下的应用场合中，应该选用什么类型的操作系统呢，并请说明为什么？

导弹控制；国家统计局；汽车发动机点火控制；火车订票系统；互联网电子游戏。

12．网络操作系统和分布式操作系统都是配置在计算机网络上的操作系统，它们之间有什么本质上的不同？

13．网络操作系统有什么特点？一般采用什么结构？

14．为什么说客户/服务器结构适宜在网络操作系统上使用？

二、解释下列名词

1．计算机系统，操作系统，并发，共享。

2．批处理操作系统，分时操作系统，实时操作系统，网络操作系统，分布式操作系统，嵌入式操作系统。

3．整体式结构，层次式结构，微内核结构。

第二章　网络操作系统基本功能

本章介绍网络操作系统的基本功能。网络操作系统是在计算机网络环境中具有网络管理功能的操作系统。计算机网络是一个数据通信系统，它把地理上分散的计算机和终端设备连接起来，达到数据通信和资源共享的目的。网络操作系统的主要的特点是网络中各种资源的共享以及各台计算机之间的通信。

通过本章的学习，读者能够了解到：

1. 网络操作系统的用户接口。

2. 各部分模块的功能，包括进程（线程）管理、处理机调度、存储管理、文件管理和输入/输出管理等以及相关知识点。

3. 能运用相关算法分析问题，解决问题。

第一节　网络操作系统的用户接口

用户接口是为方便用户使用计算机系统而建立的用户和计算机之间的联系，即在人机联系的硬设备接口上开发的软件接口，也称为人机界面。

用户接口可分为两个部分：命令接口和系统调用。

一、命令接口

命令接口提供了用户直接或间接控制计算机的方式。操作系统向用户提供了命令接口。用户利用操作系统提供的命令组织和控制程序的执行或管理计算机系统。命令一般是在命令输入界面上输入命令行，由系统在后台执行，并将结果反映到前台界面或者特定的文件内。命令接口可以进一步分为联机用户接口和脱机用户接口。

1. 联机用户接口

用户通过终端设备输入操作命令，向系统提出各种要求。这种输入方式又可以分为命令行输入，即用户在控制台界面中输入一条命令，控制台就转入系统命令解释程序，对命令进行解释、执行，完成要求的功能，之后又转回到控制台，用户又可继续输入命令控制计算机工作。这种命令行输入的方式对用户操作的要求较高，命令不易记忆，因此后来发展出图形用户接口（Graphical User Interface，GUI），图形用户接口采用了图形化的操作界面，用非常容易识别的各种图标来将系统各项功能、各种应用程序和文件，直观、逼真地表示出来。用户可通过鼠标、菜单和对话框来完成对应程序和文件的操作和对计算机的控制。还有一种控制命令是语音控制命令，称为自然用户接口（Natural User Interface，NUI），用户只需对计算机讲话便可以控制计算机的动作。当然，该命令接口并未得到广泛应用。

2. 脱机用户接口

该接口由一组命令组成，系统为脱机用户提供了命令控制语言。用户利用此语言将事先考虑到的对程序的各种可能要求写成一个批处理的文件，连同相应的程序等一并交给系统。系统运行该程序时，边解释控制命令边执行，直到运行结束。通常的脚本文件就是一个脱机用户的执行流程。

二、系统调用

所谓系统调用，就是用户在程序中调用操作系统所提供的相关功能，用户可以通过系统调用使用操作系统提供的各种功能。系统调用是操作系统提供给编程人员的唯一接口。编程人员利用系统调用，动态请求和释放系统资源，调用系统中已有的系统功能来完成与计算机硬件部分相关的工作以及控制程序的执行速度等。因此，系统调用像一个黑箱子那样，对用户屏蔽了操作系统的具体动作而只提供有关的功能。

系统调用的主要目的是使用户（程序员）在编写程序时可以使用操作系统提供的有关设备管理、输入/输出系统、文件系统和进程控制、通信以及存储管理等方面的功能，而不必了解系统的内部结构和有关硬件细节。引入系统调用机制可以达到如下目的：

- 减轻用户负担。
- 保护系统。
- 提高系统资源利用率。

系统调用是一种特殊的过程调用，它可以看成是机器指令的扩充。系统调用与机器指令不同的是系统调用是由操作系统核心解释执行的，即软件实现，而机器指令是由机器硬件或微程序（固件）解释执行。所以，有时也把系统调用命令称为“广义指令”。从用户角度来看，操作系统提供了这些“广义指令”，也就是系统调用指令，就好像扩大了机器的指令系统，增强了处理机的功能。用户不仅可以使用硬件提供的机器指令，也可以直接使用软件，即操作系统提供的广义指令，这就如同为用户提供了一台功能更强，使用更方便的处理机，即实现了处理机功能上的扩充。为了区别于真实的物理处理机，我们称它为“虚处理机”。

通常，一个操作系统的功能分为两大部分：一部分是系统自身所需要的，另一部分功能是作为服务提供给用户的，有关这部分功能可以从操作系统所提供的系统调用上体现出来。不同的操作系统所提供的系统调用会有一定的差异。对于一般通用的操作系统而言，可将其所提供的系统调用分为以下几方面。

（1）进程控制类系统调用

这类系统调用主要用于对进程的控制，如创建和终止进程的系统调用、获得和设置进程属性的系统调用等。

（2）文件操作类系统调用

对文件进行操纵的系统调用数量较多，有创建文件、打开文件、关闭文件、读文件、写文件、创建目录、读写目录、移动文件的读/写指针、改变文件的属性等。

（3）进程通信类系统调用

该类系统调用被用在进程之间传递消息和信号。

（4）设备管理类系统调用

该类系统调用被用来请求和释放有关设备，以及启动设备操作等。

（5）信息维护类系统调用

操作系统中还提供了一类有关信息维护的系统调用。用户可利用这类系统调用来获得当前时间和日期、设置文件访问和修改时间、了解系统当前的用户数、操作系统版本号、空闲内存和磁盘空间的大小等等。不同的系统提供有不同的系统调用。一般，每个系统为用户提供几十到几百条系统调用。

第二节　进程（线程）管理

一、进程的概念

进程是具有一定独立功能的程序在某个数据集合上的一次运行活动，是系统进行资源分配的一个独立单位。在没有引入线程的操作系统中，它还是处理机调度的独立单位。

从操作系统角度来看，可将进程分为系统进程和用户进程两类。系统进程执行操作系统程序，完成操作系统的某些功能。用户进程运行用户程序，直接为用户服务。系统进程的优先级通常高于一般用户进程的优先级。

1．进程与程序的联系和区别

进程和程序既有联系又有区别。

（1）进程和程序的联系

程序是构成进程的组成部分之一，一个进程的运行目标是执行它所对应的程序，如果没有程序，进程就失去了其存在的意义。从静态的角度看，进程是由程序、数据和进程控制块（Process Control Block，PCB）三部分组成的。

（2）进程和程序的区别

程序是静态的，而进程是动态的。

进程是程序的一个执行过程。程序的存在是永久的（这里不讨论人为删除程序等行为）。而进程是为了程序的一次执行而暂时存在的。进程有生命周期，有诞生，亦有消亡。

一个进程可以包括若干程序的执行，而一个程序亦可以产生多个进程。比如，一个编译进程在运行时就要执行词法分析、语法分析、代码生成和优化等若干个程序。而一个编译程序有时也需要同时生成几个编译进程，为几个用户服务。

进程具有创建其他进程的功能。被创建的进程称为子进程，而创建者称为父进程，从而构成了进程家族。

2．可再入程序

一个程序不是任何条件下都可以产生多个进程的。一个能被多个用户同时调用的程序，在执行中自身不能改变。

如果一个程序在执行中会发生变化，那么，这个程序的功能就是可能改变的。显然该程序就不能以同样的方式为每个用户服务。甚至同一个用户以同样的要求在不同时刻调用它时，也可能得到不同的结果，这样的程序就不能同时为多个用户服务。

一个能够被多个用户同时调用的程序称作是“可再入”的程序。可再入程序必须是“纯”代码的程序，程序在执行中不会修改自身的代码。换句话说，可再入程序必须和有关的数据区分离。可再入程序的操作对象，即数据，是与程序相分离的，要求调用者提供专用工作区，以保证程序以同样方式为各用户服务。现代的编译程序是属于可再入程序，它们能同时被不同用户调用而形成不同的进程。

3．进程的特征

使用进程的概念能很好地描述程序的并发执行，并且能够揭示操作系统的内部特性。事实上，操作系统的并发性和共享性正是通过进程的活动体现出来的。

进程具有两个基本属性。首先，进程是一个可拥有资源的独立单位；其次，进程同时又是一个可以独立调度和分派的基本单位（在没有引入线程的操作系统中）。正是由于进程具有这两个基本属性，才使之成为一个能独立运行的基本单位，从而也构成了进程并发执行的基础。进程具有以下特性：

1）并发性。一个进程可以同其他进程一道向前推进，即一个进程的第一个动作可以在另一个进程的最后一个动作结束之前就开始。

2）动态性。进程对应着程序的执行过程。进程的动态性体现在两方面。首先，进程有其生命周期，有产生、也有消亡。其次，在进程的生命周期内，进程的状态是不断变化的。

3）独立性。一个进程是一个相对完整的资源分配单位。

4）交互性。一个进程在运行过程中可能会与其他进程发生直接的或间接的相互作用。

5）异步性。每个进程按照各自独立的、不可预知的速度向前推进。

6）结构性。一个进程由程序、数据和进程控制块三部分组成。

二、进程的状态与转换

一个进程可以处于以下三种基本的状态之中：运行、就绪、等待。

1）运行状态。指一个进程已获得 CPU，并且正在 CPU 上执行。显然，在单 CPU 系统中，任何时刻最多只有一个进程能够处于运行状态。

2）就绪状态。指一个进程已经具备运行条件，但由于没有获得 CPU，所以尚不能运行。一旦把 CPU 分配给该进程，它就可以运行。显然，处于就绪状态的进程可以有多个。

3）等待状态。等待状态也称为阻塞状态或封锁状态。等待状态是指，一个进程处于因等待某种事件发生而暂时不能运行的状态。例如，在两个进程都竞争使用同一个打印机时，没有占用该打印机的进程便处于等待状态，它必须等到该打印机资源被释放后才可以去使用它。引起等待的原因一旦消失，进程便转为就绪状态，以便在适当的时候投入运行。系统中处于等待状态的进程可以有多个。

至于为什么要把进程的运行过程划分成上述三个基本状态，其原因是显然的。在一个实际的计算机系统中，有着大量的并发活动，在系统中存在着多个进程。如果每个进程所需要的各种资源都能立即得到满足，那么进程就不会等待而都可以运行。但是实际上这是做不到的，而且也没有必要这样做。因为进程的活动是相互制约的，不是孤立进行的。正如前面已经说明的那样，有的进程可能正在等待另一进程释放打印机资源后才能运行。

在单处理机的情况下，在某一时刻就只有一个进程能获得处理机而得以运行。一些进程可能因为等待某种事件发生（如等待输入输出设备）而被阻塞，另外一些进程可能一切准备就绪，但是处理机被其他进程占用着，也只好等待。

由此可见，把一个进程的运行过程划分成为运行、就绪和等待等三个基本状态，是相当合理且清晰的。在任何时刻，任何一个进程都处于且仅处于三种基本状态之一。

随着进程在运行过程中，它自身的进展情况和外界环境条件的动态变化，一个进程的状态可以在三种基本状态中转换。这种进程状态的转换由操作系统完成，它对用户是透明的。进程状态的转换也体现了进程的动态性。在图 2-1 中给出了三种进程基本状态以及它们之间的转换（包括转换原因）。

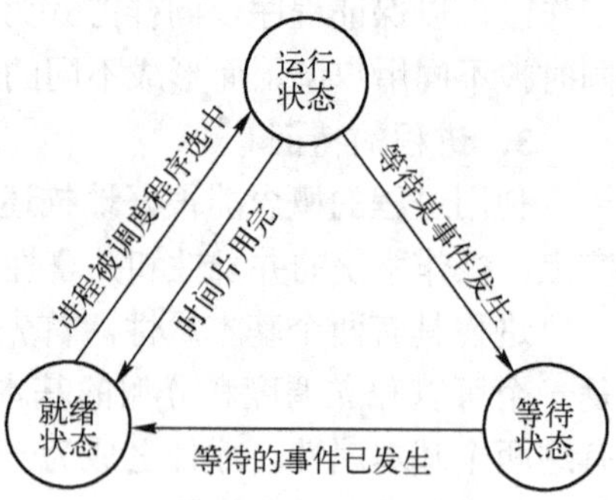

图 2-1　进程状态转换图

下面对进程基本状态之间的转换做一些深入的讨论。

（1）就绪态→运行态

处于就绪状态的进程已经具备了运行的条件，但由于未能获得处理机，故仍然不能运行。对于单处理机系统而言，同一时刻只能有一个就绪进程获得处理机，其他处于就绪状态的进程就需要排队。

进程调度程序根据某种进程调度算法（如优先级或时间片）把处理机分配给某个就绪进程，并建立该进程运行状态的标记，然后把控制转入该进程的启动程序，把它由就绪状态变为运行状态，于是该被选中的进程就投入运行。

（2）运行态→就绪态

由运行变为就绪的状态变化通常出现在分时操作系统中。一个正在运行的进程，由于规定的运行时间片用完而使系统发出超时中断请求。超时中断处理程序把该进程的状态修改为就绪状态，保留进程现场信息，并根据该进程的自身的特征把它插入就绪队列中的适当位置，收回处理机并转入进程调度程序。于是，原先正在运行的进程就由运行状态变为就绪状态。

（3）运行态→等待态

处于运行状态的进程能否继续运行，除了受时间片的限制外，还受其他种种因素的影响。例如，运行中的进程需要等待文件的输入时，控制便自动转入系统控制程序，通过信息管理程序及设备管理程序进行文件输入。在等待文件输入的过程中，这个进程由运行状态变成等待状态（此时，系统要标记该进程的等待原因，并保留该进程的现场信息），然后控制转入进程调度程序。进程调度程序根据调度算法把处理机分配给原已处于就绪状态的其他进程。

（4）等待态→就绪态

一个等待的进程在其被阻塞的原因消失后，并不能立即投入运行，它要参加申请使用处理机的就绪进程的队列。于是该等待进程的状态由等待变成就绪。仅当进程调度程序把处理机再次分配给它时，该就绪进程才可恢复现场继续运行。

需要指出的是，在一个实际的操作系统中，进程的状态一般不止三种，状态的划分更细致。有兴趣的读者可以参考有关资料。

三、进程的组织与控制

为了便于系统控制和描述进程的活动过程，在操作系统核心中定义了一个专门的数据结构，称为进程控制块（PCB）。

操作系统利用 PCB 来描述进程的基本情况以及进程的运行变化过程。PCB 是进程存在的唯一标志，当系统创建一个进程时，为进程设置一个 PCB，再利用 PCB 对进程进行控制和管理。撤销进程时，系统收回它的 PCB，进程也随之消亡。

1．进程控制块的内容

进程控制块的内容可以分成调度信息和现场信息两大部分。调度信息供进程调度时使用，描述了进程当前所处的状况，它包括进程名、进程号、存储信息、优先级、当前状态、资源清单、“家族”关系、消息队列指针、进程队列指针和当前打开文件等。

1）进程名和进程号。在调度信息中，进程名和进程号的作用是标识一个进程，一个进程的进程号必须是唯一的，用以说明进程的存在并区分各个进程；

2）存储信息，给出了进程所需存储空间大小，以及有关存放位置等信息；

3）优先级，确定了进程本身的优先级别，供调度时使用；

4）当前状态，指明了该进程处于进程基本状态中的哪一种，是就绪的，还是等待的，还是正在运行；

5）资源清单，列出了该进程运行所需的各种资源；

6）“家族”关系，指明该进程是一个父进程，还是被别的进程所创建的子进程；

7）消息队列指针，指明了进程所属的消息队列所在的地址，消息队列的作用是与其他进程进行通信；

8）进程队列指针，指出进程在队列中的位置；

9）当前打开文件，记录了进程正在使用的文件的情况。

现场信息刻画了进程的运行情况，由于每个进程都有自己专用的工作存储区，其他进程运行时不会改变它的内容，所以，PCB 中的现场信息只记录那些可能会被其他进程改变的寄存器，如程序状态字、时钟、界地址寄存器等的内容。一旦中断进程的运行，必须把中断时刻的上述内容记入进程控制块的现场信息。

需要指出的是，PCB 的内容和大小随系统不同而异，它不仅和具体系统的管理及控制方法有关，也和系统规模的大小有关。

2．进程的组成

进程由程序、数据和进程控制块三部分组成。PCB 是进程的“灵魂”，由于进程控制块中保存有进程的地址信息，通过 PCB 可以得到进程程序的存储位置，也可以找到整个进程。程序和数据是进程的“躯体”，程序部分描述了进程要实现的功能，而数据则是程序操作的对象。

3．进程的队列

为了实现对进程的管理，系统将所有进程的 PCB 排成若干个队列。通常，系统中进程队列分成如下三类。

1）就绪队列。所有处于就绪状态的进程都按照某种原则排在一个就绪队列中。这些就绪进程入队和出队的次序与处理机调度算法有关。在有些系统中，就绪队列可能有若干个。

2）等待队列。对每一种等待事件组织一个队列。当进程等待某一事件时，进入与该事件相应的等待队列。当某事件发生时，与该事件相关的一个或多个进程离开相应的等待队列。

3）运行队列。在单 CPU 系统中，整个系统有一个运行队列。实际上，在单 CPU 系统中，该运行队列中只有一个进程，可用一个指针指向该进程。在图 2-2 中，处理机中运行的进程，组成了运行队列，该运行队列中只有一个进程。运行的进程时间片用完之后，如果进程还没有执行完成，就转入就绪队列。如果运行的进程等待某一事件的发生，则转入等待队列。如果在等待队列中的进程中，有一个等待的事件发生了，那么对应的进程就转入就绪队列，准备调度进入运行队列。

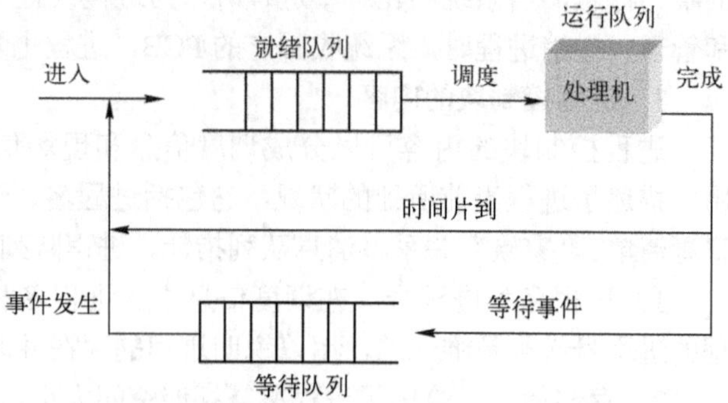

图 2-2 进程队列

4．进程队列的组成

进程队列可以用进程控制块的链接来形成。常用链接的方式有两种：单向链接和双向链接。

在单向链接中，同一队列中的进程，通过进程控制块中的队列指针联系起来，前一进程的进程控制块中的指针值为它的下一个进程的进程控制块的地址，队列中最后一个进程的进程控制块中的指针值置为“0”。

在双向链接中，设置两个指针，称为前向指针和后向指针，分别指出它的前一个或后一个进程的进程控制块地址。另外，系统还为每个队列设置一个队首指针，指出该队列的第一个和最后一个进程的进程控制块地址，以便进行双向搜索。

一个刚刚被创建的进程，它的初始状态是“就绪态”。因此，它应该置于就绪队列中。当一个就绪进程能被选中占用处理机时，就从就绪队列中退出成为“运行态”。进程在运行过程中，可能要求读磁盘上的信息而进入等待队列。可见，进程在执行过程中，随着状态的变化经常要从一个队列退出后再进入另一个队列，直至进程工作结束。

一个进程从所在的队列中退出称为“出队”；一个进程排入到指定的队列中称“入队”；系统中负责进程入队和出队的工作称“队列管理”。

5．进程控制

进程有一个从创建到消亡的生命周期，这就需要对进程在整个生命周期中各种状态之间的转换进行有效的控制，即：进程控制。进程控制是通过进程控制原语来实现的。所谓原语，是由若干条指令所组成的一个指令序列，用来实现某个特定的操作功能。这个指令序列的执行是连续的，具有不可分割性，在执行时也不可间断，直至该指令序列执行结束。原语是操作系统核心（由一组程序模块所组成的、完成操作系统中基本功能）的一个组成部分。原语必须在系统态下执行，并且常驻内存。

原语和系统调用都可以被进程所调用，两者的差别在于原语有不可中断性，它是通过在其执行过程中关闭中断实现的，而且原语往往是被系统进程所调用。许多系统调用的功能都可用用户态下运行的系统进程完成，而不一定要在系统态下完成。例如文件的建立、打开、关闭、删除等系统调用，都是借助中断进入系统态，然后转交给相应的进程，最终由进程实现其功能。

用于进程控制的原语一般有：创建原语、撤销原语、挂起原语、激活原语、阻塞原语、唤醒原语以及改变进程优先级等。

（1）创建原语

一个进程可以使用创建原语创建一个新的进程，前者称为父进程，后者称为子进程。子进程又可以创建新的子进程，构成新的父子关系，从而整个系统可以形成一个树形结构的进程家族。创建一个进程的主要任务是建立进程控制块 PCB。

创建进程的具体操作过程是：先申请一空闲 PCB 区域，然后将有关信息填入 PCB，置该进程为就绪状态，最后把它插入就绪队列中。

（2）撤销原语

当一个进程完成任务后，就应当用撤销原语撤销它，以便及时释放它所占用的资源。撤销进程的实质是撤销 PCB。一旦 PCB 撤销，进程就消亡了。撤销进程的具体操作过程是：找到要被撤销进程的 PCB，将它从所在队列中消去，撤销属于该进程的一切“子孙进程”，释放被撤销进程所占用的全部资源，并消去被撤销进程的 PCB。

（3）阻塞原语

若某个进程的执行过程中，需要执行 I/O 操作，则由该进程调用阻塞原语把进程从运行状态转换为阻塞状态。具体的操作过程是：由于进程正处于运行状态，因此首先应中断 CPU 的执行，把 CPU 的当前状态保存在 PCB 的现场信息中，然后把进程的当前状态置为等待状态，并把它插入到该事件的等待队列中去。

（4）唤醒原语

一个进程因为等待某事件的发生而处于等待状态，当该事件发生后，就用唤醒原语将其唤醒，转换为就绪状态。具体操作过程是：在等待队列中找到该进程，将进程的当前状态置为就绪状态，然后将它从等待队列中撤出并插入到就绪队列中排队，等待调度执行。

四、进程同步

进程是操作系统中可以独立运行的单位，在同一个系统之中，进程之间不可避免地会产生某种联系，例如，进程竞争资源，而有些进程本来就是为了完成同一个作业而运行的。因此，进程之间必须互相协调，彼此之间交换信息，这就是进程之间一种简单的通信。

1．进程的同步

在计算机系统中，为了完成某一个工作，不同的进程之间有可能需要协作。例如，有一批数据记录需要进行加工处理，为此创建了两个进程，还设置了一个容量为一个记录的缓冲器。进程 A 从硬盘上读记录，每读出一个记录就存入缓冲器。进程 B 从缓冲器中取出记录加工，直至所有的记录都处理结束。在这个例子中，进程 A 和进程 B 是两个并发进程，他们共享缓冲器。如果两个进程不相互制约的话就会造成错误。若当进程 A 的执行速度超过进程 B 的执行速度时，进程 A 可能在进程 B 还没有取走一个记录前，又把新读出的一个记录送入缓冲器，于是后一个记录把上一个尚未取走的记录覆盖了，造成记录的丢失。当进程 B 的执行速度超过进程 A 的执行速度时，可能出现进程 A 还没有把下一个新记录存入缓冲器之前，进程 B 又从缓冲器取记录，造成重复地取同一个记录加工。显然，这两个进程必须协调工作的节奏，即彼此同步，才能避免上述的错误。

进程的同步是指进程之间一种直接的协同工作关系，一些进程相互合作，共同完成一项任务。进程之间的同步也是进程间的一种直接制约关系，一个进程的执行依赖另一个进程的消息，当一个进程执行到某一点时，必须得到另一个进程发来的消息，在没有得到另一个进程的消息时该进程应该等待，直到消息到达才被唤醒，继续进程的执行。

要实现进程的同步就必须提供一种机制，该机制不仅能把其他进程需要的消息发送出去，也能测试进程自己需要的消息是否到达，这种能实现进程同步的机制称为“同步机制”。

2．进程的互斥

在计算机系统中，许多进程常常需要共享资源，而这些资源往往要求排他性地使用，即一次只能为一个进程服务，因此，各进程间只能互斥使用这些资源，进程间的这种关系就是进程的互斥。例如，多个进程在竞争使用打印机、一些变量、表格等资源时，例如两个并发程序 A 和 B 共享一个公共变量 N 的例子，以及民航售票系统的例子，都表现为互斥关系。进程的互斥是进程间的一种间接制约关系。

3．临界区

若在系统中的某些资源一次只允许一个进程使用，则这类资源称为临界资源或共享变量，而在进程中访问临界资源的那一段程序称为临界区。如果有若干进程共享某一临界区，则该临界区称为相关临界区。当一个进程在相关临界区执行时，如果不让另一个进程进入相关的临界区执行，就不会形成多个进程对相同的共享变量交叉访问，于是就可避免出现与时间有关的错误。只要涉及相同变量的若干进程的相关临界区互斥执行，就不会造成与时间有关的错误。那些要求进入相关临界区进程之间构成了互斥关系。为了保证系统中各并发进程顺利运行，对两个以上欲进入相关临界区的进程，必须实行互斥，为此，系统必须采取一些调度措施。系统对相关临界区使用的调度原则归纳为：

1）当临界区为空时，若有一个进程要求进入临界区，应允许它立即进入临界区——有空让进。

2）若有一个进程已在临界区时，其他要求进入临界区的进程必须等待——无空等待。

3）当没有进程在临界区，而同时有多个进程要求进入临界区，只能让其中之一进入临界区，其他进程必须等待——多中择一。

4）任一进程进入临界区的要求应在有限时间满足——有限等待。

5）处于等待进入临界区的进程应放弃占用 CPU——让权等待。

调度原则 1）表示要有效利用临界资源；调度原则 2）反映了互斥的基本含义，即临界区资源的使用具有排他性；原则 3）是原则 1）和 2）的一个特殊情况；原则 4）和 5）是为了避免进程间发生忙等或死锁。

系统中应该有解决进程同步的一种专门机制。实际上，同步是并发进程之间在执行时序上的一种相互制约的关系。进程互斥的实质也是同步，可把进程互斥看作是一种特殊的进程同步。同步机制应该满足如下一些基本要求。首先，它的描述能力应足够强，即能解决各种进程间同步互斥问题；其次，该同步机制应该容易实现并且效率高；第三，使用方便。同步机制有各种类型，有硬件同步机制，有软件同步机制，如信号量及 P、V 操作，管程，条件临界域等；有用于集中式系统中的路径表达式；还有适用于分布式系统中的远程过程调用等等同步机制。

4．信号量及 P、V 操作

（1）信号量

用常规的程序来实现进程之间同步、互斥关系需要复杂的算法，而且会造成“忙等”，浪费 CPU 资源，为此引入信号量的概念。信号量是一种特殊的变量，它的表面形式是一个整型变量附加一个队列；而且，它只能被特殊的操作（即 P 操作和 V 操作）使用。P 操作和 V 操作都是原语。荷兰的著名计算机科学家 Dijkstra 把进程互斥的关键含义抽象成为信号量（Semaphore）概念，并引入了在信号量上的 P、V 操作作为同步原语（P 和 V 分别是荷兰文的“等待”和“发信号”两词的首字母）。这里，信号量是个被保护的量，只有 P、V 操作和信号量初始化操作才能访问和改变它的值。

设信号量为 S，S 可以取不同的整数值。可以利用信号量 S 的取值表示共享资源的使用情况，或用它来指示协作进程之间交换的信息。在具体使用时，把信号量 S 放在进程运行的环境中，赋予其不同的初值，并在其上实施 P 操作和 V 操作，从而实现进程间的同步与互斥。对信号量 S 实施的 P 操作和 V 操作，可分别用 P(S)和 V(S)表示。

（2）P、V 操作

P 操作和 V 操作定义如下。

P(S)的意义：

```
{   S := S - 1;
    if(S < 0)
      置该进程为等待态，然后将该进程的 PCB 插入相应的 S 信号量等待队列末尾；
    else
      离开；
}
```

V(S)的意义：

```
{   S := S + 1;
    if(S ≤ 0)
      将在 S 信号量等待队首的进程唤醒，变为就绪，并将其插入就绪队列；
    else
      离开；
}
```

（3）信号量与 P、V 操作的物理含义

P 操作和 V 操作是对信号量 S 进行的，有关信号量 S 和 P、V 操作的物理含义可以进一步说明如下：

信号量 S 表示某类可用的临界资源。对于不同的临界资源，则用不同的信号量表示。

当 $S > 0$ 时，S 值的大小表示某类可用资源的数量，即表示有该类资源可以分配；当 $S < 0$ 时，表示没有可分配的资源数量，其 S 的绝对值表示排在 S 信号量的等待队列中进程的数目。

每执行一次 P 操作，意味着对请求的进程分配到一个资源；每执行一次 V 操作，意味着进程释放了一个资源。

（4）用 P、V 操作实现进程之间的互斥

这里叙述用 P、V 操作解决进程之间的互斥问题。

假设有进程 A、B 竞争进入临界区，用 P、V 操作实现进程之间的互斥的程序可以写成：

```
进程A          进程B
P(S);          P(S);
临界区操作;     临界区操作;
V(S);          V(S);
```

S的初值为1。

（5）用P、V操作实现进程间的同步

考虑一种同步关系，其中有两个信号量S1和S2，赋予它们的初值均为0，S1表示在一个缓冲区中是否装满信息，S2表示该缓冲区中信息是否取走。程序可写成：

```
进程A                进程B
  ⋮                    ⋮
Repeat               Repeat
  ⋮                    ⋮
把信息送入缓冲区;      P(S1);
V(S1);               把信息从缓冲区取走;
P(S2);               V(S2);
  ⋮                    ⋮
Until false;         Until false;
  ⋮                    ⋮
```

又如，有三个进程：进程 get 从输入设备上不断读数据，并放入缓冲区 Buffer1；进程 copy 不断地将缓冲区 Buffer1 的内容复制到缓冲区 Buffer2；进程 put 则不断将 Buffer2 的内容在打印机上输出。为了使三个进程并行工作以大大加快执行速度，又保证打印结果和输入内容一致，三个进程之间必须协调工作。需设置四个信号量，S1，S2，S3 和 S4，并令 S1 初值为1，S2初值为0，S3初值为0，S4初值为1。则程序可以写成：

```
进程 get             进程 copy            进程 put
  ⋮                    ⋮                    ⋮
Repeat               Repeat               Repeat
  ⋮                    ⋮                    ⋮
P(S1);               P(S2);               P(S3);
从输入设备            P(S4);               将缓冲区Buffer2
读数据，写入          将Buffer1内容         内容在打印机
缓冲区Buffer1;       复制到Buffer2;        上输出;
V(S2);               V(S1);               V(S4);
V(S3);
  ⋮                    ⋮                    ⋮
Until false;         Until false;         Until false;
```

（6）信号量及P、V操作小结

需要指出的是，P、V 操作虽然逻辑上完整，能比较有效地实现进程同步与互斥，但它也有明显的弱点：由于P或V操作每次只做加1或减1运算，即每执行一次P操作只能请求分配一个单位的资源，每执行一次V操作只释放出一个单位的资源，因此，如果一个进程需要一次使用多个资源，就需要连续执行多次 P 操作，释放这些资源时也需多次执行 V 操

作。这不仅增加了程序的复杂性，也降低了通信效率，致使进程之间需要相互等待很长的时间，甚至有可能导致死锁的发生。

P、V 操作在使用时必须成对出现，有一个 P 操作就一定有一个 V 操作。当为互斥操作时，它们同处于同一进程；当为同步操作时，则不在同一进程中出现。如果进程中 P(S1)和 P(S2）两个操作在一起，那么 P 操作的顺序至关重要，尤其是一个同步 P 操作与一个互斥 P 操作在一起时，同步 P 操作应出现在互斥 P 操作前，而两个 V 操作的顺序无关紧要。

总而言之，信号量及 P、V 操作简单，而且表达能力强，用 P、V 操作可解决任何进程同步互斥问题。但 P、V 操作使用时不够安全，特别是 P、V 操作使用不当会出现死锁；此外遇到复杂同步互斥问题时用 P、V 操作实现也很复杂。

五、线程概念及多线程模型

在操作系统中，进程是可以独立运行的基本单位。随着操作系统理论和技术的发展，到了 20 世纪 80 年代中期，人们又提出了比进程更小的、能够独立运行的基本单位——线程。线程可以提高系统内程序并发执行的级别，可以进一步提高系统效率。由于线程的这些优点，线程的概念获得了广泛的应用。人们不仅在新推出的操作系统中引入了线程概念，而且在数据库管理系统和其他一些应用软件中，也通过引入线程来改善系统的性能。

本节简要地叙述线程的基本概念，并且对进程和线程进行比较，从而为读者今后更深入地理解、掌握和运用线程，打下一个初步的基础。

我们知道，进程是一个资源拥有者，在进程的创建、撤销和切换中，系统必须为之付出时间和空间方面的资源开销。这样，在系统中所设置的进程数目就不宜太多，进程切换的频率也不宜过高，以免消耗过多的系统资源，但这也就限制了并发程度的进一步提高。

如何能使多个程序更好地并发执行，同时又尽量减少系统的开销，已成为近年来设计操作系统时所追求的重要目标。进程是调度的基本单位而且还是独立分配资源的单位。如果能够把这两个基本单位的功能分开，即作为调度和分派的基本单位，而不同时作为独立分配资源的单位，以使之轻装运行；而对拥有资源的基本单位，又不频繁地对之进行切换，那么就有可能进一步提高并发程度，同时又避免消耗过多的系统资源。正是在这种思想的指导下，产生了线程的概念。

1. 什么是线程

在引入线程的操作系统中，线程是进程中的一个实体，是 CPU 调度和分派的基本单位。线程自己基本上不拥有系统资源，只拥有少量在运行中必不可少的资源（如程序计数器、一组寄存器和栈等），但它可与同属一个进程的其他线程共享进程所拥有的全部资源。

一个线程可以创建和撤销另一个线程；同一个进程中的多个线程之间可以并发执行。由于线程之间的相互制约，致使线程在运行中也呈现出间断性。相应地，线程也同样有就绪、等待和运行三种基本状态。有的系统中线程还有终止状态等。

2. 线程的属性

线程有如下的一些属性：

1）每个线程有一个唯一的标识符和一张线程描述表，线程描述表记录了线程执行的寄存器以及栈等现场状态。

2）不同的线程可以执行相同的程序，即同一个服务程序被不同用户调用时操作系统为他们创建不同的线程。

3）同一个进程中的各个线程共享该进程的内存地址空间。

4）线程是处理机的独立调度单位，多个线程是可以并发执行的。在单处理机的计算机系统中，各线程可交替地占用处理机；在多处理机的计算机系统中，各线程可同时占用不同的处理机；若各个处理机同时为一个进程内的各线程服务，则可缩短进程的处理时间。

5）一个线程在被创建后便开始了它的生命周期，直至终止；线程在生命周期内会经历等待状态、就绪态和运行态等各种状态变化。

3. 引入线程的好处

1）创建一个新线程花费时间少（结束亦如此）。创建线程不需另行分配资源，因而创建线程的速度比创建进程的速度快，且系统的开销也少。

2）线程之间的切换花费时间少。

3）由于同一个进程内的线程共享内存和文件，所以线程之间相互通信无须调用内核，故不需要额外的通信机制，使通信更简便，信息传送速度也快。

4）线程能独立执行，能充分利用和发挥处理机与外部设备并行工作能力。

六、死锁

在多道程序系统中，同时有多个进程并发运行，共享系统资源，从而提高了系统资源利用率，提高了系统的处理能力。但是，由于资源的占用有时候是互斥的，因此当一个进程提出资源申请而没有被系统满足时，在一定条件下会导致系统发生一种随机性错误——死锁（DeadLock）。这是因为进程在运行时要使用资源，在一个进程申请与释放资源的过程中，其他的进程也不断地申请资源与释放资源。由于资源总是有限的，因而异步前进的各个进程会因申请释放与资源顺序安排不当，造成一种僵局。另外，在进程使用某种同步或通信工具时发送、接收次序安排不当，也会造成类似现象。

死锁是计算机操作系统中的一个很重要的问题，在许多实时应用中，如计算机控制运输和监视系统方面，会遇到死锁问题。

死锁现象并不是计算机操作系统环境下所独有的，在日常生活乃至各个领域是屡见不鲜的。例如，设一条河上有一座独木桥，过河的人总是沿着自己过河的方向前进而不后退，并且没有规定两岸的人必须谁先过河。则在此独木桥上就有可能发生死锁现象——如果有两个人同时从河的两岸过河的话。如图 2-3 所示给出了生活中十字路口交通死锁的例子。

图 2-3　生活中交通死锁的例子

十字路口有向东、南、西、北四个方向行驶的车流，排头的四辆车几乎同时到达该十字路口，并且相互交叉停了下来，这四个车队都要直行，没有要右拐的，从而谁都无法前进，这就产生了死锁。

所谓死锁是指在多道程序系统中，一组进程中的每一个进程均无限期地等待被该组进程中的另一个进程所占有且永远不会释放的资源，这种现象称系统处于死锁状态，简称死锁。处于死锁状态的进程称为死锁进程。

当死锁发生后，死锁进程将一直等待下去，除非有来自死锁进程之外的某种干预。系统发生死锁时，死锁进程的个数至少为两个；所有死锁进程都在等待资源，并且其中至少有两个进程已占有资源。系统发生死锁不仅浪费了大量的系统资源，甚至会导致整个系统崩溃，带来灾难性的后果。因为，系统中一旦有一组进程陷入死锁，那么要求使用被这些死锁进程所占用的资源或者需要它们进行某种合作的其他进程就会相继陷入死锁，最终可能导致整个系统处于瘫痪状态。所以，在操作系统设计中必须高度重视死锁问题。

第三节　处理机调度

一、调度的基本概念

我们知道，在多道程序设计环境中，进程数往往多于处理机数，这将导致多个进程互相争夺处理机。处理机调度也称进程（线程）调度或低级调度，其任务是记录系统中所有进程的执行状况，根据一定的调度算法，从就绪队列中选出一个进程来，准备把 CPU 分配给它。把 CPU 分配给进程，即把选中进程的进程控制块内有关的现场信息，如程序状态字、通用寄存器等内容送入处理机相应的寄存器中，从而让它占用 CPU 运行。进程调度实际上完成了将一台物理的 CPU 转变成多台虚拟的（或逻辑的）CPU 的工作。

二、调度时机、切换与过程

首先介绍什么是不可抢占式处理机方式和抢占式处理机方式。不可抢占式方式的含义是，一旦把处理机分配给一个进程，它就一直占用处理机，直到该进程自己因调用原语操作或等待 I/O 等原因而进入阻塞状态，或时间片用完时才让出处理机。而抢占式方式恰恰相反，即就绪队列中一旦有优先级高于当前运行进程优先级的进程存在时，便立即进行进程调度，把处理机转让给优先级高的进程。

一般来说，需要执行进程调度的情况主要有如下几种：

1）正在执行的进程运行完毕。

2）正在执行的进程调用阻塞原语将自己阻塞起来进入等待状态。

3）正在执行的进程调用了 P 原语操作，因资源不足而被阻塞；或调用了 V 原语操作激活了等待资源的进程队列。

4）执行中的进程提出 I/O 请求后被阻塞。

5）在分时系统中，正在执行进程的时间片已经用完。

6）就绪队列中的某个进程的优先级变得高于当前运行进程的优先级，从而也将引起进程调度。

以上方式中，1）——5）种为不可抢占和可抢占方式下引起进程调度的原因。第 6）种为可抢占方式下特有的，能够引起进程调度的原因。

如果 CPU 方式是可抢占的，那么还有下面一种原因会引起进程调度。

进程的状态经常在变化，进程调度程序就要随着进程的状态不断进行调度。一个进程让出处理机，由另一个进程占用处理机的过程称为“进程切换”。

这里列出一些会引起进程调度程序工作的情况：

1）某个进程从运行状态变成了等待状态。

2）某个进程从运行状态变成了就绪状态。

3）某个进程从等待变成了就绪状态。

4）某个进程完成工作后被撤销。

在上述 1）和 4）的情况下，当前进程不使用处理机了，进程调度会从就绪队列中另选一个进程占用处理机，产生了“进程切换”。在 2）和 3）的情况，进程调度的结果有两种可能，一种是仍选中原来运行的进程继续进行，另一种可能是换成另一个进程去运行。

进程的切换使系统中的各进程均有机会占用处理机。进程的切换是由进程状态的变化引起的，而进程状态的变化又与出现中断事件有关。当有中断事件发生时，当前运行的进程被中断，中断响应后由操作系统处理出现的中断事件。中断处理后，某些进程的状态会发生变化，也可能又创建了一些新的进程。因此，要进行进程队列的调整。然后，进程调度根据预定的调度算法从就绪队列选一个进程占用处理机。这个占用处理机运行的进程可能仍是被中断的进程，也可能是另一个进程。

在图 2-4 中列出了一个中断和进程切换的控制流程图。图中，出现中断之后，处理机在指令周期的最后时刻接收中断信号；然后保护现场，将中断断点的程序状态字 PSW 和程序计数器 PC 值存入系统堆栈；接着分析中断向量，根据是强迫性中断还是自愿性中断，进行不同的处理；自愿性中断的目的是要求操作系统提供系统服务；而强迫性中断事件则可能是程序中断、时钟中断、I/O 中断和机器故障中断，需要根据不同的中断类型分别处理；处理

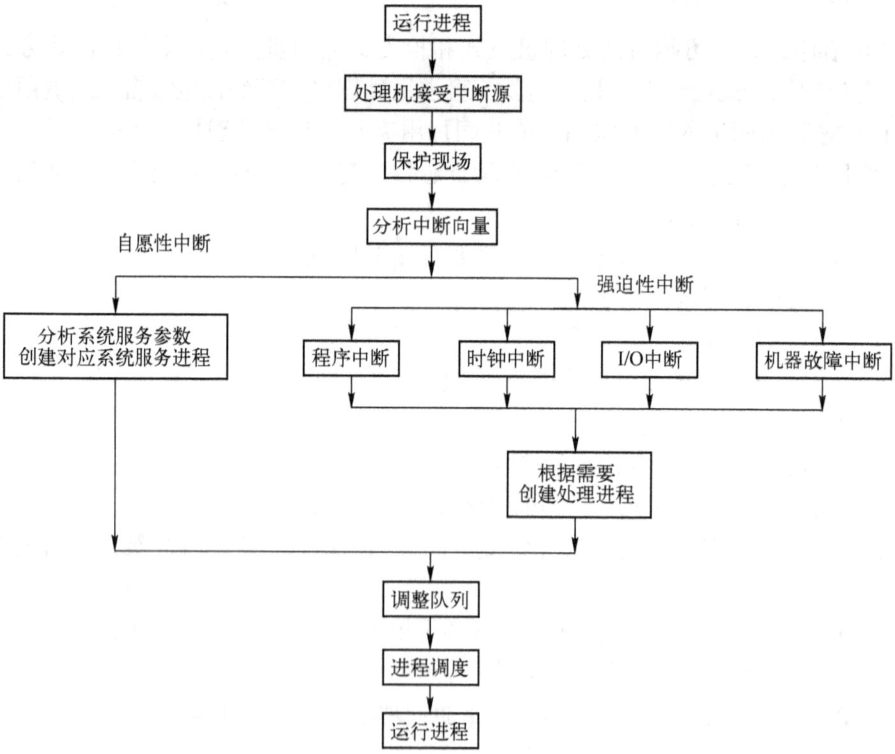

图 2-4　一个中断和进程切换的控制流程图

中断的过程中，产生了新的进程，所以需要调整进程队列；进程调度对新的队列进行调度；最后，被调度占用处理机的进程占用处理机而投入运行。

三、调度的基本准则

设计选择进程调度算法时应该考虑的问题是比较多的。由于各种调度算法都有它自己的特性，因此，很难评价哪种算法是最好的。

这里给出选择进程调度算法时可考虑的一般准则，不过这些准则的应用程度，还要取决于系统设计的目标：

1）处理机利用率：应尽可能地使处理机处于忙碌状态，提高它的使用效率。

2）吞吐量：在单位时间内让更多的进程能完成工作，提高单位时间的处理能力。

3）等待时间：指一段时间内进程在就绪队列中等待的总时间，应尽量减少在就绪队列中的等待时间。

4）响应时间：在交互式系统中对用户的请求应尽快地给出应答。

在上述的考虑因素中，哪些因素应该放在第一位的位置，这是由系统的任务目标所决定的。只有确定了系统的任务目标，才能在实现目标任务的前提下，确定优先考虑的指标。在此基础上，对各种算法进行必要的评估，从中选出合适的算法。

例如，如果设计系统目标是希望充分利用处理机并有极大的吞吐量，那么，选用优先级调度算法是合适的。在确定优先级时，我们可以对计算时间短的进程赋予较高等级的优先级。这样，可减少进程在就绪队列中的平均等待时间，达到提高吞吐量的目的。还可以考虑利用动态改变优先级的办法，使处理机与外部设备，以及外部设备之间尽可能并行工作，这样既充分利用了资源又提高了处理机的效率，也就是增大了吞吐量。又比如，在设计交互式系统时，系统目标是希望能对用户的请求尽快给出应答，显然应该考虑以时间片轮转调度算法为基础设计具体的调度算法。

四、调度方法

进程调度算法的任务是，给出一种对各个就绪进程进行处理机分配的解决方案，以达到某种预定的进程调度目标。这种算法应该是合理的、有效的，应尽可能提高资源的利用率，并减少处理机的空闲时间。

比如说，一个进程调度算法应该为大量的用户作业提供比较合理的平均响应时间，在尽可能地提高处理机的处理效率的同时，还要避免有些作业长期不能投入运行。不过这些“合理的”要求往往是互相制约的，任何一个算法都难以实现全部的要求。选取进程投入运行，是根据对进程就绪队列的扫描并应用调度算法决定的。就绪队列有两种组成办法：一种是，每当一个进程进入就绪队列时，根据其优先数的大小放到“正确的”优先位置上，当处理机变成空闲时，从队列的顶端选取进程投入运行。另一种是，把进程放到就绪队列的尾部，当需要寻找一个进程投入运行时，调度程序必须扫描整个 PCB 就绪队列，根据调度算法挑选一个合格的进程投入运行。为了防止某些进程独占处理机、保证给用户以适当的响应、对与时间有关的事件做出必要的反应以及纠正某类程序错误，有必要对每个进程的连续运行时间加以规定和限制。进程占用处理机的时间长短与进程是否完成、进程等待、具有更高优先数的进程需要处理机、时间片用完、产生某种错误等因素有着密切的关系。进程调度算法很多，在这里仅介绍几种常用的算法。

五、调度算法

1．先进先出算法（First In First Out，FIFO）

该算法按照进程进入就绪队列的先后次序来选择。当有进程就绪时，总是把该进程链入就绪队列的末尾。每当进入进程调度，总是把就绪队列的队首进程投入运行。

2．时间片轮转算法（Round Robin，RR）

这主要是分时系统中使用的一种调度算法。轮转法的基本思想是，将 CPU 的处理时间划分成一个个时间片，就绪队列中的每个进程轮流运行一个时间片。当时间片结束时，就强迫运行进程让出 CPU，进入就绪队列，等待下一次调度。同时，进程调度又去选择就绪队列中的一个进程，分配给它一个时间片，以投入运行。如此轮流调度，使得就绪队列中的所有进程在一个有限的时间 T 内都可以依次轮流获得一个时间片的处理机时间，从而满足了系统对用户分时响应的要求。RR 的调度模型如图 2-5 所示。

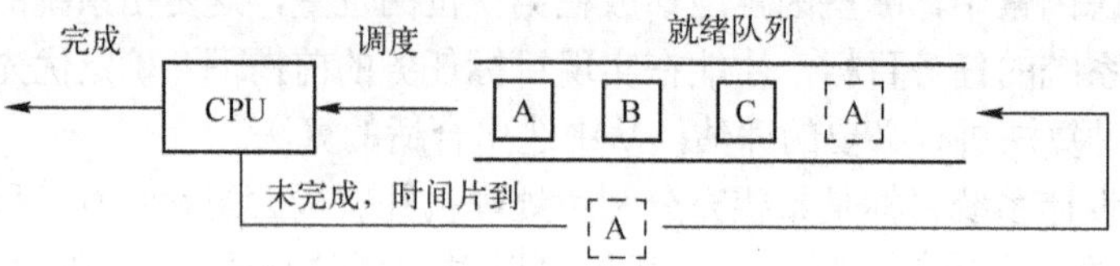

图 2-5　时间片轮转调度算法

在轮转法中，时间片长度的选取非常重要。时间片长度将直接影响系统开销和响应时间。如果时间片长度很小，则调度程序剥夺处理机的次数频繁，加重了系统的开销；反之，如果时间片长度选择过长，比方说一个时间片就能保证就绪队列中所有进程都执行完毕，那么轮转法就退化成先进先出算法。

假设时间片的长度值为 Q，影响时间片值设置的主要因素有：

1）系统响应时间：当进程数目一定时，时间片 Q 值的大小正比于系统对响应时间的要求。例如在进程数目为 N，要求的响应时间为 T 时，则 Q=T/N。在进程数目 N 不变的前提下，Q 值与 T 值的大小成正比例。

2）就绪进程的数目：当系统响应时间 T 一定时，时间片 Q 值的大小反比于就绪进程数。

3）计算机的处理能力：计算机的处理能力直接决定了每道程序的处理时间。显然，在处理速度高的系统中，时间片值就可设置得小些（因为在相对固定的时间内执行的指令数较多）。

为每个进程分配固定时间片的方法简单易行，多数微型计算机的分时系统采用这种方法。为了进一步改善 RR 的调度性能，也可采用可变时间片的方法。例如，可以根据进程的优先数分配适当大小的时间片，对于优先数较高的进程，给予较大的时间片。又如，还可以依据在某段时间中系统中存在的就绪进程数目，动态地调整时间片值。就绪进程数目少，时间片值就可以长一些，同时还保持合理的响应时间，反之亦然。

3．基于优先级的调度算法（Highest Priority First，HPF）

在基于优先级的调度算法中，最基本的是最高优先级算法。

所谓最高优先级算法就是，每一次均将处理机分配给就绪进程队列中具有最高优先级的就绪进程。通常采用一个数字来代表进程优先级的高低，称为优先数。一个进程的优先数数字的大小，指明了该进程的优先级别。在实际应用中，有的系统中，优先数数字为 0 代表最高优先级；而有的系统中，优先数数字为 0 代表最低的优先级。对进程优先级的设置有静态的和动态的两类不同方法。

静态优先级是在进程创建时根据进程初始特性或用户要求而确定的，进程被创建时系统为其确定一个优先数，进程的优先数固定，即不随进程的执行而改变。

动态优先级则是指在进程创建时先确定一个初始优先数，以后这个初始的优先数在进程运行中随着进程特性的改变（如等待时间增长），不断修改优先数。

最高优先级算法还可以和不同的 CPU 调度方式结合起来，从而形成可抢占式最高优先级算法和不可抢占式最高优先级算法。显然，抢占式 HPF 算法更好地反映了优先级的特征，可以使高优先级进程尽可能快地完成其任务，从而获得了较好的服务质量。但是抢占式 HPF 算法无疑也增加了系统的开销。

4．多级队列反馈法

在实际的计算机系统中，进程的调度模式往往是几种调度算法的结合。例如，可以以 HPF 作为主要的调度模式，但对于具有相同优先数的进程则按 FIFO 调度算法处理。又如，可以将 RR 和 HPF 结合，对于具有相同优先数的进程按 RR 调度算法处理。多级队列反馈法就是综合了 FIFO、RR 和可抢占方式 HPF 的一种进程调度算法。

多级队列反馈法的基本思想有如下几个基本要点：

1）就绪队列的设置。系统按优先级别设置若干个就绪队列，不同优先级别的队列有不同的时间片，对级别较高的队列分配较小时间片 S_i (i = 1，2，…，n)，从而有 $S1 < S2 < \cdots < Sn$。

2）在同一个队列之内的调度原则。除了第 n 级队列是按 RR 法调度之外，其他各级队列均按 FIFO 调度。

3）在不同队列之间的调度原则。系统总是先调度级别较高的队列，仅当级别较高的队列为空时才去调度次一级队列中的进程。

4）进程优先级的调整原则。当正在执行的进程用完其时间片之后，便被换出并进入次一级的就绪队列。当等待进程被唤醒时，它进入与其优先级相同的就绪队列；若该进程优先级高于正在执行的进程，便抢占 CPU。如图 2-6 所示给出了多级反馈法的图示。

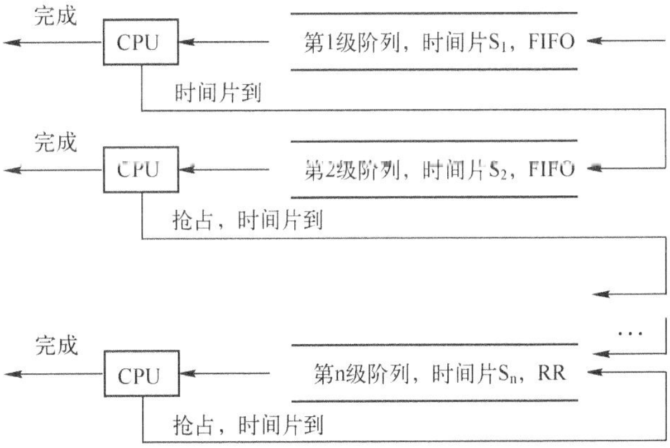

图 2-6　多级反馈队列

第四节　存 储 管 理

一、存储管理概述

计算机系统中的存储部件有其自有的体系结构特点，这是理解存储管理的基础。

1．存储体系

在计算机系统中，存储器是处理机处理的信息的来源与归宿，占据着重要地位。到目前为止，最先进的计算机科学技术能够提供的存储设备的速度，仍然明显地慢于同级别的处理机的速度。而且由于成本等方面的原因，存储设备很难在速度与容量两个方面同时满足所有用户的需求。为解决这些矛盾，采用如图 2-7 所示的存储结构。

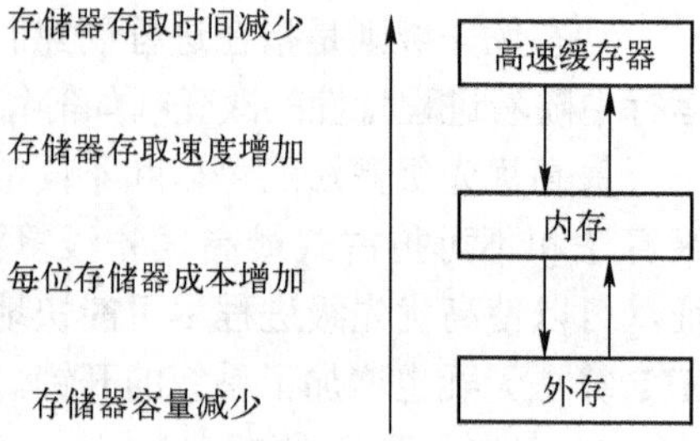

图 2-7　存储体系

在上述存储体系中包含：少量的、非常快速、昂贵、内容易变的高速缓存 Cache，通常是 MB 的数量级；适量的、中等速度、中等价格、内容易变的内存 RAM，通常是数 GB 的数量级；低速、价廉、内容不易变的磁盘，通常是几百 GB 的数量级；如果配有光盘或者磁带机，外存的容量可以增大至 TB 甚至更大。

快速存储设备和大容量存储设备必须构成为统一的整体，由操作系统协调这些存储器的使用。对于内存速度和容量的要求是，内存的直接存取速度尽量快到与 CPU 取指速度相匹配，其容量大到能装下当前运行的程序与数据，否则 CPU 执行速度就会受到内存速度和容量的影响而得不到充分发挥。各种速度和容量的存储器硬件，在操作系统协调之下形成了一种存储器层次结构，或称存储体系。

2．存储管理的任务

任何程序和数据以及各种控制用的数据结构都必须占用一定的存储空间，因此，存储管理直接影响系统性能。存储器由内存和外存组成。所谓内存空间，是由存储单元（字节或字）组成的一维连续的地址空间，简称内存空间。用来存放当前正在运行程序的代码及数据，是程序中指令本身地址所指的、亦即程序计数器所指的存储器。

内存空间一般分为两部分：一部分是系统区，用以存放操作系统常驻内存部分，用户不能占用这部分空间；另一部分是用户区，分配给用户使用，用于装入并存放用户程序和数据，这部分的信息随时都在发生变化。存储管理的主要工作任务就是管理供用户使用的那部分空间。

由于技术的进步，内存的制造成本大幅度下降，内存的容量大幅度上升，系统具有上百 MB 乃至上千 MB 的内存容量，是 60 年代 IBM7094 大型机（32KB 内存，系统使用 5KB，用户使用 27KB）容量的百万倍以上。但是，随着计算机应用领域的不断扩大与深化，现代程序的规模更大更复杂，在基础科学和人工智能等许多新的应用领域，将对内存容量提出更高的要求。因此，如何管理好内存资源，仍然是操作系统的一个重要课题。内存管理问题主要包括：内存管理方法、内存的分配和释放算法、虚拟存储器的管理、控制内存和外存之间的数据流动方法、地址变换技术和内存数据保护与共享技术等。

为了对内存进行有效的管理，一般把内存分成若干个区域。即使在最简单的单道、单用户系统中，至少也要把它分成两个区域：在一个区域内存放系统软件，如操作系统本身；而另外一个区域则用于安置用户程序。显然，在多道、多用户系统中，为了提高系统的利用率，需要将内存划分成更多的区域，以便支持多道程序。用户对内存管理提出了许多要求：

1）充分利用内存，为多道程序并发执行提供存储基础。

2）尽可能方便用户使用——操作系统自动装入用户程序，用户程序中不必考虑硬件细节。

3）系统能够解决程序空间比实际内存空间大的问题。

4）程序的长度在执行时可以动态伸缩。

5）内存存取速度快。

6）存储保护与安全。

7）共享与通信。

8）及时了解有关资源的使用状况。

9）实现的性能和代价合理。

上述要求引起了存储器分配以及随之而产生的一系列问题。通过对用户需求的分析，可以得出在操作系统中存储管理的主要任务：

（1）内存的分配和回收

一个有效的存储分配机制，应对用户提出的需求予以快速响应，为之分配相应的存储空间；在用户程序不再需要它时及时回收，以供其他用户使用。为此，应该具有以下功能：

1）记住每个存储区域的状态。内存空间哪些是分配了的，哪些是空闲的？这就需要设置相应的分配表格，记录内存空间使用状态。

2）实施分配。当用户提出申请时，按需要进行分配，并修改相应的分配表格。分配方式有静态分配和动态分配两种。

3）回收。接受用户释放的区域，并修改相应的分配表格。

为实现上述功能，必须引入分配表格，统称为内存分配表，其组织方式包括：

1）位示图表示法：用一位（Bit）表示一个空闲页面（0 表示空闲，1 表示占用）。

2）空闲页框表：包括首页面号和空闲页框个数，连续若干的页框作为一组登记在表中。

3）空闲块表：空闲块表包括空闲块首地址和空闲块长度，没有记录的区域即为进程所占用。

所谓“页框”是指如下的过程：首先将内存均匀分为大小一致的内存块（例如每块 4KB），称为页框，程序分成与其大小相同的“页面”或“页”，页面能装进页框内。将内存块即页框按一维线性编号，该号称为页框号。而普通内存块一般是指一块连续的内存空间，其性质是一样的，或被占用，或空闲没使用。

内存分配有两种方式。

1）静态分配：程序要求的内存空间是在目标模块装入内存时确定并分配的，并且在程序运行过程中不允许再申请或在内存中“搬家”，即分配工作是在程序运行前一次性完成的。

2）动态分配：程序要求的基本内存空间是在目标模块装入时确定并分配的，但是在程序运行过程中允许申请附加的内存空间或在内存中“搬家”，即分配工作可以在程序运行前及运行过程中逐步完成。

显然，动态存储分配具有较大的灵活性，它不需要一个程序的全部信息进入内存后才可以运行，而是在程序运行中需要时，系统自动将其调入内存。程序当前暂不使用的信息可以不进入内存，这对提高内存的利用率大有好处。动态存储分配反映了程序的动态性，较之静态存储分配更为合理。

（2）存储共享

所谓存储共享是指两个或多个进程共用内存中相同区域，这样不仅能使多道程序动态地共享内存，提高内存利用率，而且还能共享内存中某个区域的信息。共享的内容包括：代码共享和数据共享，特别是代码共享要求代码必须是纯代码，所谓纯代码是指不能修改的只读的代码。

存储共享的一个目的是通过代码共享节省内存空间，提高内存利用率；另一个目的是通过数据共享实现进程通信。

（3）存储保护

在多道程序系统中，内存中既有操作系统，又有许多用户程序。为使系统正常运行，避免内存中各程序相互干扰，必须对内存中的程序和数据进行保护。

存储保护目的在于为多个程序共享内存提供保障，使在内存中的各道程序，只能访问它自己的区域，避免各道程序间相互干扰。特别是当一道程序发生错误时，不至于影响其他程序的运行，更要防止破坏系统程序。存储保护通常需要有硬件支持，并由软件配合实现。

存储保护的内容包括：保护系统程序区不被用户有意或无意的侵犯；不允许用户程序读写不属于自己地址空间的数据，如系统区地址空间、其他用户程序的地址空间。

1）地址越界保护。每个进程都具有其相对独立的进程空间，如果进程在运行时所产生的地址超出其地址空间，则发生地址越界。地址越界可能侵犯其他进程的空间，影响其他进程的正常运行；也可能侵犯操作系统空间，导致系统混乱。因此，对进程所产生的地址必须加以检查，发生越界时产生中断，由操作系统进行相应处理。

2）权限保护。对于允许多个进程共享的公共区域，每个进程都有自己的访问权限。例如，有些进程可以执行写操作，而其他进程只能执行读操作等等。因此，必须对公共区域的访问加以限制和检查。

（4）“扩充”内存容量

用户在编制程序时，不应该受内存容量限制，所以要采用一定技术来“扩充”内存的容量，使用户得到比实际内存容量大得多的内存空间。

具体实现是在硬件支持下，软件、硬件相互协作，将内存和外存结合起来统一使用。通过这种方法扩充内存，使用户在编制程序时不受内存限制。借助虚拟存储技术或其他交换技术，达到在逻辑上扩充内存容量，亦即为用户提供比内存物理空间大得多的地址空间，以致使得用户感觉他的程序是在这样一个大的存储器中运行。

3．地址转换

一般而言，存储器以字节（每个字节为 8 个二进制位）为编址单位，每个字节都有一个地址与其对应。假定存储器的容量为 n 个字节，其地址编号顺序为 0，1，2，…，n–1。这些地址称为内存的“物理地址”，由物理地址对应的主存空间称为“物理地址空间”。“物理地址”有时也称为“绝对地址”。

在多道程序设计的系统中，主存中同时存放了多个用户程序。操作系统根据主存的使用情况为用户分配主存空间。因此，每个用户不能预先知道他的程序将被存放到内存的什么位置。这样，用户程序中就不能使用主存的物理地址。为了方便用户，每个用户都可认为自己的程序和数据存放在一组“0”地址开始的连续空间中。用户程序中使用的地址称为“逻辑地址”，有时也称为“相对地址”，由逻辑地址对应的存储空间称为“逻辑地址空间”。

将逻辑地址转换为物理地址称为“地址重定位”。

当用户程序进入计算机系统请求执行时，存储管理要为它分配合适的主存空间，这个分配到的主存空间可能是从某单元开始的一组连续的地址空间。该地址空间的起始地址是不固定的，而且逻辑地址与分到的主存空间的物理地址经常不一致。因此，每个逻辑地址在内存中也没有一个固定的物理地址与之对应。例如，某程序被装到主存中 A 单元开始的区域中，当程序中指定访问 k 单元时，实际应访问主存的 A+k 单元。如果程序被装入到主存中 B 单元开始的区域，那么，程序中指定访问的 k 单元在主存中的实际位置应该是 B+k 单元。可见，程序执行时不能按照其逻辑地址到内存中存取信息，处理机必须按照实际地址去访问主存才能保证程序的正确执行。

为了保证程序的正确执行，必须根据分配给程序的主存区域对程序中指令和数据的存放地址进行重定位，即要把逻辑地址转换成物理地址。

把逻辑地址转换成物理地址的工作称“地址重定位”或“地址转换”，又称“地址映射”。重定位的方式可以有“静态重定位”和“动态重定位”两种，下面分别介绍。

（1）静态重定位

在装入一个程序时，把程序中的指令地址和数据地址全部转换成物理地址。由于地址转换工作是在程序开始执行前集中完成的，所以在程序执行过程中就无须再进行地址转换工作，这种地址转换方式称“静态重定位”。

假定用户程序的逻辑地址空间从“0”到“168”，其中第 18 号单元处有一条“加法”指令，该指令要求从第 066 号单元处取出操作数 1234，然后进行加法操作。如果存储管理为该程序分配的主存区域是从 800 号单元开始，那么，逻辑地址第 18 号单元在主存中的对应位置是 818 号单元，第 066 号单元在主存中的对应位置应该是 866 号单元。

如果不修改上述“加法”指令中的操作数地址，则处理机执行该指令时将从主存的 066 单元中去取操作数，这显然是错误的，如图 2-8 所示。

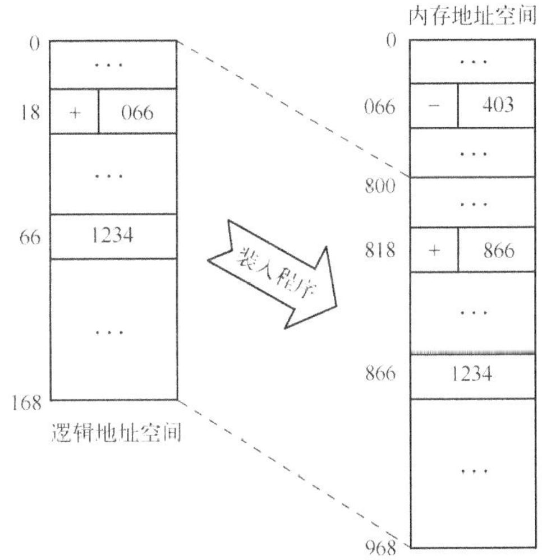

图 2-8　静态重定位

（2）动态重定位

在装入程序时，不进行地址转换，而是直接把程序装入到分配的主存区域中。在程序执行过程中，每当执行一条指令时都由硬件的地址转换机构将指令中的逻辑地址转换成物理地址。这种方式的地址转换是在程序执行时动态完成的，故称为“动态重定位”。如图 2-9 所示指出了动态重定位的过程。

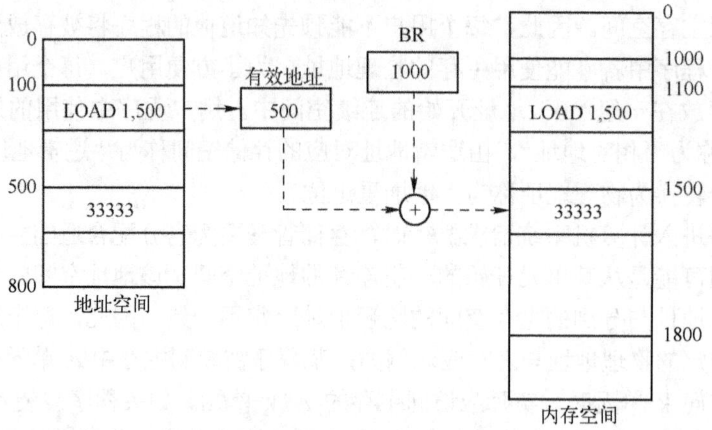

图 2-9　动态重定位

动态重定位由软件和硬件相互配合来实现。硬件要有一个地址转换机构，该机构可由一个基址寄存器和一个地址转换线路组成。存储管理为程序分配主存区域后，装入程序把程序直接装到所分配的区域中并把该主存区域的起始地址存入相应程序进程的进程控制块中。当程序进程被调度占用处理机时，随同现场信息的恢复，程序所占的主存区域的起始地址也被存放到“基址寄存器”中。程序执行时，处理机每执行一条指令都会把指令中的逻辑地址与基址寄存器中的值相加得到物理地址，然后按物理地址访问内存。

在图 2-9 中，基址寄存器 BR 中存放了程序所在主存区域的起始地址 1000。当处理机取出 LOAD 指令后，该指令中的操作数的逻辑地址是 500，把基址寄存器中的值 1000 与逻辑地址 500 相加得到物理地址 1500，处理机便可从 1500 号单元中取出正确的操作数。

采用动态重定位时，由于装入主存的程序仍保持原来的逻辑地址，所以，必要时可改变程序在主存中的存放区域。程序在主存中被移动位置后，只要把新区域的起始地址代替原来在基址寄中的值，这样，程序执行时，硬件的地址转换机构将按新区域的起始地址与逻辑地址相加，转换成新区域中的物理地址，使程序仍可正确执行。

若程序执行时，被改变了存放区域仍能正确执行，则称程序是可浮动的。采用动态重定位的系统支持“程序浮动”。而采用静态重定位时，由于被装入内存的程序信息都已经用物理地址指示，程序执行过程中不再进行地址转换，故程序执行过程中是不能改变存放位置的。可见，采用静态重定位的系统不支持“程序浮动”。

二、虚拟存储管理

虚拟存储管理的基本思想是利用大容量的外存来扩充内存，产生一个比有限的实际内存空间大得多的、逻辑的虚拟内存空间，简称虚存，以便能够有效地支持多道程序系统的实现和大型程序运行的需要，从而增强系统的处理能力。

虚拟存储管理是由操作系统在硬件支持下对两级存储器（内存和外存）统一实施管理，达到“扩充”内存的目的，呈现给用户的是一个远远大于内存容量的编程空间，即虚存。程序运行所需的内存空间的大小可以超过实际内存的大小，操作系统把程序当前使用的部分保留在内存，而把其他部分保存在磁盘上，并在需要时在内存和磁盘之间动态交换。虚拟存储管理支持多道程序设计技术。

虚拟存储器实际上是为扩大主存容量而采用的一种设计技巧。虚拟存储器的容量也是有限制的，首先是计算机系统地址结构的长度，其次是受外存容量所限。

实现虚拟存储器需要以下的硬件支持：

- 系统有容量足够大的外存。
- 系统有一定容量的内存。
- 最主要的是，硬件提供实现虚/实地址映射的机制。

虚拟存储器的工作原理如下：当进程开始运行时，先将一部分程序装入内存，另一部分暂时留在外存；当要执行的指令不在内存时，由系统自动将它们从外存调入内存；当没有足够的内存空间时，系统自动选择部分内存空间，将其中原有的内容交换到磁盘上，并释放这些内存空间供其他进程使用。这样做的结果是程序的运行丝毫不受影响，使程序在运行中感觉到拥有一个不受内存容量约束的、虚拟的、能够满足自己需求的存储器。

三、页式存储管理

1．基本思想

页式存储管理思想首先由英国曼彻斯特大学提出，并在该校的 Atlas 计算机上使用。该技术近年来已广泛用于微机系统中，支持页式存储管理的硬件部件通常称为“存储管理部件”（Memory Management Unit，MMU）。

存储管理部件首先把内存分成大小相等的许多块，称为页框。页框是进行主存空间分配的物理单位。同时，要求程序中的逻辑地址也进行分页，页的大小与页框的大小一致。这样，就可把程序信息按页存放到页框中。于是，页式存储器提供编程使用的逻辑地址由两部分组成：页号和页内地址。其格式为：

页号	页内地址

页式存储的地址结构确定了内存页框的大小，也就决定了页面的大小。假定地址用 m 位二进制位表示，其中页内地址部分占用 n 位二进制位，那么，每一个页的长度就是 2^n，也就是每一页有 2^n 个字节。这时，页号部分占用了剩余的 m−n 位，所以，最大的程序可允许有 $2^{(m-n)}$个页面。显然，从地址结构来看，逻辑地址是连续的。逻辑地址从“0”开始（页号为“0”，页内地址也为“0”），当编址到 2^{n-1} 时，第 0 页的页内地址的各位均为“1”，即占满了一个页面。下一个地址是 2^n，这时页号部分就为“1”，而页内地址部分又恢复到“0”，表示进入了第 1 页。再继续顺序编址，此时页内地址 0～(2^{n-1})是属于第 1 页的。依次类推，一组顺序的逻辑地址结构将其自然地分页了。所以，用户编辑时无须考虑如何分页的问题，仍使用连续的逻辑地址即可。

2．存储空间的分配与回收

页式存储管理分配内存空间以物理页框为单位，由于物理页框的大小是固定的，所以只要在内存分配表中具有可以指出哪些页框已经分配、哪些页框尚未分配以及当前剩余的空闲页框数等三种不同的标识即可。

简单的内存分配表可以用一张“位示图”构成。假设内存的可分配区域被分成 256 个页框，则可用字长为 32 位的 8 个字作为“位示图”。位示图中的每一位与一个页框对应，每一位的值可以是 0 或 1，0 表示对应的页框为空闲，1 表示已占用。在位示图中再增加一个字节记录当前剩余的总空闲页框数，如图 2-10 所示。初始化时系统在位示图中把操作系统占用的页框所对应的位置成 1，其余位均置 0，剩余空闲页框数为可分配的空闲内存页框总数。

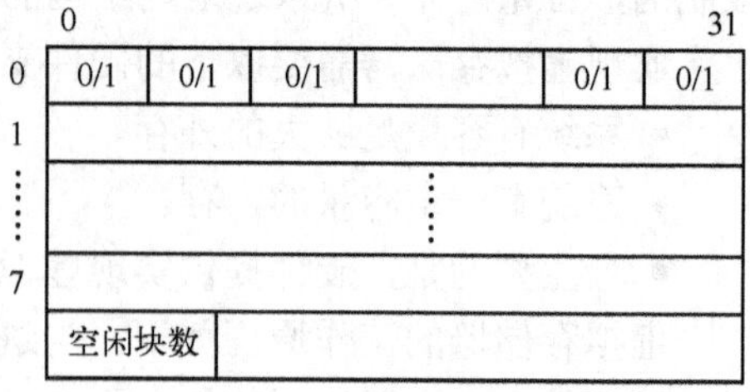

图 2-10　页式存储管理的内存分配表

在进行内存分配时，先查看空闲页框数是否能满足程序要求。若不能满足，则不进行分配，程序就不能装入内存；若能满足，则根据需求从位示图中找出一些为 0 的位，把这些位置成 1，并从空闲页框数中减去本次分配的块数，然后按照找到的位计算出对应的页框号。

当找到一个为 0 的位后，根据它所在的字号、位号，按如下公式就可计算出对应的页框号：

页框号＝字号×字长＋位号

把程序装入到这些内存页框中，并为该程序建立一张进程的逻辑页面到内存页框的映射表，称为页表。页表是存储管理中最重要的数据结构。

当程序执行结束时，则应收回它所占用的内存页框。根据归还的页框号计算出该页框在位示图中对应的位置，将占用标志修改成 0，再把回收的页框数加入到空闲页框数中。

假定归还页框的页框号为 i，则在位示图中对应的位置为：

字号＝[i/字长]，位号＝i mod 字长

其中[ ]表示下取整。

四、请求分页存储管理

1. 基本思想

在进程开始运行之前，不是装入全部页面，而是装入一个或零个页面，之后根据进程运行的需要，动态装入其他页面；当内存空间已满，而又需要装入新的页面时，则根据某种算法淘汰某个页面，以便装入新的页面。这就是请求分页存储管理。

在使用虚拟页式存储管理时需要在原来的页表中增加以下的表项：

- 驻留位：又称中断位，表示该页是在内存还是在外存，也称存在位或在位位。
- 内存块号：页面在内存中时，所对应的内存块号。
- 外存地址：页面在外存中时，所在的外存地址。
- 访问位：访问位表示该页在内存期间是否被访问过，也称引用位，参考位。
- 修改位：修改位表示该页在内存中是否被修改过。
- 其他信息。

其中，访问位和修改位可以用来决定置换哪个页面，具体由页面置换算法决定。

2. 缺页中断

若在页表中发现所要访问的页面不在内存，则产生缺页中断。当发生缺页中断时，操作系统必须在内存中选择一个页面将其移出内存，以便为即将调入的页面让出空间。如果要移走的页面在内存期间已经被修改过，就必须把它写回磁盘以更新该页在磁盘上的副本。如果该页没有被修改过，那么它在磁盘上的副本仍然是最新的，则不需要写回，调入的页直接覆盖被淘汰的页。如图 2-11 所示为缺页中断处理流程图。

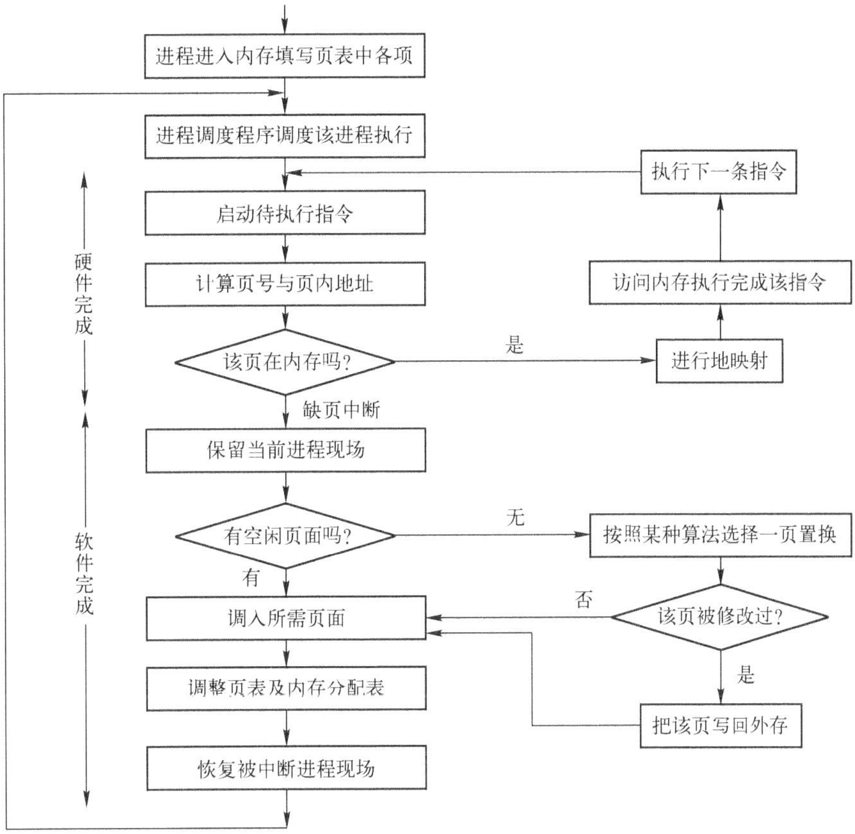

图 2-11　缺页中断处理流程图

整个缺页处理过程简单阐述如下：

1）根据当前执行指令中的逻辑地址查页表的驻留位，判断该页是否在内存。

2）该页标志为“0”，形成缺页中断。保留现场。中断装置通过交换 PSW 让操作系统的中断处理程序占用处理机。

3）操作系统处理缺页中断，寻找一个空闲的页面。

4）若有空闲页，则把磁盘上读出的信息装入该页面中。

5）修改页表及内存分配表，表示该页已在内存。

6）如果内存中无空闲页，则按某种算法选择一个已在内存的页面，把它暂时调出内存。若在执行中该页面已被修改过，则要把该页信息重新写回到磁盘上，否则不必重新写回磁盘。当一页被暂时调出内存后，让出的内存空间用来存放当前需要使用的页面。页面被调出或装入之后都要对页表及内存分配表作修改。

7）恢复现场，重新执行被中断的指令。当重新执行该指令时，由于要访问的页面已被装入内存，所以可正常执行下去。

五、页面分配和置换策略

每次发生缺页时，当然可以随机选择一个页面置换。但是如果一个经常使用的页被置换出去，很有可能它很快又要被调入内存，带来不必要的额外开销。所以选择不常使用的页面会使系统性能好得多。

如果刚被调出的页面又立即要用，因而又要把它装入，而装入不久又被选中调出，调出不久又被装入，如此反复，使调度非常频繁。这种现象称为“抖动”或称“颠簸”。

页面置换算法的优劣将会影响虚拟存储系统的性能，进而影响整个系统的性能。下面将介绍几个主要的页面置换算法。

1．先进先出页面置换算法（First-In First-Out，FIFO）

为了解释它是怎样工作的，设想有一个超级市场，它的货架只能展示 K 种不同的商品。有一天，某家公司介绍了一种新的方便食品，这个产品非常好，所以容量有限的超市必须撤掉一种老商品以便能够展示该新产品。

一种可能的解决方法就是找到超级市场中销售时间最长的商品并将其撤换掉（比如某个 10 年以前就开始卖的商品），理由是现在已经没有人喜欢它了。这实际上相当于超级市场有一个按照引进时间排列的所有商品的链表，新的商品加到链表的尾部，链表头上的商品被撤换掉。

同样的思想也可以应用在页面置换算法中。先进先出页面置换算法总是选择最先装入内存的一页调出，或者说是把驻留在内存中时间最长的一页调出。

FIFO 算法简单，容易实现。把装入内存的那些页面的页号按进入的先后次序排好队列，每次总是调出队首的页，当装入一个新页后，把新页的页号排入队尾。由操作系统维护一个所有当前在内存中的页面的链表，最老的页面在头上，最新的页面在表尾。当发生缺页时，淘汰表头的页面并把新调入的页面加到表尾。

在具体实现时，可用指针 K 指示最早被装入内存的那页在队列中的位置，每次总是选择指针 K 指示的页调出，在装入一个新页后，在指针指示的位置上填上新页页号，然后指针 K 加 1，指出下一次可调出的页。如图 2-12 所示是先进先出调度算法的示例。

在图 2-12 中，指针 K 指示页面 1，表示页面 1 是最早装入内存的页面，现在需要调入页面 6，于是页面 1 被换成页面 6，而指针 K 加 1，指出下一次可调出的页，即页面 3。

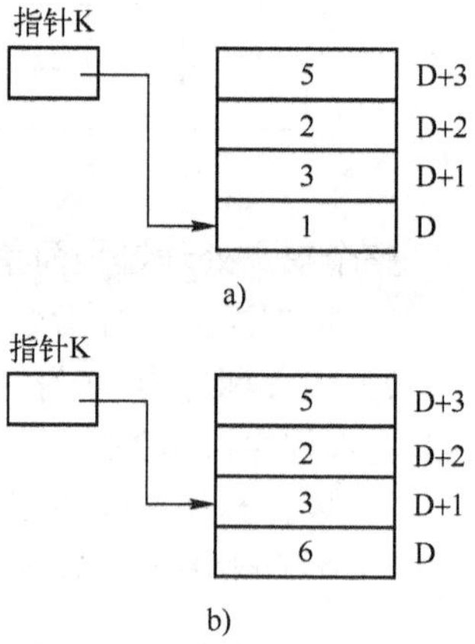

图 2-12 先进先出页面置换算法

这里指针 K 是循环指针，假定页号队列中有 n 个页号，每次调出一页后，执行：

```
K:=(K+1)mod n
```

于是，K 指示的位置就是页号队列的队首，而新装入的那页所在的位置就成了队尾。

FIFO 算法有一个问题，因为最先装入内存的一页，不等于说这一页是不常使用的。比如在超级市场中使用 FIFO 算法，可能会淘汰雪地铲，但也可能会淘汰掉面包、牛奶或其他常用商品。由于这一原因，很少使用纯 FIFO 算法。

2．最近最少使用页面置换算法（Least Recently Used，LRU）

通常，在前面几条指令中使用频繁的页面很可能在后面的几条指令中也频繁使用。反过来说，已经很久没有使用的页面很有可能在未来较长的一段时间内不会被用到。这个思想提示了一个可以实现的算法：在缺页发生时，首先淘汰掉最长时间未被使用过的页面。这个策略称为 LRU 页面置换算法。

最近最少使用页面置换算法总是选择距离现在最长时间内没有被访问过的页面先调出。实现这种算法的一种方法是在页表中为每一页增加一个“计时”标志，记录该页面自上次被访问以来所经历的时间，当访问页面时，如果该页未被访问，则计时值继续增加，如果该页被访问，则从“0”开始重新计时。当要装入新页时，检查页表中各页的计时标志，从中选出计时值最大的那一页调出（即最近一段时间里最长时间没有被使用过的页）。当再一次产生缺页中断时，又可找到最近最久未使用过的页，将其调出。这种实现方法必须对每一页的访问情况时时刻刻地加以记录和更新，实现起来比较麻烦且开销比较大。

3．理想页面置换算法（Optimal Page Replacement Algorithm，OPT）

该算法淘汰以后不再需要的、或者在最长时间以后才会用到的页面。因为 OPT 算法需要预先知道当前时刻以后的页面使用情况，因此，这一算法一般不可能实现，但它可以作为衡量其他页面淘汰算法优劣的一个标准。

下面举一些例子来说明页面置换算法的应用。

【例 2-1】 某程序在内存中分配三个页面，初始为空，所需页面的顺序依次为 4，3，2，1，4，3，5，4，3，2，1，5，该顺序简称“页面走向”，也称“页面引用串”。采用 FIFO 算法，请计算整体缺页次数。

在下面的例子中，“时间长-页”表示在内存时间最长的页面，“时间中-页”其次，“时间短-页”表示在内存时间最短的页面。x 表示缺页，√表示不缺页。

页面走向	4	3	2	1	4	3	5	4	3	2	1	5
时间短-页	4	3	2	1	4	3	5	5	5	2	1	1
时间中-页		4	3	2	1	4	3	3	3	5	2	2
时间长-页			4	3	2	1	4	4	4	3	5	5
	x	x	x	x	x	x	x	√	√	x	x	√
	1	2	3	4	5	6	7			8	9	

开始时，内存中三个页面初始为空，故产生第 1 个缺页中断，需要把页面 4 调入。同样产生第 2 个缺页中断，需要把页面 3 调入。产生第 3 个缺页中断，需要把页面 2 调入。

此时 3 个内存页面全满，在需要页面 1 时，发现页面 4 时间最长，故产生第 4 个缺页中断，把页面 4 换出，页面 1 调入。接着又需要页面 4，于是产生第 5 个缺页中断，把页面 3 换出，页面 4 调入。后面又需要页面 3，于是产生第 6 个缺页中断，把页面 2 换出，页面 3 调入。接着又需要页面 5，于是产生第 7 个缺页中断，把页面 1 换出，页面 5 调入。

下面需要页面 4，正好在内存。接着需要页面 3，也正好在内存。后面需要页面 2，于是产生第 8 个缺页中断，把页面 4 换出，页面 2 调入。接着需要页面 1，于是产生第 9 个缺页中断，把页面 3 换出，页面 1 调入。最后需要页面 5，正好在内存。整个操作结束。共产生缺页中断 9 次。

【例 2-2】 在上述例子中采用 LRU 算法，请计算整体缺页次数。

同样，在下面的例子中，“时间长-页”表示未使用时间最长的页面，“时间中-页”其次，“时间短-页”表示未使用时间最短的页面。x 表示缺页，√表示不缺页。

页面走向	4	3	2	1	4	3	5	4	3	2	1	5

时间短-页	4	3	2	1	4	3	5	4	3	2	1	5
时间中-页		4	3	2	1	4	3	5	4	3	2	1
时间长-页			4	3	2	1	4	3	5	4	3	2
	x	x	x	x	x	x	x	√	√	x	x	x
	1	2	3	4	5	6	7			8	9	10

共缺页中断 10 次。

【例 2-3】 在上述例子中采用 OPT 算法，请计算整个缺页次数。

最长时间以后才会用到的页面，用“时间长-页”表示，“时间中-页”表示其次，“时间短-页”表示最短时间会用到的页面。

页面走向	4	3	2	1	4	3	5	4	3	2	1	5
时间短-页	4	3	2	1	1	1	5	5	5	2	1	1
时间中-页		4	3	3	3	3	3	3	3	5	5	5
时间长-页			4	4	4	4	4	4	4	4	4	4
	x	x	x	x	√	√	x	√	√	x	x	√
	1	2	3	4			5			6	7	

共缺页中断 7 次。

【例 2-4】 某程序在内存中分配 m 页初始为空，页面走向为 1，2，3，4，1，2，5，1，2，3，4，5。当 m = 3，m = 4 时，试用 FIFO 算法计算缺页中断分别为多少次？说明所出现的现象。

通过计算得到当 m = 3 时，缺页中断 9 次；m = 4 时，缺页中断 10 次。

我们发现，当分配给进程的物理页面数增加时，缺页次数反而增加。这一现象称为 Belady 异常现象，FIFO 页面置换算法会产生异常现象。

第五节　文 件 管 理

文件管理是操作系统中一项重要的功能。其重要性在于，在现代计算机系统中，用户的程序和数据，操作系统自身的程序和数据，甚至各种输出输入设备，都是以文件形式出现的。可以说，尽管文件有多种存储介质可以使用，如磁盘、磁带、光盘、闪存等，但是，它们都以文件的形式出现在操作系统的管理者和用户面前。

本节主要介绍文件管理的有关问题，包括文件的结构、文件目录、文件系统的实现以及文件的安全和保密等内容。

一、文件、目录和文件系统

研究文件系统有两种不同的观点，一种是用户的观点，另一种是操作系统的观点。

从用户的观点看文件系统，主要关心文件由什么组成，如何命名，如何保护文件，可以进行何种操作，等等。

从操作系统的观点看文件系统，主要关心文件目录是怎样实现的，怎样管理存储空间，文件存储位置，磁盘实际运作方式（与设备管理的接口），等等。

1．文件的定义

什么是文件？在计算机系统中，程序或数据都可以是文件，但这是一种较为模糊的说法。文件可以被解释为一组带标识的、在逻辑上有完整意义的信息项的序列。这个标识称为文件名，信息项构成了文件内容的基本单位。

构成文件内容的信息项的长度，可以是单个字节或多个字节；这些字节可以是字符，也可以组成记录；而且各个记录的长度可以相等，也可以不相等。

文件内容的具体意义，则由文件的建立者和使用者解释。

文件名是用户在创建文件时确定的，并在以后访问文件时使用。文件名通常由用户给定，它是一个字母数字串，有些系统规定必须是英文字母打头且允许一些其他的符号出现在文件名的非打头部分。不同的操作系统有不同的文件名要求。

信息项是构成文件内容的基本单位，这些信息项是一组有序序列，它们之间具有一定的顺序关系。

通常，系统为一个正在使用的文件提供读写指针。读指针用来记录文件当前的读取位置，它指向下一个将要读取的信息项；写指针用来记录文件当前的写入位置，下一个将要写入的信息项被写到该处。

一般地，文件建立在存储器空间里，以便使文件能够长期保存。即：文件一旦建立，就一直存在，直到该文件被删除或该文件超过事先规定的保存期限。

文件是一个抽象机制，它提供了一种把信息保存在存储介质上而且便于以后存取的方法，用户不必关心文件实现的细节。

2．文件目录

在一个计算机系统中保存有许多文件，用户在创建和使用文件时只给出文件的名字，由文件系统根据文件名找到指定文件。为了便于对文件进行管理，设置了文件目录，用于检索系统中的所有文件。

3．文件系统

所谓文件系统，是操作系统中统一管理信息资源的一种软件。它管理文件的存储、检索、更新，提供安全可靠的共享和保护手段，并且方便用户使用。

从用户的角度来看，文件系统负责为用户建立文件、读写文件、修改文件、复制文件和撤销文件。文件系统还负责完成对文件的按名存取和对文件进行存取控制。

文件系统的作用是很多的。比如，在多用户系统中，可以保证各用户文件的存放位置不冲突，还能防止任一用户对存储空间的占而不用。文件系统既可保证任一用户的文件不被未经授权的用户窃取、破坏，又能允许在一定条件下由多个用户共享某些文件。

通常文件系统使用磁盘、磁带和光盘等大容量存储器作为存储介质。因此，文件系统可存储大量的信息。

二、文件结构和存取方法

任何一种文件都有其内在的文件结构。用户看到的是经过抽象的文件结构，这就是文件的逻辑结构。实际上，文件的逻辑结构就是从用户角度看文件，研究文件的组织形式。

除了文件的逻辑结构，文件还有其物理结构，也就是文件在实际的存储空间存储时的结构。

本小节首先介绍文件的逻辑结构，然后介绍其物理结构。

1．文件的逻辑结构

文件的逻辑结构就是用户所看到的文件的组织形式。文件逻辑结构是一种经过抽象的结构，所描述的是记录在文件中信息的组织形式。文件中的这些信息到底在物理介质上是如何组织存储的，与用户没有直接关系。

与文件的逻辑结构相联系的是逻辑文件的存取方式，即用户如何访问文件。在文件系统设计时，到底选择何种逻辑结构才能更有利于用户对文件信息的操作呢？这里，我们列出在一般情况下，设计文件的逻辑结构时应遵循的一些设计原则。

1）易于操作。用户对文件的操作是经常的，而且是大量的。因此，文件系统提供给用户的对文件的操作手段应当方便，用户易学易用。

2）查找快捷。用户经常需要进行对文件的查找或对文件内信息的查找，设计的文件逻辑结构应便于在尽可能短时间内完成查找。

3）修改方便。当用户需要对文件信息进行修改时，给定的逻辑结构应使文件系统尽可能少变动文件中的记录或基本信息单位。

4）空间紧凑。应使文件的信息占据尽可能小的存储空间。

可以把文件划分成三类逻辑结构：无结构的字符流式文件、定长记录文件和不定长记录文件构成的记录树，如图 2-13 所示。定长记录文件和不定长记录文件可以统称为记录式文件。下面具体介绍文件的这些逻辑结构。

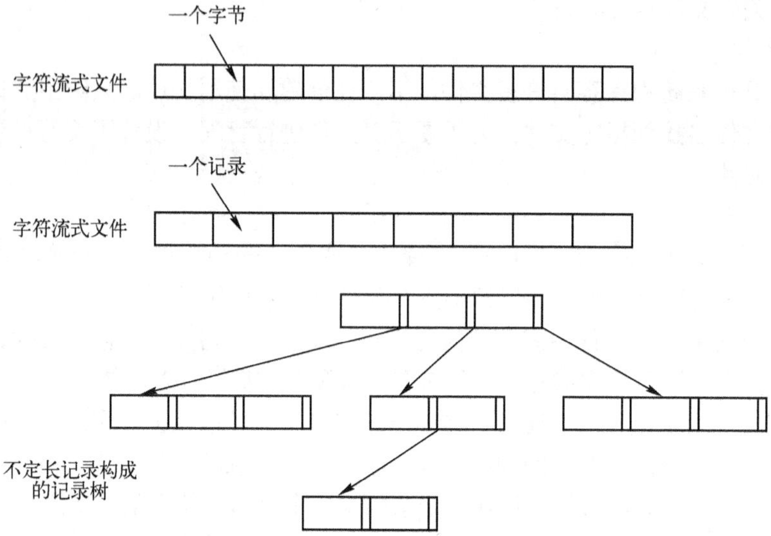

图 2-13　逻辑文件的种类

（1）流式文件

流式文件是有序字符的集合，其长度为该文件所包含的字符个数，所以又称为字符流文件。在流式文件中，构成文件的基本单位是字符。

可以认为流式文件就是一串有开头和结尾的连续字符。在这串字符中，不存在任何可以视为结构的组织形式，所以可以说，流式文件无结构。

正由于流式文件中不存在结构，所以用户对流式文件可以方便地进行操作。

源程序、目标代码等文件属于流式文件。UNIX 类系统采用的是流式文件结构。

对操作系统而言，字符流文件就是一个个的字节，管理简单，其内在含义由使用该文件的程序自行理解，因此，提供了很大的灵活性。

（2）记录式文件

记录式文件是一组有序记录的集合。在记录式文件中，构成文件的基本单位是记录。

记录是一个具有特定意义的信息单位，它由该记录在文件中的逻辑地址（相对位置）与记录名所对应的一组键、属性及其属性值所组成，可按键值进行查找。

记录式文件可分为定长记录文件和不定长记录文件两种。

在定长记录文件中，各个记录长度相等。在检索时，可以根据记录号 i 及记录长度 L 就可以确定该记录的逻辑地址。

在不定长记录文件中，各个记录的长度不等，在查找时，必须从第一个记录起一个记录一个记录查找，直到找到所需的记录。

记录式的有结构文件可把文件中的记录按各种不同的方式排列，构成不同的逻辑结构，以便用户对文件中的记录进行修改、追加、查找和管理等操作。

2．文件的物理结构

从研究文件管理、设计文件管理系统的角度来看，必须研究如何在物理存储器上存储文件，这是文件系统实现的基础。

文件在存储时与程序在内存中的分配非常类似。为便于文件的存放，通常将文件划分为若干个大小相同的数据块，称为文件的逻辑块，将其按一维线性编号，称为逻辑块号；物理结构中也划分为与数据块相同大小的存储块，正好能将一个逻辑块存放进其中，存储块也按物理设备的结构一维线性编号，称为物理块号。

常用的文件物理结构有顺序结构、链接结构和索引结构。

（1）顺序结构

顺序结构又称连续结构，这是一种最简单的文件物理结构，它把逻辑上连续的文件信息依次存放在连续编号的物理块中。也就是说，如果一个文件长 n 块，并从物理块号 b 开始存放，则该文件占据物理块号 b，b + 1，b + 2，……，b + n−1，如图 2−14 所示。

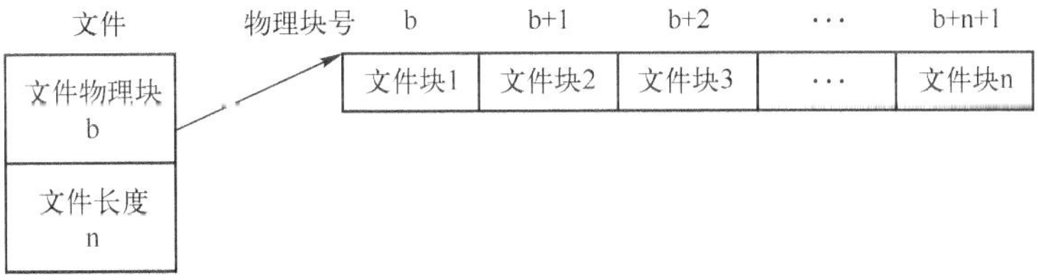

图 2−14　文件的顺序结构

在顺序结构中，一个文件的目录项中只要指出该文件占据的总块数和起始块号即可。

顺序结构的优点是，一旦知道了文件在文件存储设备上的起始块号和文件长度，就能很快地进行存取。这是因为从文件的逻辑块号到物理块号的变换是非常简单的。

另外，顺序结构支持顺序存取和随机存取。

对于顺序存取，顺序结构的存取速度快。举例来说，一个文件从物理块 a 开始，现在要存取该文件的第 i 块，只需存取物理块 a + i 即可。对于磁盘来说，在存取物理块 a 后再存取

a + 1，这样所需的磁盘读取时间是最少的。（磁盘读取时间的调优可参阅本章第六节“四、磁盘调度”）

顺序结构的缺点在于，文件不能动态增长。假设一个顺序结构的文件在开始时需要 188 个物理块，在系统对 188 个物理块分配之后，相邻这个文件的其他空间可能分配给其他文件使用了。这时该文件如果要动态增长就没有空间了，因为顺序结构的物理块必须是连续的。如果要为顺序结构的文件预留空间，那么，预留多大的空间？另外，文件的建立者（程序或人）如何知道或确定要建立的文件的长度？更一般的情况是，一个输出文件的长度可能是难于确定的，要么需要对文件重新分配和移动，总之，困难较多。

对于顺序结构的文件，申请新的空闲空间时，如果该文件长 n 块，必须找到连续的 n 个空闲块，才能存放该文件，相对来说查找速度较慢。有可能出现找不到满足条件的连续的 n 个空闲块的情况，也不利于文件插入和删除。

另外，随着文件不停地被分配和被删除，空闲空间逐渐被分割为很小的部分，最终导致出现存储碎片，此时虽然空间的总空闲数比申请的要多，但却因为不连续，都是小碎片而无法分配。

解决上述问题的根本办法是采取不连续分配，以下两种分配方式都是不连续分配的。

（2）链接结构

文件的链接结构的实质就是为每个文件构造所使用磁盘块的链表。使用这种链接结构的文件，将逻辑上连续的文件分散存放在若干不连续的物理块中。在每个物理块中都设有一个指针，该指针指向其后续的物理块，如图 2-15 所示。

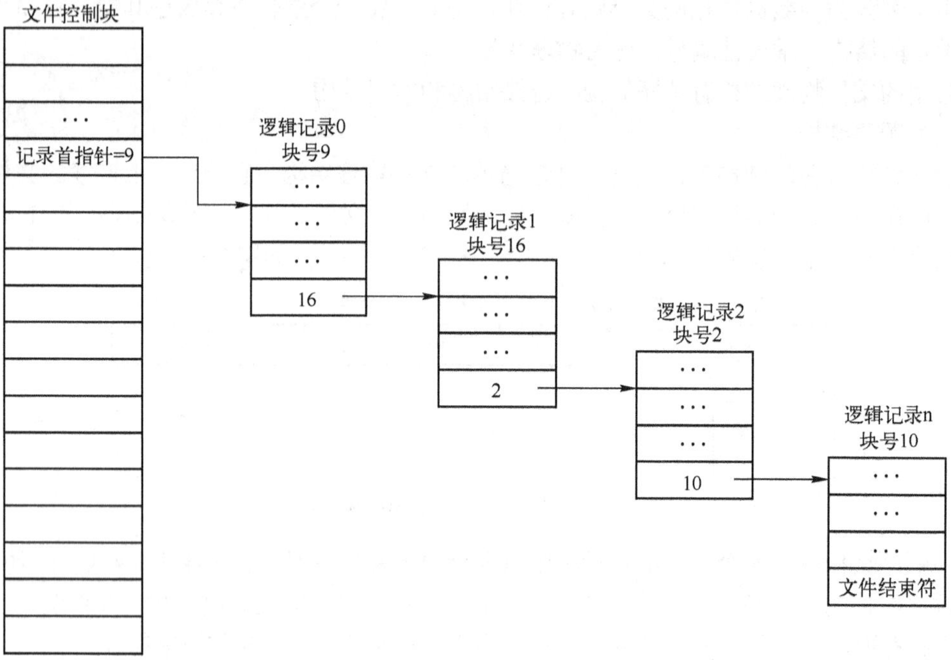

图 2-15　文件的链接结构

在图 2-15 中，一个文件由四个物理块组成，文件的控制块中保存有文件记录的首指针。首指针指向逻辑记录 0，即该文件使用的第一个物理块，块号为 9，其后依次为块 16、

2、10。在每个物理块中都包括一个指向下一个物理块的指针。这些指针是不能被用户使用的，甚至不为用户所知。

如果每个物理块的大小是 512 字，而一个盘块地址需要占用两个字，则用户看到的块长，即逻辑块长，是 510 字。链接指针需要占用一定的空间，在这个例子中，指针占用了 0.39%的空间。

链接结构的优点是，存储碎片问题迎刃而解了，有利于文件动态扩充，有利于文件插入和删除，提高了磁盘空间利用率。

在建立链接结构的文件时，只需在文件目录中建立一个新的目录条目，将该条目中的首块指针初始化为空，以说明现在该文件是空的，文件长度初始化为零。

链接结构的文件动态扩充时也很简单。从空闲空间信息中得到一个空闲块亦即第一个空闲块，然后将该块链接到文件尾部，并改变文件的长度值即可。只要还能申请到空闲块，文件可以一直动态地扩充增长。

链接结构的主要缺点是，存取速度慢，不适于随机存取文件；磁盘的磁头移动多，效率相对较低；存在文件的可靠性问题，比如指针出错，文件也就出错了；另外，链接指针需要占用一定的空间。

例如，要在链接结构的文件中找寻一个文件的第 i 块时，必须从该文件的首块开始沿着指针逐块寻找下去。每读一个指针就要读对应的物理盘块，一共要读 i 块，才能得到文件的第 i 块。

链接结构的文件所使用的物理块不是连续分配的，所以一个链接结构的文件的所有物理块在磁盘上是分散分布的。与顺序结构的文件相比，在访问一个链接结构的文件时需要更多的寻道次数和寻道时间。

使用链接结构的文件必须重视其可靠性问题。如果某一个文件中的某一个盘块中的指针丢了，则从该文件中的指针所指的物理盘块后的所有盘块就都读写不到了。指针出问题的原因还可能是操作系统软件的一个隐藏错误或磁盘硬件故障，例如读写错了或指针所在的盘面坏了。

为了提高可靠性，可以采用双向链接，或者在每个物理块中存储文件名称和相对块号等办法改进。不过这些办法只能有限地提高可靠性，并不能从根本解决问题，而且需要耗费更多的空间。

（3）索引结构

索引结构的文件把每个物理盘块的指针，集中存放在称为索引表的数据结构中。在每个文件相应的目录条目中包含了该文件的索引表地址，而索引表中的第 i 个条目指向文件的第 i 块，如图 2-16 所示。这样，要读某个文件的第 i 块，只需从该文件索引表的第 i 个条目中得到该文件块的地址就行了。图中 L 表示文件的逻辑块，F 表示存储块，下标是序号。

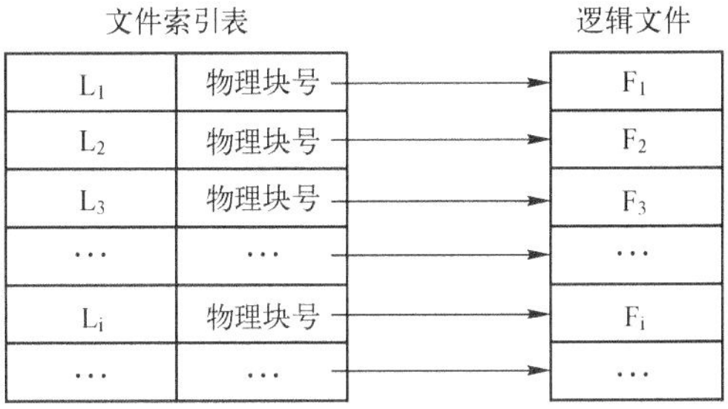

图 2-16　索引文件结构

在开始建立索引结构的文件时，把索引表中的所有指针置为空。当第一次需要在文件的第 i 块写入信息时，从空闲块信息中任意申请一个空闲块，然后将该块地址写入索引表的第

i 个条目。

索引文件结构保持了链接结构的优点，又解决了其缺点。索引结构文件既适于顺序存取，也适用于随机存取。这是因为有关逻辑块号和物理存储块号的信息全部保存在了一个集中的索引表中，而不是像链接文件结构那样分散在各个物理块中。

索引文件可以满足文件动态增长的要求，也满足了文件插入、删除的要求。索引文件还能充分利用外存空间。

索引结构的缺点是：会引起较多的寻道次数和寻道时间；索引表本身增加了存储空间的开销。

在索引结构文件中要查找文件，要顺着链进行查找，但是整个索引表都可以存放在内存中，不需要访问磁盘，不管文件有多大，在目录项中只需记录一个起始块号，按照它就可以找到文件的全部块。

另外，在索引结构文件中要存取文件时，需要至少访问存储设备二次以上。其中，一次是访问索引表，另一次是根据索引表访问在存储设备上的文件信息。这样势必降低了对文件的存取速度。一种改进的方法是，当对某个文件进行操作之前，系统预先把索引表放入内存。

索引分配技术继承了链接分配技术的优点，如没有存储碎片等，同时又解决了链接分配技术中的不支持直接存取和可靠性问题。索引分配支持直接存取，不会因为一个指针的错误就引起全盘覆没。当然，其他方面的可靠性问题还是存在的。

索引结构对空间的占用比较严重。这是因为大多数文件都是小文件，如果一个文件系统中索引表是定长的话，那么即使一个文件仅占一两个盘块，也同样需要一整个索引表。如果为了加快存取速度而把索引表放在内存，那么要占用的空间对内存来说是非常大的。

3．文件的存取方式

用户通过对文件的存取来完成对文件的各种操作，文件的存取方式是由文件的性质和用户使用文件的情况而确定的。

在用户面前，文件呈现的是文件的逻辑结构，这与用户使用文件的方式相适应。在存储介质面前，文件呈现的是文件的物理结构，这与文件所使用存储介质的特性有关。

一个文件要能够为用户所使用，单有其逻辑结构和物理结构是不够的，必须提供一种文件的逻辑结构和物理结构之间的映射或变换机制，其作用是把用户对一个文件中某个逻辑记录访问的请求转变为对该文件物理结构中某个存储块中的字符串的读写请求，也就是把对逻辑字符串地址的请求变换为对物理字符串地址的请求。

文件的存取方式就是这样一种文件的逻辑结构和物理结构之间的映射或变换机制，它以一种逻辑清晰、使用便利的方式，把用户对逻辑文件的存取要求，变换为对相关文件的物理存储块的读写请求。

文件常用的存取方法有：顺序存取和随机存取等两种方式。

至于选择哪一种文件的存取方式，既取决于用户使用文件的方式，也与文件所使用的存储介质有关。比如，数据库文件，就适合采用随机存取方法。而如果存储介质采用的是磁带，那就只能用顺序存取方法了。

（1）顺序存取

顺序存取就是按从前到后的次序依次访问文件的各个信息项。

对记录式文件，是按记录的排列顺序来存取的，例如，若当前读取的记录为 R_i，则下一次读取的记录被自动地确定为 R_{i+1}。

顺序存取只要把当前记录的逻辑地址加上记录的长度，就可以得到下一个记录的逻辑地址。若要直接存取第 n 个记录，其逻辑地址则为(n−1)×记录长度。

对流式文件，顺序存取反映当前读写指针的变化，在存取完一段信息后，读写指针自动指出下次存取时的位置。

（2）随机存取

随机存取又称直接存取，即允许用户按任意的次序、直接存取文件中的任意一个记录，或者根据存取命令把读写指针移到文件中的指定记录处读写。

UNIX 类操作系统的文件系统采用了顺序存取和随机存取等两种方法。MS-DOS 操作系统也采用了顺序存取和随机存取这两种方法。

在图 2-17 中列出了文件结构及文件存取方式与文件存储介质的关系，以便使读者对三者之间的关系有一个更清晰的认识。

存储介质	磁带	磁盘		
物理结构	连续结构	连续	链接	索引
存取方式	顺序存取	顺序	顺序	顺序
		随机		随机

图 2-17　文件结构、文件存取方式与存储介质

三、文件系统实现

前面讨论的文件系统，主要是从用户的角度探讨问题。文件的使用者关心文件是如何命名的、可以进行哪些文件操作、文件目录是如何组织的、如何检索或查找文件目录等等问题。

本小节从设计和实现者的角度讨论文件系统如何实现，在磁盘上怎样安排文件和目录存储，如何管理磁盘空间，以及怎样使文件系统有效而可靠地工作等等。

1．存储空间的分配与回收

在计算机系统中，存储空间是一种宝贵的资源。外存储设备中的空间容量虽然比较大，但也不是无限的，故对文件删除之后而不再使用的空间，必须加以回收，然后在建立文件等操作中重新利用。

对于只读的存储设备（如 CD-ROM 光盘），无所谓回收，也无所谓动态分配，这种存储设备在物理上是不可重用的。

为了进行存储空间的分配与回收，在外存储设备上设置有空闲空间登记表，该表动态跟踪该外存储设备上所有还没有分配给任何文件的空闲块的数目和块号。

该空闲空间登记表虽然称为表，但不一定以一个二维表格的形式实现。从方便、高效和安全的角度考虑，通常把空闲空间登记表放在存储介质上。

对空闲空间表的访问与修改工作是经常发生的。在进行文件删除、文件建立、写文件等等操作中都会访问和修改空闲空间表。

在设计空闲空间登记表的数据结构时，主要有三种不同的方案可以考虑，下面分别介绍。

（1）位示图

位示图法的基本思想是，利用一串二进制位（bit）的值来反映磁盘空间的分配使用情况。在位示图中，每一个磁盘中物理块用一个二进制位对应，如果某个物理块为空闲，则相应的二进制位为 0；如果该物理块已分配了，则相应的二进位为 1，如图 2-18 所示。

	0	1	2	3	4	5	6	7	8	9	A	B	C	D	E	F	
0	0	1	0	0	0	0	0	0	0	0	0	0	0	0	0	0	
1	0	0	0	0	0	0	0	1	0	0	0	0	0	0	0	0	
2	1	1	1	1	1	1	1	0	1	1	0	0	0	0	0	0	
3	0	1	0	0	0	0	0	0	1	1	0	0	0	0	0	0	
4	0	1	1	1	1	1	1	1	1	0	0	0	0	0	0	0	…
5	0	1	1	1	0	1	1	1	1	0	0	0	0	0	1	1	
6	0	1	0	0	0	0	0	0	0	0	0	0	0	1	0	0	
7	0	1	0	0	0	0	0	0	0	0	0	0	0	0	1	1	

…

图 2-18　位示图

在图 2-18 中，假设行号代表磁道，那么第 0 行中的第 1 位是 1，第 0 行中的其他位都是 0，说明了在第 0 磁道中块号为 1 的物理块已经被占用，而第 0 磁道中的其他物理块都是空闲的。同样，在第 1 磁道中，只有块号为 7 的物理块已经被占用，而第 1 磁道中的其他物理块都是空闲的。

在申请磁盘物理块时，可在位示图中从头查找为 0 的字位，如果发现了为 0 的字位，则将其改为 1，同时返回该二进制位对应的物理块号。在归还不再使用的物理块时，则在位示图中将该物理块所对应的二进制字位改为 0，表示这块物理块恢复为空闲状态。

位示图对空间分配情况的描述能力强。一个二进位就描述一个物理块的状态。另外，位示图占用空间较小，因此可以复制到内存，使查找既方便又快速。位示图适用于各种文件物理结构的文件系统。

使用位示图能够简单有效地在盘上找到 n 个连续的空闲块。很多计算机提供了位操作指令，使位示图的查找能够高效进行。例如，Intel x86 微处理机系列就有这样的指令：返回指定寄存器的所有位中值为 1 的第一位。

（2）空闲块表

空闲块表是专门为空闲块建立的一张表，该表记录外存储器全部空闲的物理块：包括每个空闲块的第一个空闲物理块号和和该空闲块中空闲物理块的个数。如图 2-19 所示。空闲块表方式特别适合于文件物理结构为顺序结构的文件系统。

在建立新文件时，应该寻找一组连续的空闲物理块，其空闲块个数恰好等于所申请值，或接近于所申请值。系统首先查找空闲块表，主要查看该空闲块表项中是否有符合上述申请值的对应表项，如果有，就将该表项从空闲块表中删去，并且把所对应的一组连续的空闲物理块分配给申请者。

序号	首空闲块号	空闲块个数
0	10a8	12
1	9002	98
2	a6003	4096
…	…	…
n	899a08	2568
…	…	…

图 2-19　空闲块表

当删除文件时，系统收回它所占用的物理块，并且考虑所收回的物理块是否可以与原有空闲块相邻接，以便合并成更大的空闲区域，最后修改有关空闲块表项。

（3）空闲块链表

将外存储器中所有的空闲物理块连成一个链表，用一个空闲块首指针指向第一个空闲块，随后的每个空闲块中都含有指向下一个空闲块的指针，最后一块的指针为空，表示链尾，这样就构成了一个空闲块链表，如图 2-20 所示。

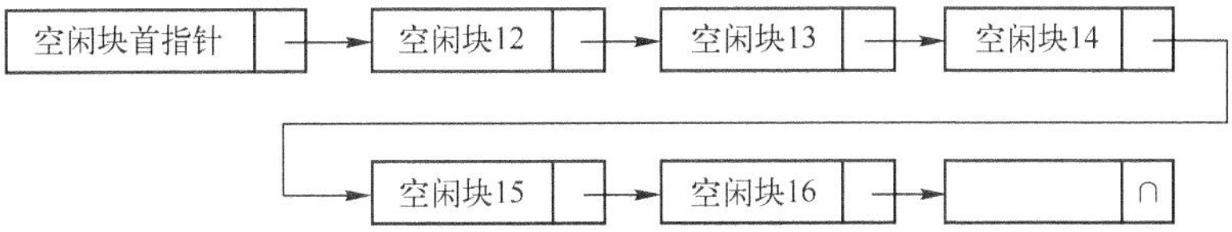

图 2-20　空闲块链表

在图 2-20 中，一个空闲块链表的首指针维持一个指向物理块 12 的指针，该块是第一个空闲物理块。物理块 12 包含一个指向物理块 13 的指针，物理块 13 指向物理块 14，如此等等。空闲块链表模式效率低。要遍历整张空闲块链表，必须读每一个物理块，这就需要大量的 I/O 时间。

在空闲块链表模式中对空间的申请和释放是以块为单位的。申请空间时从链首取空闲块。空间释放时将物理块接入链尾。空闲块链表法节省内存，但申请空间和回收空间的速度较慢，实现效率较低。

2．实现文件系统的表目

当用户申请打开一个文件时，系统要在内存中为该用户保存一些必要的信息，这些信息以表格栏目中内容的形式出现，被称为表目，也称为表项。在实现文件系统时所需要的表目有若干种，其中在内存中所需的重要表目有如下一些。

（1）系统打开文件表

系统打开文件表，专门用于保存已打开文件的文件控制块（所谓文件控制块，即 FCB，是操作系统为了管理大量的文件而为每个文件都设置的一个描述性的数据结构。FCB 通常包括以下内容：文件名、文件识别号、用户名、文件长度、类型、属性、各种操作的日期时间、口令等。FCB 的主要作用是记录文件信息，并为操作系统所使用，通常，FCB 是在创建文件时由操作系统来填写的。关闭文件时 FCB 会保存在磁盘上，打开文件时操作系统会将其读入内存）。该系统打开文件表放在内存。除了保存已打开文件的文件控制块之外，在该表格中还保存有已打开文件的文件号、共享计数、修改标志等等，如图 2-21 所示。

FCB主部	文件号	共享计数	修改标志
……	……	……	……

图 2-21　系统打开文件表

（2）用户打开文件表

在每个进程中，都有一个“用户打开文件表”。该表的内容有文件描述符、打开方式、读写指针、系统打开文件表入口等等，如图 2-22 所示。

文件描述符	打开方式	读写指针	系统打开文件表入口
……	……	……	……

图 2-22　用户打开文件表

另外在进程的进程控制块 PCB 中，还记录了“用户打开文件表”的位置。

（3）系统打开文件表与用户打开文件表之间的关系

显然，在系统打开文件表和用户打开文件表之间存在一种关系。实际上，用户打开文件表指向了系统打开文件表。如果多个进程共享同一个文件，则一定有多个用户打开文件表目对应着系统打开文件表的同一入口，如图 2-23 所示。

3．文件的操作

文件系统是提供给用户使用的，用户可以进行按名存取所需要的文件。在文件系统的实现中，为用户提供使用文件的手段是文件系统的重要任务之一。下面介绍几个常用的进行文件操作的系统调用。

（1）建立文件

用户首先调用文件系统的“建立文件”操作，在请求调用该操作时，提供所要创建的文件的文件名及若干参数，例如：用户名、存取方式、存储设备类型、记录格式、记录长度等。

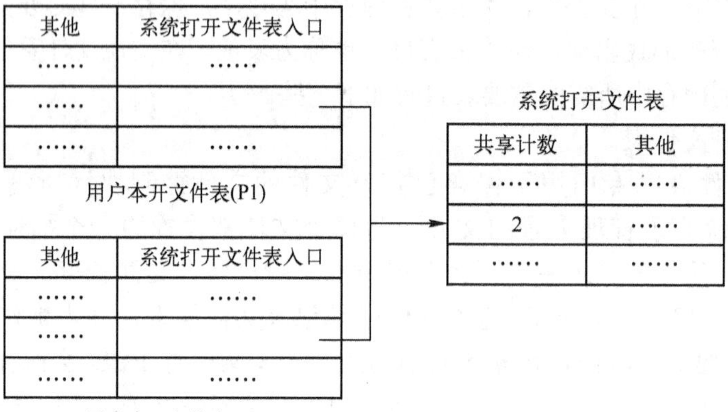

图 2-23　打开文件表之间关系

系统依据用户提供的文件名及若干参数，为这一新创建的文件分配一个文件控制块，填写文件控制块中的有关项。

建立文件的实质是建立文件的文件控制块 FCB，并建立必要的存储空间，分配空的 FCB，从而建立起系统与文件的联系。

建立文件系统调用的一般格式为：create（文件名，访问权限，文件长度）。

其中访问权限一般分为读、写和既读又写。

（2）打开文件

打开文件，是使用文件的第一步，任何一个文件使用前都要先打开，即把文件控制块 FCB 送到内存。

打开文件系统调用的一般格式为：open（文件名，打开方式）。

打开方式一般分为读、写和既读又写。

（3）读文件

打开文件后，就可以读取文件中的信息。

读文件系统调用的一般格式为：read（文件名，文件内位置，读取的长度，内存目的地址）。

（4）写文件

写文件系统调用的一般格式为：write（文件名，内存源地址，文件长度）。

把内存中指定单元的数据作为指定的一个记录写入指定文件中，系统还将为其分配物理块，以便把记录信息写到外存上。

（5）关闭文件

若文件暂时不用，则应将它关闭。文件关闭后一般不能存取，若要存取，则必须再次打开。关闭文件系统调用的一般格式为：close（文件名）。

系统根据用户提供的文件名或文件描述符，在该文件的文件控制块上做修改。例如，将该文件的共享用户数减 1，减 1 后若值为 0，则将文件控制块置上“非活跃”标志，若该文件控制块内容被修改过，则要写回外存。

（6）删除文件

删除文件系统调用的一般格式为：delete（文件名）。

系统根据用户提供的文件名或文件描述符，检查此次删除的合法性，若合法，则收回该文件所占用的文件控制块及物理块等资源。

（7）指针定位

指针定位的一般格式为：seek（文件名，新指针的位置）。

在不同的文件系统中，文件操作的种类是不同的，文件操作的命令种类会有所变化，调用名和参数也都不同。上述这些类型，只是文件操作中的一些典型例子。其他的文件操作有：读取文件属性，设置文件属性，修改文件名称等。

四、文件的保护与共享

1. 文件的保护

计算机系统中如果发生故障，就有可能造成文件被破坏、受损或丢失。而用户使用不当，也同样可能造成文件被破坏、受损或丢失。这里举出一些引起文件破坏丢失的可能原因。

- 灾害：火灾、洪水、地震、战争、暴乱或老鼠啃坏磁带、软盘等。
- 硬件或软件故障：CPU 的错误操作、不能读取的磁盘或磁带、远程通信错误、程序故障等等。
- 人为的出错：错误数据的输入、磁带或磁盘安装错误、程序运行出错、丢失磁带或磁盘。

文件系统必须防止软、硬件的各种意外可能对文件的破坏能力。因此，文件系统经常采用建立副本和定时转储的方法来保护文件。

（1）建立副本

对文件建立副本，是保护文件不受破坏的有效方法。可以把同一个文件保存到多个存储介质上，这些存储介质可以是同类型的，也可以是不同类型的。这样，当对某个存储介质保管不善而造成文件信息丢失时，或当某类存储设备故障暂不能读出文件时，就可用其他存储介质上的备用副本来替换。这种方法简单，但设备费用和系统开销增大。而且当文件需修改或更新时，必须要改动所有的副本。因此，这种方法一般用于短小且极为重要的文件。

（2）定期转储

定期转储的含义是，每隔一定的时间就把文件转储到其他的存储介质上。当文件发生故障时，就用转储的文件来复原，把有故障的文件恢复到转储时刻文件的状态。这样，文件仅丢失了自上次转储以来新修改或增加的信息，可以从文件转储恢复后的状态开始重新执行。UNIX 系统就是采用定期转储的方法保护文件，以提高文件的可靠性。

（3）规定文件的存取权限

规定用户使用文件的权限的方法有两种。

- 采用树形目录结构：凡能得到某级目录的用户就可得到该级目录所属的全部目录和文件，按目录中规定的存取权限使用目录或文件。
- 存取控制表：列出每个用户对每个文件或子目录的存取权限。在该种机制中，系统对拥有权限的用户，应该让其进行相应的操作；对于超越其操作权限者，应禁止其操作；系统同时还要防止其他用户以任何理由冒充拥有权限的用户对文件进行操作。

2．文件的共享

文件的共享是指一个文件可以允许多个用户共同使用。文件共享不仅是完成共同任务所必需，而且还带来许多好处：节省文件所占用的存储空间；免除系统复制文件的工作；减少用户大量重复性劳动；减少实际输入输出文件的次数。此外，利用文件共享可以实现进程间相互通信。

在允许文件共享的系统中，必须对共享文件进行管理。从共享的时间段上看，共享文件的使用有两种情况：

1）文件可以同时使用。允许多个用户同时使用同一个共享文件，但系统必须对该共享文件实施同步控制。一般说，允许多个用户同时打开共享文件执行读操作，而不允许读者与写者同时使用共享文件，也不允许多个写者同时对共享文件执行操作，以确保文件信息的完整性。

2）文件不允许同时使用。任何时刻只允许一个用户使用共享文件，即不允许两个或两个以上的用户同时打开一个文件。要待一个用户使用结束关闭了文件后，才允许另一个用户打开该文件。

第六节　输入/输出管理

一、输入/输出管理概述

本节主要介绍输入/输出设备管理的重要性，以及输入/输出设备的分类，给读者一个有关输入/输出设备管理的总体了解。

1. 输入/输出设备管理的重要性

如果说处理机和存储器是计算机系统的大脑部分的话，那么，输入/输出设备（I/O 设备）就是计算机系统的五官和四肢。各种需要处理的信息要通过输入设备输入到计算机系统，处理后的信息也要通过输出设备从计算机系统输出，如图 2-24 所示。

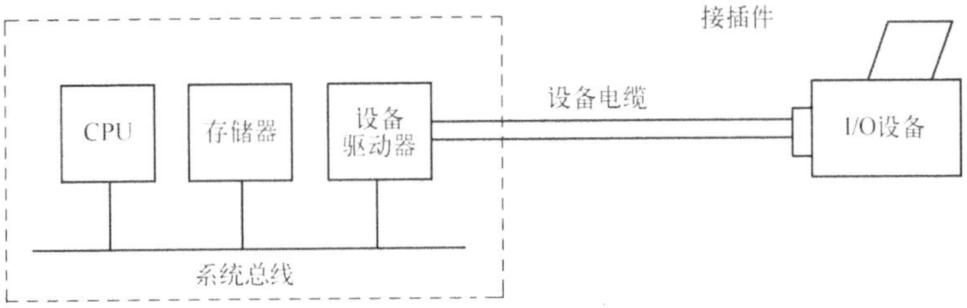

图 2-24　计算机系统与 I/O 设备

以输入设备为例。信息的原始形态可能是数字、文字等抽象符号，通过键盘、鼠标等装置进入计算机系统；可能是一些物理信号量，如位移量、旋转量、可见光波、无线电波、红外线和声波等等，它们通过空间参数转换设备、视频设备、影像装置（如数码相机）、电波接收设备、红外接收设备和话筒等等物理传感设备进入计算机系统；可能是一些化学量，如各种可燃气体、有毒物质等等，它们通过化学传感器、气体传感器等传感器进入计算机系统；也可能是各种有形介质如文稿、设计图、绘画、录音带、录像带、光盘等等，它们通过扫描仪、音频、视频设备和光盘读取设备等进入计算机系统。

输出设备和输入设备一样，多种多样，这就造就了计算机应用的多样性和使用的普及性。可以说，没有输入输出设备，就没有计算机的广泛应用。

输入输出设备是人机对话的界面和接口。各种信息和操作命令要通过输入设备输入，系统的状态、信息的处理结果以及对外部设备的执行命令要通过输出设备输出。

设备管理的重要性还表现在以下方面：

1）输入输出设备的性能经常成为系统性能的瓶颈，CPU 性能越高，输入输出设备运行速度同 CPU 运行速度不匹配的问题越突出。如何解决这一矛盾，而又尽量不降低处理机的性能，是设备管理的一项重要任务。

2）输入输出设备多种多样，怎样对它们实现统一的管理，是设备管理的又一项重要任务。

3）在实时处理和控制系统应用中，输入设备能否及时将各种信息传送给计算机系统，计算机发出的各种命令能否通过输出设备及时传送给执行机构，则是至关重要的。

总之，输入输出设备是操作系统所管理的四大类资源之一，其重要性不容低估。

2. 输入/输出设备分类

输入/输出设备种类繁多，可以从不同角度对设备进行分类。

（1）按设备的使用特性分类

按设备的使用特性，输入/输出设备可分为输入设备、输出设备、交互式设备、存储设备等等。

输入设备是计算机用以“感受”或“接触”外部信息的设备。如前所述，在输入设备中，依据要输入信息原始形态的不同，有接收各类信息形态的输入设备。有的输入设备可以接受数字、文字等抽象符号，如键盘、鼠标等装置；有的输入设备可以接受物理信号量，如视频设备、数码相机、音频设备、电波接收设备、红外接收设备等物理传感设备；有的输入设备可以接收化学量，如各种可燃气体传感器、有毒物质传感器等化学传感器设备；有的输入设备可以接收各种有形介质，如扫描仪和光盘读取设备等。

输出设备是计算机用以产生人可感知信息或输出用以“影响”或“控制”其他外部装置的信息的设备。

信息的输出载体和输入信息类似，也是多种多样的。信息的输出载体不同，输出信号量的形态也不同，相关的输出设备也就不同。有输出信息直接可见的、可保存于介质的，如打印机、绘图仪、照片输出设备等等；有输出可直接感知的信息形态、但不保存的，如显示器、数字语音与音响输出设备、数字视频显示设备等等；有输出非可直接感知、但可保存于介质的，如数字录音设备与数字录音带、数字视频记录设备与数字录像带、光盘刻录设备与光盘等等；另外，计算机系统还可能输出一些复杂、连续的控制命令和操作指令等等。

典型的交互式设备是计算机的各种显示器、键盘、鼠标、手写输入设备和语音输入设备等装置。交互设备的特点是，用户命令信息通过各种输入设备进入计算机系统，系统同步地在显示器上显示用户的命令信息以及执行命令后所得到的处理结果。计算机发展早期曾经使用过的非交互设备几乎已完全从市场消失，被各种交互式设备取代。

存储设备是计算机用来保存信息的装置。

在计算机发展的历史上，曾经使用过纸张作为信息的记录介质。显然，纸张可以用来写入信息，可以读出信息，纸张当然也可以被保存。然而，要让计算机系统在纸张上准确、迅速、及时地写入或读出信息，并不是一件容易的事，它需要卡片或纸带穿孔机（写入信息），还需要卡片或纸带阅读机（读出信息）。这些老式的光、机、电结合的输入输出设备，速度慢、不可靠，只能在博物馆中见到了。

（2）按设备的信息组织方式分类

若以系统中信息组织方式来划分设备，可把输入输出设备划分为字符设备（Character Device）和块设备（Block Device）。键盘、终端、打印机等以字符为单位组织和处理信息的设备被称为字符设备；而磁盘、磁带等以字符块为单位组织和处理信息的设备被称为块设备。

那么如何具体划分字符设备和块设备呢？

设备信息记录的大小决定了设备一次操作的数据传送单位和内部是否可寻址。划分字符设备和块设备的主要依据是，设备中信息记录块的大小。

字符设备传递或接收一连串的字符，不考虑任何块结构。它不寻址，并且没有查找操作。这样，终端、鼠标、键盘、打印机、网络接口等设备，都可看作字符设备。

块设备的基本特性是，能够随时读写其中的任何一块而与所有别的块无关。外存储类设备就是块设备，其记录长度通常以块为单位，如磁盘、磁鼓、光盘等等。

通常，输入输出类的设备都可看作是字符设备，而存储类设备都可看作是块设备。不过这种字符设备与块设备的分类方法是不严格与不完整的。有些设备就很难说是字符设备还是块设备，例如，数字摄像头是一种外部设备，但是它接收的是一幅幅的影像，既可按字符单位访问，亦可按块访问。

（3）按设备使用的可共享性分类

按设备使用可共享性分类，可分为独占设备、共享设备和虚拟设备等。

独占设备是指，在一个程序（作业、用户）的整个运行期间都必须由单个程序（作业、用户）独占直至该程序（作业）完成的设备。也就是说，这类设备在任一给定的时刻只能让一个进程使用，也就是说，必须保证一个进程对一个具体设备的在可能相当长时间内的唯一存取权，如果要广义共享的话只能顺序共享即非并发共享。

例如，打印机、磁带驱动器等都是独占设备，共享它们就很困难。如果几个用户同时使用一台打印机，把几个用户的输出结果随机地交织在一台打印机上是不行的。打印机必须在对一个进程的输出任务的完整处理后，才能为另一进程服务。

独占设备的存在给系统管理带来了一系列的问题：如果计算机系统的输出作业管理不能够充分、连续地利用独占设备，那么对独占设备的使用就会是低效率的，甚至有可能造成死锁。

共享设备是指能够同时让许多程序（作业、用户）使用的设备。例如，磁盘就属于可共享设备，多用户同时在同一磁盘上拥有打开的文件不致引起什么麻烦，不同进程向同一磁盘提出的读写操作一般能随便交叉。

请注意，共享设备有两种含义。广义的共享设备是指非并发共享，几乎所有的设备都是广义的共享设备。可以把独占设备解释为只能顺序共享（即非并发共享）。狭义的共享设备是指并发共享，即操作系统中的共享设备的真正定义。

所谓虚拟设备是指在一类设备上模拟另一类设备，被模拟的设备称为虚拟设备。通常用共享设备模拟独占设备（如用磁盘的固定区域模拟打印机），用高速设备模拟低速设备。引入虚拟设备的目的是提高设备利用率。

3．输入/输出设备的组成

一般而言，输入/输出设备由物理设备和接口部件两部分组成。

（1）物理设备

物理设备，泛指输入输出设备中为执行所规定的操作所必须有的物理装置，包括机械运动、光学变换、物理效应以及机电、光电或光机电结合的各种有形的装置，它们构成输入输出设备的主体部分。为了便于分析，在输入输出设备内部对控制命令进行二次处理以及从事数据采集、发送、传送或变换的电子部件，均视作输入输出设备的物理部分。

如一台彩色喷墨打印机，包含有机械支架、输纸和走纸部分、墨头控制和运动部分、输墨系统部分以及外形部件。虽然我们把所有这些部件看作是机械设备，但其中仍有很多电子程序控制的部分。打印机中的走纸部分和墨头的运动部分是互相配合的运动部件，它们之间必须有严格的运动配合。其间的电子程序控制，如每一行走纸的对应步进电机的控制，墨头运动的控制，256 个喷墨孔的控制等等，都要通过专门的控制部件来控制实现。上述部件均视作物理设备。

（2）接口部件

接口部件是指和计算机系统发生直接联系的那部分电子部件，其中主要是指接收和发送计算机与输入输出设备之间的控制命令以及数据的电子部件。

接口部件在功能上可以划分成两个部分，一部分是输入/输出设备控制器，另一部分是设备接口。

二、设备分配与回收

前面几节在讨论输入/输出设备时，我们事实上已经做了如下假定：即每一个准备传送数据的进程都已申请到了它所需要的输入/输出设备和控制器。事实上，由于设备和控制器资源的有限性，不是每一个进程随时都能得到这些资源。进程必须首先向设备管理程序提出资源申请，然后，由设备分配程序根据相应的分配算法为进程分配。如果申请进程得不到它所申请的资源，将被放入资源等待队列中等待，直到所需要的资源被释放。

下面，我们讨论设备分配和管理的数据结构、分配策略原则以及分配算法。

1．设备分配原则

设备分配的原则是根据设备特性、用户要求和系统配置情况决定的。

设备分配的总原则是：要充分发挥设备的使用效率，尽可能地让设备忙碌，但又要避免由于不合理的分配方法造成进程死锁。

要做到把用户程序和具体物理设备隔离开来，即用户程序面对的是逻辑设备，而分配程序将在系统把逻辑设备转换成物理设备之后，再根据要求的物理设备号进行分配。

设备分配方式有两种，即静态分配和动态分配。

静态分配方式是在用户作业开始执行前，由系统一次分配该作业所要求的全部设备、控制器（和通道）。一旦分配之后，这些设备、控制器（和通道）就一直为该作业所占用，直到该作业被撤销。静态分配方式不会出现死锁，但设备的使用效率低。因此，静态分配方式并不符合分配的总原则。

动态分配在进程执行过程中根据执行需要进行。当进程需要设备时，通过系统调用命令向系统提出设备请求，由系统按照事先规定的策略给进程分配所需要的设备、I/O 控制器（和通道），一旦用完之后便立即释放。动态分配方式有利于提高设备的利用率，但如果分配算法使用不当，则有可能造成进程死锁。

2．设备分配策略

由于在多道程序系统中，进程数多于资源数，会引起资源的竞争。因此，要有一套合理的分配原则。主要考虑的因素有：输入/输出设备的固有属性，输入/输出设备的分配算法，设备分配的安全性以及设备无关性。

1）独占设备的分配。对于独占设备的分配，有两种分配方式，一种是静态分配，另一种是动态分配。

2）共享设备分配。对于共享设备，由于同时有多个进程同时访问，且访问频繁，有可能影响整个设备使用效率，继而影响系统效率。因此要考虑多个访问请求到达时服务的顺序，使平均服务时间越短越好。

与进程调度相似，共享设备分配也是基于一定的分配策略的。常用的分配策略有先请求先分配、优先级高者先分配等策略。

三、缓冲和 SPOOLing 技术

1．缓冲技术

中断、DMA 和通道控制技术使得系统中各输入/输出设备之间、输入/输出设备和 CPU 之间可以并行工作。但是，输入/输出设备和 CPU 的处理速度不匹配的问题是客观存在的。

这限制了和处理机连接的输入/输出设备台数，而且在中断时容易造成数据丢失。可见，输入/输出设备和 CPU 处理速度不匹配的问题制约了计算机系统性能的进一步提高，限制了系统的应用范围。

例如，当计算进程间歇性地把大批量数据输出到打印机上打印时，由于 CPU 输出数据的速度大大高于打印机的打印速度，因此，CPU 只好停下来等待。反之，在计算进程进行计算时，打印机又因无数据输出而空闲无事。

输入/输出设备与处理机速度不匹配的问题可以采用设置缓冲区的方法解决。在设置了缓冲区之后，计算进程可把数据首先输出到缓冲区，然后继续执行后面的工作；而打印机则可以从缓冲区取出数据慢慢打印。

再者，从减少中断的次数看，也存在着引入缓冲区的必要性。举例来说，在中断方式下，在某个输入/输出控制器中原有的数据缓冲区只有一个字符的容量，那么每次读入一个字符之后，就要发生中断，请 CPU 处理，这将耗去大量的 CPU 处理时间。如果增加一个 100 个字符容量的数据缓冲区，那么输入/输出控制器对 CPU 发出中断的次数将降低为原来的 1/100，即每次字符缓冲区装满 100 个字符的之后，才向 CPU 发一次中断。显然该数据缓冲区大大减少了 CPU 的中断处理时间。

在使用 DMA 方式或通道方式控制数据传送时，如果不划分专用的内存区或专用数据缓冲区来存放数据的话，也会因为要求数据传输的进程所拥有的内存区空间不够，或存放数据的内存起始地址计算困难等等原因，而造成某个进程长期占有通道或 DMA 控制器及设备，从而产生所谓瓶颈问题。

因此，为了匹配输入/输出设备与 CPU 之间的处理速度，减少外部中断的次数和 CPU 进行中断处理所花费时间，并且解决 DMA 或通道方式中可能出现的瓶颈问题，通常都需要在设备管理中引入用来暂存数据的缓冲技术。

根据输入/输出控制方式的不同，实现缓冲区的方法有两种。一种是采用专用的硬件设置数据缓冲区。这种方法常常应用在外部设备的输入/输出控制器中。在现代的外部设备中，无论是喷墨打印机、激光打印机还是普通的键盘中，都设有采用专用硬件的数据缓冲区。另一种方法是在内存划出一定容量的专用数据缓冲区，以便存放输入/输出的数据，这种设置在内存的缓冲区又称为“软件缓冲”。

根据系统设置的缓冲区的个数，可把缓冲技术分为单缓冲、双缓冲和多缓冲以及缓冲池等几种。

无论是多缓冲，还是缓冲池，由于缓冲区是一种临界资源，所以在使用缓冲区时都有一个申请、释放和互斥的问题需要考虑。

2．虚设备技术

虚设备技术，又称为 SPOOLing 技术，是多道程序设计系统中处理独占 I/O 设备的一种方法，它可以提高设备利用率并缩短单个程序的响应时间。SPOOLing 技术之所以被称为虚设备技术，是因为它可以使进程在所需的外部设备不存在或被占用的情况下使用该设备。

SPOOLing 的全称为 Simultaneous Peripheral Operations On-Line，其含义是同时的外部设备联机操作，也称假脱机技术。

SPOOLing 系统主要包括输入程序模块、输出程序模块、作业调度程序三部分。其工作原理是。

利用 SPOOLing 系统中的输入程序模块，在作业执行前就利用慢速设备将作业预先输入到后援存储器（如磁盘、磁鼓，此时，这些磁盘、磁鼓称为输入井）中去，称为预输入。

作业进入内存运行后，使用数据时，直接从输入井中取出。

另一方面，作业执行时不必直接启动外部设备输出数据，只需将这些数据写入输出井（专门用于存放将要输出信息的磁盘、磁鼓）中去，称为缓输出。

待作业全部运行完毕，再由外部设备输出全部数据和信息。

按照上述工作方式，就实现了对作业的输入、组织调度和输出管理的统一进行。同时，使外部设备在 CPU 直接控制下，又与 CPU 并行工作（故称为假脱机），其示意如图 2-25 所示。

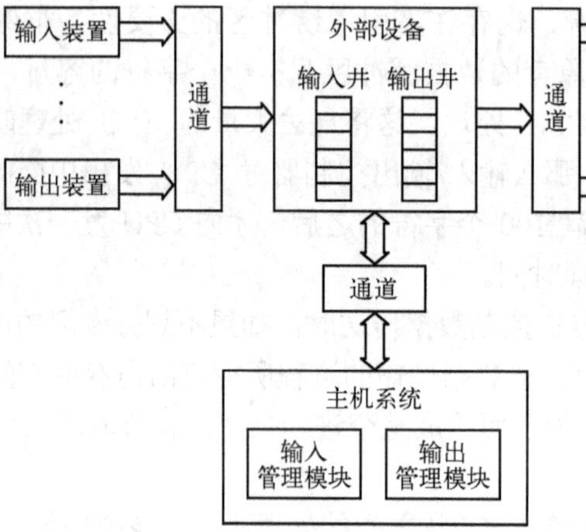

图 2-25　SPOOLing 系统工作方式

四、磁盘调度

几乎所有计算机都使用磁盘来存储信息。从存储角度看，与内存比较起来，磁盘有三个主要的优点：

1）可用的存储容量非常大。

2）每位的价格非常低。

3）电源关掉后信息不会丢失。

图 2-26 表示的是磁盘的结构。一张磁盘外表看起来就像一张唱片，因此常称磁盘为盘片。盘片表面涂磁性材料，信息就记录在盘片表面上。为了在信息写入以后还能读出来或还能修改，盘面上的每个物理存储位置必须要有物理地址。系统在对磁盘初始化时，在这些磁盘的盘面上划分出一些同心圆，称为磁道（简称道）。系统为每个磁道赋予一个磁道号。信息只能线性顺序排列记录在每个磁道上，而不能记录在盘面上的任意位置上。许多系统将磁道进一步划分为若干扇区，即将磁道圆周分为

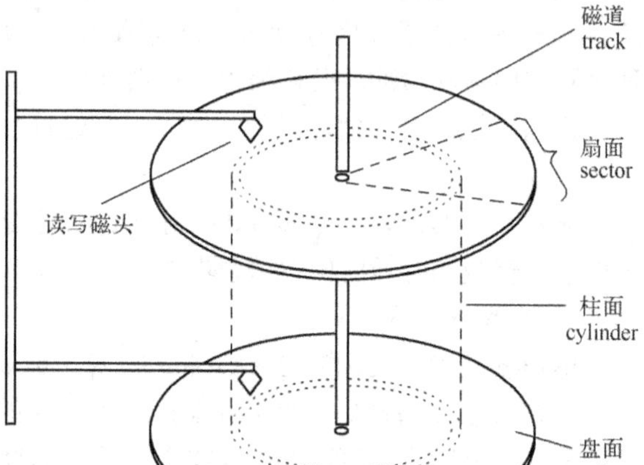

图 2-26　磁盘的结构

若干弧段，一个扇区可长 32B～4KB，每磁道可有 4～32 个扇区。这样，进一步减小了物理寻址单位和存取单位。每个扇区构成了磁盘的一个物理块。

使用磁盘时，驱动器的马达带动磁盘高速匀速旋转，磁头一直停留在盘面表面上方并可以在半径方向上不同磁道间移动。当磁头移动到目标磁道后就静止不动，该磁道的内容就从磁头下顺序经过，这时磁头就可以读写从磁头下经过的该磁道的内容和位置。通过磁头的读写装置，信息可以写入磁盘，可以在写入后读出，也可以抹掉或修改。每个磁盘片对应两个读/写磁头，分别对磁盘片的上下两面进行读写。

在磁盘中，磁头臂只能沿半径方向移动。在访问磁盘时，首先要把磁头臂移动到相应柱面的磁道上，称为寻道。然后等待盘片旋转，使指定的扇区转到磁头之下，实现了对磁道和扇区的定位。最后控制磁头对扇区中的数据进行读写。

可见，一次访问磁盘的时间由寻道时间、旋转定位时间和数据传输时间所组成，其中，寻道时间是机械动作的时间，因而所花费的时间最长。

由于盘片正反两面都使用，或若干个磁盘片组合固定在一起由同一个马达驱动，因此需要标定盘面的代号或磁头号。

将所有盘面中处于同一磁道号上的所有磁道组成一个柱面，这就形成了柱面号。读写同一柱面内的数据不需移动磁头，实际上节省了时间。

磁盘的物理地址具有如下的形式，以此可以唯一确定存储块的位置。

柱面号(磁道号)、磁头号(盘面号)、扇区号

当系统要访问某一个存储块时，要把磁头臂移动到指定的柱面，再等待指定扇区的旋转到磁头位置下，然后让指定的磁头进行读写，完成信息传送。因此，执行一次输入输出所花的时间有：

- 寻道时间——磁头在磁头臂带动下移动到指定柱面所花的时间。
- 延迟时间——指定扇区旋转到磁头下所需的时间。
- 传送时间——由磁头进行读写完成信息传送的时间。

其中传送信息所花的时间，是在硬件设计就固定的。而寻找时间和延迟时间是与信息在磁盘上的位置有关。图 2-27 是访问磁盘的操作时间示意图。

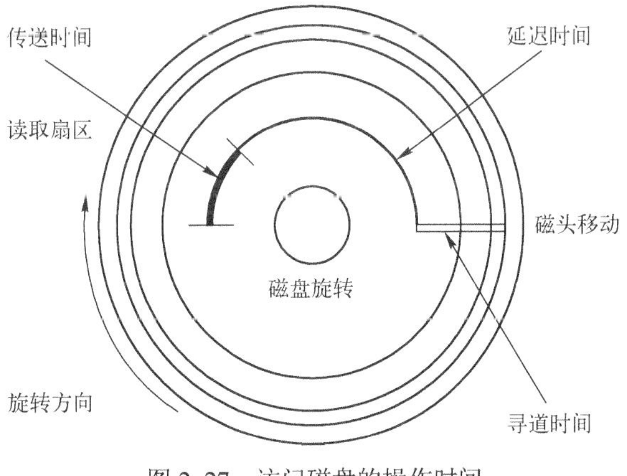

图 2-27　访问磁盘的操作时间

为了减少磁头臂进行移动花费的时间，每个文件的信息不是按盘面上的磁道顺序存放满一个盘面后，再放到下一个盘面上，而是按柱面存放，同一柱面上的各磁道被放满信息后，再放到下一个柱面上。所以各磁盘的编号按柱面顺序（从 0 号柱面开始），每个柱面按磁道顺序，每个磁道又按扇区顺序进行排序。

假定用 t 表示每个柱面上的磁道数，用 s 表示每个盘面上的扇区数，则第 i 柱面，j 磁头，k 扇区所对应的块 b 由如下公式确定：

$$b=k+s*(j+i*t)$$

同样地，根据块号也可确定该块在磁盘上的位置，在上述的假定下，每个柱面上有 s*t 个磁盘块，为了计算第 p 块在磁盘上位置，可以令：

$$d=s*t$$
$$m=[p/d]$$
$$n=p \bmod d$$

其中[ ]表示向下取整。

于是，第 p 块在磁盘上位置为：

柱面号 = m
磁头号 = [n/s]
扇区号 = [n mod s]

在微型计算机中，对软盘片来说，每个柱面只包含两个磁道。文件信息也是按柱面顺序、磁道顺序和扇区顺序依次存放。

磁盘是一种高速旋转的存储设备。移动臂上的磁头在沿着直径盘片的直径方向移动，同时对指定的磁道上的扇面中的数据进行读写操作。

在一系列访问者的读写请求来到时，应该采用一定的调度策略来决定各等待访问者的执行次序，使寻找和延迟时间都尽可能小的那个访问者可以优先得到服务，并降低若干个访问者的总访问时间，增加磁盘单位时间内的操作次数。

磁盘的调度策略称为“驱动调度”。磁盘驱动调度由“移臂调度”和“旋转调度”两部分组成。

（1）移臂调度

根据访问者指定的柱面位置来决定执行次序的调度，称为“移臂调度”。移臂调度的目的是尽可能地减少操作中的寻道时间。

在磁盘盘面上，0 磁道在盘面的外部；号数越大，磁道越靠近盘片的中心。磁盘在关机时，磁盘磁头停放在最内圈柱面。

常用的移臂调度算法有先来先服务算法、最短寻找时间优先算法、电梯调度算法和单向扫描算法。

1）先来先服务调度算法。最简单的移臂调度算法是“先来先服务”调度算法，这个算法实际上不考虑访问者要求访问的物理位置，而只是考虑访问者提出访问请求的先后次序。例如，如果现在读写磁头正在 50 号柱面上执行输出操作，而等待访问者依次要访问的柱面为 130，199，32，159，15，148，61，99，那么，当 50 号柱面上的操作结束后，移动臂将按请求的先后次序先移到 130 号柱面，最后到达 99 号柱面。

2）最短寻找时间优先调度算法。最短寻找时间优先调度算法总是从等待访问者中挑选寻找时间最短的那个请求先执行的，而不管访问者到来的先后次序。现在仍利用同一个例子来讨论，现在当 50 号柱面的操作结束后，应该先处理 61 号柱面的请求，然后到达 32 号柱面执行操作，随后处理 15 号柱请求，后继操作的次序应该是 99，130，148，159，199。

3）“电梯调度”算法。“电梯调度”算法是从移动臂当前位置开始沿着臂的移动方向去选择离当前移动臂最近的那个柱面，如果沿臂的移动方向无请求访问时，就改变臂的移动方向再选择。这好比乘电梯，如果电梯已向上运动到4层时，依次有3位乘客陈生、伍生、张生在等候乘电梯。他们的要求是：陈生在2层等待去10层；伍生在5层等待去底层；张生在8层等待15层。由于电梯目前运行方向是向上，所以电梯的行程是先把乘客张生从8层带到15层，然后电梯换成下行方向，把乘客伍生从5层带到底层，电梯最后再调换方向，把乘客陈生从2层送到10层。

我们仍用前述的同一例子来讨论采用“电梯调度”算法的情况。由于磁盘移动臂的初始方向有两个，而该算法是与移动臂的方向有关，所以分成两种情况来讨论。

① 移动臂由里向外移动。

开始时，在50号柱面执行操作的读写磁头的移动臂方向是由里向外，趋向32号柱面的位置，因此，当访问50号柱面的操作结束后，沿臂移动方向最近的柱面是32号柱面。所以应先为32号柱面的访问者服务，然后是为15号柱面的访问者服务。之后，由于在向外移方向已无访问等待者，故改变移动臂的方向，由外向里依次为各访问者服务。在这种情况下为等待访问者服务的次序是61，99，130，148，159，199。

② 移动臂由外向里移动。

开始时，正在50号柱面执行操作的读写磁头的移动臂是由外向里（即向柱面号增大的内圈方向）趋向61号柱面的位置，因此，当访问50号柱面的操作结束后，沿臂移动方向最近的柱面是61号柱面。所以，应先为61号柱面服务，然后按移动臂由外向里移动的方向，依次为99，130，148，159，199柱面的访问者服务。当199号柱面的操作结束后，向里移动的方向已经无访问等待者，所以改变移动臂的前进方向，由里向外依次为32、15柱面的访问者服务。

“电梯调度”与最短寻找时间优先都是要尽量减少移动臂移动时所花的时间。所不同的是：最短寻找时间优先不考虑臂的移动方向，总是选择离当前读写磁头最近的那个柱面，这种选择可能导致移动臂来回改变移动方向；“电梯调度”是沿着臂的移动方向去选择离当前读写磁头最近的那个柱面的访问者，仅当沿移动臂的前进移动方向无访问等待者时，才改变移动臂的前进方向。由于移动臂改变方向是机械动作，速度相对较慢，所以，“电梯调度”算法是一种简单、实用且高效的调度算法。

但是，“电梯调度”算法在实现时，不仅要记住读写磁头的当前位置，还必须记住移动臂的当前前进方向。

4）单向扫描调度算法。单向扫描调度算法的基本思想是，不考虑访问者等待的先后次序，总是从0号柱面开始向里道扫描，按照各自所要访问的柱面位置的次序去选择访问者。在移动臂到达最后一个柱面后，立即快速返回到0号柱面，返回时不为任何的访问者等待服务。在返回到0号柱面后，再次进行扫描。

除了先来先服务调度算法外，其余三种调度算法都是根据欲访问的柱面位置来进行调度的。在调度过程中可能有新的请求访问者加入。在这些新的请求访问者加入时，如果读写已经超过了它们所要访问的柱面位置，则只能在以后的调度中被选择执行。

在多道程序设计系统中，在等待访问磁盘的若干访问者请求中，可能要求访问的柱面号相同，但在同一柱面上的不同磁道，或访问同一柱面中同一磁道上的不同扇区。所以，在进行移臂调度时，在按照某种算法把移动臂定位到某个柱面后，应该在等待访问这个柱面的各个访问者的输入/输出操作都完成之后，再改变移动臂的位置。

（2）旋转调度

对在同一个柱面中多个访问者的读写请求，需要有调度算法，用来确定为这些访问等待者服务的次序。

在移动臂定位后有若干个访问者等待访问该柱面的情况下，若从减少输入/输出操作总时间为目标出发，显然应该优先选择延迟时间最短的访问者去执行。根据延迟时间来决定执行次序的调度称为“旋转调度”。

进行旋转调度时应分析下列情况。

- 若干访问等待者请求访问同一磁道上的不同扇区。
- 若干访问等待者请求访问不同磁道上的不同编号的扇区。
- 若干访问等待者请求访问不同磁道上的、具有相同编号的扇区。

对于前两种情况，旋转调度总是为首先到达读写磁头位置下的扇区进行读写操作。

对于第三种情况，由于这些扇区编号相同，又在同一个柱面上，所以它们同时到达读写磁头的位置下。这时旋转调度可任意选择一个读写磁头进行读写操作。

本 章 小 结

通常，用户与操作系统之间有两类接口，一类是命令接口，又分为联机用户接口和脱机用户接口；另一类是程序级接口，即系统调用。

系统调用是操作系统提供给编程人员的唯一接口，通过系统调用，用户程序可以向操作系统发出请求，请求操作系统的各项服务功能。

进程是具有一定独立功能的程序在某个数据集合上的一次运行活动，是系统进行资源分配和调度的一个独立单位。一个进程可以处于运行、就绪和等待三种基本状态之中，一个进程的状态可以在三种基本状态中转换。

操作系统利用 PCB 来描述进程的基本情况以及进程的运行变化过程，PCB 是进程存在的唯一标志。进程控制通过进程控制原语对进程在整个生命周期中各种状态之间的转换进行有效的控制。进程同步是指进程之间一种直接的协同工作关系，是一些进程相互合作，共同完成一项任务。

进程调度的任务是记录系统中所有进程的执行状况，根据一定的调度算法，从就绪队列中选出一个进程，把处理机分配给它。处理机占用方式有不可抢占式。进程调度算法的任务是对各个就绪的进程进行处理机分配，以达到预定的进程调度目标。

线程是进程中的一个实体，是 CPU 调度和分派的基本单位。

存储管理是为用户分配存储空间，并在不需要时及时回收。虚拟存储技术的基本思想是，在硬件支持下对内存和外存统一实施管理，利用大容量的外存来扩充内存，产生一个比有限的实际内存空间大得多的、逻辑的虚拟内存空间，达到“扩充”内存的目的，从而增强系统的处理能力。页面置换算法直接影响虚拟存储系统的性能。

任何文件都有其内在的文件结构。用户看到的是文件的逻辑结构。常用的文件物理结构有顺序结构、链接结构和索引结构。

外部设备也是操作系统管理的一部分，操作系统将外部设备适时地分配给进程，保证系统顺畅地运行。

自 测 习 题

一、思考题

1．请说明模块组合法、层次式结构和客户/服务器结构的基本思想以及优缺点。

2．操作系统中为什么要引入“进程”？进程和程序有什么区别和联系？

3．进程有哪些基本状态？它们的变化关系是怎样的？

4．系统中有 n（n>1）个进程，在任一时刻，处于运行、就绪和等待状态的进程最多、最少各有几个？

5．进程控制块 PCB 的作用是什么？其主要内容有哪些？进程能否修改访问自己的进程控制块内容？

6．什么是临界区？什么是相关临界区？对相关临界区的管理有哪些要求？

7．若用 PV 操作管理某一组相关临界区，其信号量 S 的值在[−1, 1]之间变化，当 S=−1，S=0，S=1 时，它们各自的物理含义是什么？

8．两个并发执行的进程 A 和 B 的程序如下：

进程 A	进程 B
Repeat	Rcpcat
N:= N + 5;	打印 N 的值;
Until false;	N:=0;
	Until false;

其中，N 为整数，初值为 4。若进程 A 先执行了三个循环后，进程 A 和进程 B 又并发执行了一个循环，写出可能出现的打印值，并回答正确的打印值应该是多少？请用 P、V 操作进行管理，使进程 A 和 B 并发执行时不会出现与时间有关的错误。

9．为什么要引入线程？线程和进程之间的区别和联系是什么？

10．进程调度的作用是什么？引起进程调度的因素有哪些？

11．在一个单处理机的多道程序设计系统中，现有两道作业并发，其中一道以计算为主，另一道以输入/输出为主，你将如何赋予它们的优先数？解释为什么？

12．若就绪队列中的进程按优先数自大到小顺序排列，当有进程加入就绪队列时，应按它的优先数排入相应的位置，试就单向链接的方式写出实现进程入队的程序。

13．当进程调度选中一个进程后，怎样才能让它占用处理机？

14．存储管理的主要功能有哪些？

15．虚拟存储器是什么？为什么要引入虚拟存储器？

16．有一个虚拟存储系统。分配给某进程 3 页内存，开始时内存为空，页面访问序列如下：6，5，4，3，2，1，5，4，3，6，5，4，3，2，1，6，5。

（1）若采用先进先出页面置换算法（FIFO），缺页次数为多少？

（2）若采用最近最少使用页面置换算法（LRU），缺页次数为多少？

（3）若采用理想页面置换算法（OPT）呢？

17．有一个虚拟存储系统采用最近最少使用（LRU）页面置换算法，每个程序占 3 页内存，其中一页用来存放程序和变量 i, j（不作他用）。每一页可存放 150 个整数变量。程序 A

和程序 B 如下：

程序 A：

```
VAR C:ARRAY[1..150, 1..100] OF integer;
i, j:integer;
FOR i:=1 to 150 DO
    FOR j:=1 to 100 DO
    C[i,j]:=0;
```

程序 B：

```
VAR C:ARRAY[1..150, 1..100] OF integer;
i, j:integer;
FOR j:=1 to 100 DO
    FOR i:=1 to 150 DO
    C[i, j]:=0;
```

设变量 i, j 放在程序页中，初始时，程序及变量 i, j 已在内存，其余两页为空。矩阵 C 按行序存放。

（1）试问当程序 A 和程序 B 执行完后，分别缺页多少次？

（2）最后留在内存中的各是矩阵 C 的哪一部分？

18．什么是异常现象（或称 Belady 现象）？你能找出一个异常现象的例子吗？

19．虚拟页式存储管理中，页面置换算法所花的时间属于系统开销，这说法对吗？

20．缺页中断的处理过程是软硬件配合完成的，请叙述缺页中断处理过程。

21．何谓系统的“抖动”现象？为什么会出现这一现象？当系统发生“抖动”时，应该采取什么措施来加以克服？

22．什么是文件和文件系统？文件系统的功能是什么？

23．什么是文件的逻辑结构？有哪几种典型的文件逻辑结构？什么是文件的物理结构？有哪几种典型的物理结构？这些结构各自有什么特点？

24．怎样确定文件的存取方式？请总结文件的存取方式、文件物理结构和存储设备类型之间的联系。

25．设备管理的目标和功能是什么？

26．什么是设备的静态分配方式？什么是设备的动态分配方式？各有什么特点？

27．请说明 SPOOLing 技术的基本思想，SPOOLing 系统由哪些部分组成？简述它们的功能。SPOOLing 系统中输入井和输出井的作用是什么？

28．什么是移臂调度？什么是旋转调度？各有哪些主要的调度算法？

29．假设一个活动头磁盘有 200 道，编号从 0～199。当前磁头正在 54 道上服务，并且刚刚完成了 39 道的请求。现有如下访盘请求序列（磁道号）：

86，147，91，173，95，148，101，26，169，80，129，22

试给出采用下列算法后磁头移动的顺序和移动总量（总磁道数）。

（1）最短寻道时间优先磁盘调度算法。

（2）扫描法磁盘调度算法（假设沿磁头移动方向不再有访问请求时，磁头沿相反方向移动）。

二、解释下列名词

1．用户接口，命令接口，系统调用。
2．进程。
3．可再入程序。
4．进程状态，进程控制块，进程队列，进程控制。
5．进程同步，进程互斥，临界区，信号量及 P、V 操作。
6．线程，死锁。
7．调度时机。
8．处理机利用率，吞吐量，响应时间，处理机调度。
9．先进先出调度算法，时间片轮转，优先级调度算法，多级队列反馈法。
10．存储体系，存储共享，存储保护。
11．地址转换，地址重定位，地址映射。
12．虚拟存储器。
13．页式存储，请求分页，缺页中断。
14．抖动（颠簸），页面置换。
15．先进先出置换算法，最近最少使用（LRU）置换算法，理想页面置换算法。
16．Belady 异常现象。
17．文件，文件目录，文件系统。
18．文件的逻辑结构，文件的物理结构。
19．文件存取方式，文件的操作。
20．文件的保护，文件的共享。
21．输入输出设备分类。
22．字符设备，块设备。
23．独占设备，共享设备。
24．虚拟设备。
25．缓冲技术。
26．SPOOLing 技术（假脱机技术）。
27．磁盘调度，移臂调度。
28．先来先服务磁盘调度算法，最短寻找时间优先磁盘调度算法，电梯调度算法。
29．旋转调度。

第三章　网络操作系统的通信

操作系统引入并发技术以后使得系统运行的复杂度增加了，计算机联网以后对各种资源的共享使用和各类信息的传递需要更高一级的协调。因此系统中的进程以及网络上相关的进程之间需要有一种机制来保证各个进程之间协调资源的使用和运行步调的同步。通信技术便是实现上述功能的一种切实可行方法。在操作系统中，通信分为低级通信和高级通信，低级通信一般用于本机内进程之间，而高级通信不仅适用于本机，还适用于网络。低级通信一般包括信号（Signal）、信号量（Semaphore）等，它们都是采用共享变量的方法来实现。高级通信有消息队列（Message Queue）、共享内存（Shared Memory）、套接字（Socket）和邮箱通信（Post Box）等。网络上主要使用高级通信技术，本章通过介绍几种典型的通信方式，使读者可以了解:

1. 基于共享变量的低级通信方式的基本概念。
2. 消息队列通信方式的基本概念和算法实现。
3. 其他通信方式的基本概念。
4. 通信原语和通信的模式。

第一节　进程间通信的基本方式

进程间的通信需要有传递的信息对象，大部分的进程间的通信方式申请了一块公共的存储区，以便各共享的进程进行访问。由于网络中难以确定该公共存储区的位置，因此，共享存储区的通信方式只适用于网络中各节点主机内部进程之间的通信，其通信方式与单机内部进程之间的通信相一致，网络上的通信一般会将信息打包进行传送，以实现进程间的通信。

一、进程间低级通信

进程间的低级通信方式传递的信息一般比较少，访问条件比较严格。通常进程间的低级通信方式以信号量（Semaphore）为主。通过二个 P、V 原语对信号量进行操作，P、V 操作是一种卓有成效的进程同步机制。有关信号量和 P、V 操作的介绍请参考第二章第二节第四小节的内容。

用信号量可以实现互斥，方法如下：

先为临界资源设置一个互斥信号量 S，其初值为 1，在每个进程中，将临界区代码置于 P(S)和 V(S)原语之间。在运行过程中，必须成对使用 P 和 V 原语；缺少 P 原语，则不能保证互斥访问，缺少 V 原语，则不能在使用临界资源之后，将其释放（给其他等待的进程）；P、V 原语不能颠倒、重复或遗漏。

下面是一个用信号量实现互斥的原型。

```
type def semaphore;                        //定义信号量
semaphore S = 1;                           //信号量赋初值
PROC1                          PROC2
P(S);                          P(S);
  critical section               critical section
V(S);                          V(S);
  remainder section              remainder section
```

下面是一个用信号量实现互斥的实例。

两个进程需要访问同一个数据结构并作修改，此时可以通过 P、V 操作来进行互斥。例如民航或铁路的订票系统中，各个订票点的授权用户其订票进程对服务器票额数据库的访问可以通过 P、V 操作来实现，如图 3-1 所示。

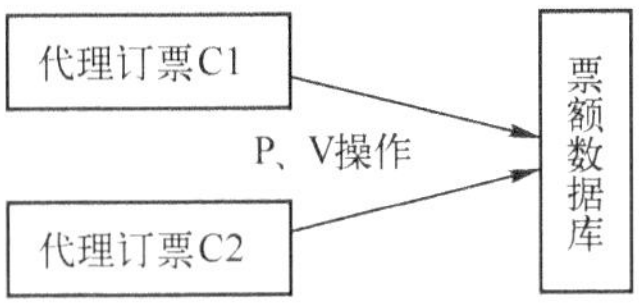

图 3-1　订票系统互斥操作实例

用户进程为 booking( )，订票终端号为 Ci，航班号或车次号为 No，票额数据库信号量为 mutex，初值为 1，程序如下：

```
------------------------------------------------------------------ booking.c
1    type def semaphore;          //定义信号量
2    semaphore mutex=1;           //互斥信号量初值为 1
3    viod booking(Ci，No)         //订票终端使用的程序，Ci 为订票点，No 为航班号
4    {   int temp = 0;            //定义局部变量
5          P(mutex);              //进入票额数据库临界区前 P 操作加锁
6          temp = read(No);       //读取剩余票额
7          if(temp = = 0)         //如果票额为 0
8          {   V(mutex);          //返回以前先释放票额数据库互斥量
9              return(0);         //返回无票信息
10         }
11         clsc                   //若有票
12         {   temp = temp - 1;   //将票额减 1
13             write(temp，No);   //写回数据库
14         }
15         V(mutex);              //V 操作释放互斥量
16         return(1);             //返回订票值
17   }
------------------------------------------------------------------ booking.c
```

请读者思考，在第 9 行的返回前，若不释放 mutex，后果会怎样？

用信号量也可以实现同步。方法如下。

先为进程设置一个同步信号量 S，其初值为 0；在进程需要同步的地方，分别插入 P(S) 和 V(S)原语。一个进程使用 P 原语时，则另一进程往往使用 V 原语与之对应，P、V 原语应

对应并分散在不同进程之间。

下面是一个用信号量实现同步的原型：

```
type def semaphore;                                  //定义信号量
semaphore S = 0;                                     //信号量赋初值
PROC1                       PROC2
                            P(S);
  produce data;               consume data;
V(S);
  remainder section           remainder section
```

若此两进程并发运行，则有同步关系：PROC2 要使用 data 时，必须等到 P1 已经运行完 V 原语，原因很简单，因为 consume data 依赖于 produce data。结合信号量 P、V 操作的含义，不难得出，使用 P 原语的进程可能会出现阻塞的状态；使用 V 原语的进程可能会出现唤醒其他进程的过程。分析一下此例中的两进程，可知，进程 PROC2 可能会因为要等待 S 的值而阻塞，如果这样的话，PROC1 进程就要在运行 V(S)的过程中唤醒 PROC2 进程，那么何时唤醒它呢？应该在 P1 生产出数据后进行 V(S)操作时唤醒。所以为了使 PROC1、PROC2 正常运行，可以用信号量来实现其同步。

下面是一个用信号量同时实现互斥与同步的例子。

某机场的机票候补系统规定，旅客到机场可以候补机票，若机票有空额则直接出票，若无票额时，候补机票的旅客按先到先得的方法进入候补队列，等待退票旅客退票。一旦有退票旅客，那么将唤醒第一个候补旅客，若没有等待的旅客则将空余票额加一。因此，设计出如下候补旅客进程和退票旅客进程，以实现同步。

候补旅客进程 standby_passenger( )；退票旅客进程 refund_tickets( )。

```
------------------------------------------------------------ standby_refund.c
#define N 10                                 //从订票处转来的空余票额，假定为 10
typedef int semaphore;                       //定义信号量
semaphore mutex = 1;                         //临界区互斥信号量，用于互斥
semaphore tickets = N;                       //空余票额的资源信号量，用于同步
void standby_passenger( Pi )                 //候补旅客进程
{     while(1)                               //等候调度
      {     P(tickets);                      //获取空票额数据，若无票则阻塞
            P(mutex);                        //为保证互斥访问数据库
            sell_tickets( Pi );              //出票
            V(mutex);                        //释放互斥量
      }
}
void refund_tickets( Pj )                    //退票旅客进程
{     while(1)                               //等候调度
      {     P(mutex);                        //为保证互斥访问数据库
            refund_tickets( Pj );            //完成退票
            V(mutex);                        //释放互斥量
            V(tickets);                      //票额加一，若有阻塞进程则唤醒
```

```
19          }
20  }
---------------------------------------------------------------- standby_refund.c
```

从上例可以看出，资源信号量 tickets 也可以大于 1。

其中，第 7 和第 8 行的 P 操作不能颠倒。请读者思考为什么？

二、消息缓冲通信

上述 P、V 信号量的进程间的通信是基于共享变量的通信方式，适用于网络中各节点内部各个进程之间的通信，也就是限于本机内。而基于消息传递的消息缓冲机制的通信方式适用于网络中各节点主机之间的进程通信。因此被广泛使用。

消息缓冲机制的通信技术是一种高级通信机制，由 Hansen 首先提出。其基本思想是：根据“生产者——消费者”的基本原理，利用公共消息缓冲区实现进程之间和各节点主机之间的信息交换。

消息缓冲机制通信的基本方法是这样的，一般由发送者调用消息发送原语 send(receiver, a)，而接收者调用消息接收原语 receive(b)。其中参数 a 和 b 分别表示发送进程中准备发送的消息在内存区的首地址以及接收进程用于存放收到的消息在内存的首地址。在发送者和接收者对内存消息区访问时需要遵循互斥约束。一般用 P、V 操作原语来实现 send 和 receive 原语。

消息缓冲通信的基本原理是这样的，通常由操作系统在系统空间维护一组缓冲区，并封装好了通信原语 send 和 receive。当发送者要发信息时，执行 send 系统调用命令，产生自愿性中断进入操作系统核心。此时，操作系统为发送者分配一个空缓冲区，并将所发送的消息内容从发送者空间复制到该缓冲区中；然后将此缓冲区连接到接收者的消息队列末尾；发送者就完成了发送，返回到发送者用户态继续执行。如图 3-2 所示。

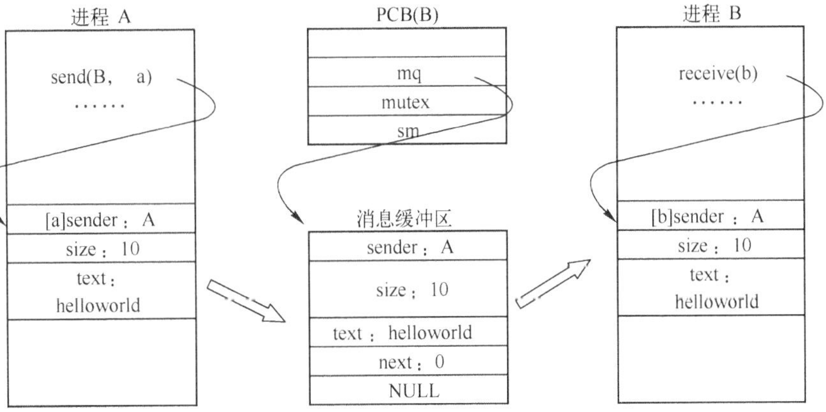

图 3-2　消息缓冲通信

当接收者执行到 receive 系统调用命令时，也产生自愿性中断，进入操作系统核心；操作系统将载有消息的缓冲区从消息队列中取出，并将消息内容复制到接收者空间中（地址指针为 b），然后收回空闲缓冲区；排列到空闲缓冲区末尾。接收者完成了消息接收，返回到接收者用户态继续执行。如图 3-2 所示。

消息传递机制在调用发送和接收原语时，有几个关键的参数必须指明，对发送者而言，除了接收者以及所要发送的消息在内存的指针，还有几个参数是必需的。

sender：消息发送者名。发送者一般是隐含的，发送进程便是发送者。

size：消息长度。

text：消息正文。

为保证发送者和接收者对共享内存区的互斥访问，还需要设置如下信号量：

每个进程有一个 mutex0，保证对消息队列的互斥操作，初值为 1。

消息缓冲区数量是有限的，设为 buffe。初值为空闲消息缓冲区个数；其大小由操作系统确定（可以更改，但是需要重新启动系统）。

另外还要设定 mutex1，专门用于对空闲消息缓冲区数的互斥操作，其初值为 1。

设定 message，专门用于管理接收者消息，初值为 0。

以上变量均为信号量。

对于发送者而言，其程序如下：

```
---------------------------------------------------------------- send.c
void send(receiver，a)
{    while(1)
     {    if( find_receiver(receiver)== -1)
               Return(-1);
               //根据参数 receiver 寻找接收者，如果未找到，则出错返回
          P(buffer);                    //有没有空闲缓冲区，如无则阻塞自己
          P(mutex1);                    //检查有无其他发送者使用空闲缓冲区
          request_queue( );             //申请一块空闲缓冲区，并将空闲缓冲区数量减一
          V(mutex1);                    //释放空闲缓冲区使用权
          put_massage(a，(sender)，(size)，(text));
               //将消息长度及消息正文由 a 指示的发送区复制到消息缓冲区中
               //发送进程的名字也记录在该缓冲区中
               //size 和 text 从 a 指针所指的数据结构中获得
          P(mutex0);                    //检查有无其他接收者使用消息队列
          link_massage(receiver);
               //将消息缓冲区挂到接收者消息队列的尾部
          V(mutex0);                    //释放消息队列使用权
          V(message);                   //通知接收者，消息计数信号量增一
     }
}
---------------------------------------------------------------- send.c
```

对于接收者而言，其程序如下：

```
---------------------------------------------------------------- receive.c
void receive(b)
{    while(1)
     {    P(message);                   //有没有发来的消息，若无则阻塞
          P(mutex0);                    //检查有无其他接收者使用消息队列
```

```
            read_message( );              //从接收进程的消息队列中取出相关的消息
            V(mutex0);                    //释放消息队列使用权
            get_massage(b，(sender)，(size)，(text));
                  //将消息长度、发送者及消息正文由消息缓冲区复制到接收区(由 b 指示)
            P(mutex1);                    //检查有无其他发送者使用空闲区
            link_queue( );                //将用完的消息缓冲区挂到空闲区队列的尾部
            V(mutex1);                    //释放空闲区使用权
            V(buffer);                    //空闲区数量增一
      }
}
--------------------------------------------------------------- receive.c
```

三、信箱通信

信箱通信也称为邮箱通信，是一种高级通信，也是间接通信。

1. 信（邮）箱

信箱是一种数据结构，逻辑上它分成两部分：信箱头和由若干格子组成的信箱体。信箱中每个格子存放一封信件，信箱中格子的数目和每格的大小在系统或用户创建信箱时确定，如图 3-3 所示。

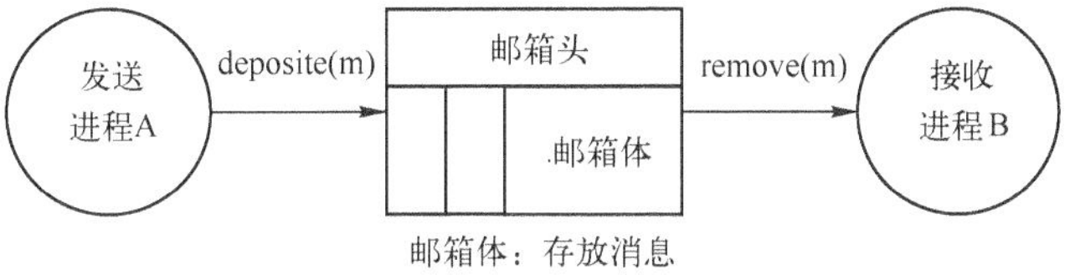

图 3-3　信箱通信结构

进程间的信箱通信要满足如下条件：

1）发送者发送消息时，信箱中至少要有一个空格存放该信件。

2）接收者接收消息时，信箱中至少要有一个信件存在。

信箱可由 OS 创建，也可由用户进程创建，创建者是信箱的拥有者，据此可把信箱分为：私有信箱、公用信箱和共享信箱。

在利用信箱通信时，在发送者和接收者之间，存在着四种关系：

- 一对一关系：即可以为发送者和接收者建立一条专用的通信链路；
- 多对一关系：允许多个用户进程（发送者）与单个提供服务的进程（接收者）进行交互，也称客户/服务器交互；
- 一对多关系：允许一个发送者与多个接收者交互，使发送者用广播的形式，发送信件；
- 多对多关系：允许建立一个公用信箱，让多个发送者进程都能向信箱投递消息，多个接收者进程也可取走属于自己的信件。

信箱在创建时必须建立信箱头，其中包含：信箱名称，信箱大小，创建者的进程名等。

信箱通信的算法描述如下，发送者调用过程 deposit(m)将信件 m 发送到信箱，接收者调用过程 remove(m)，将信件 m 从信箱中取出。为确保信箱数据的一致性，需要设立两个信号量：

- Fromnum：发送者的私用信号量。记录信箱空格，初值为 n。
- Mesnum：接收者的私用信号量。记录信箱有信件的个数，初值为 0。

这二个信号量可以保证发送者不会向已经满了的信箱中发送信件，接收者不会从空的信箱中读取信件，从而避免死锁。

```
deposit(m)
    begin
    local   slot;
        P(fromnum);                                    //空格数减一
        选择空格 slot;
        将信件 m 放入空格 slot 中;
        置空格 slot 的标志为占用;
        向接收者发送信件到达信号;
        V(mesnum);                                     //信件个数加一
    end
remove (m)
    being
        local   slot;
        P(mesnum);                                     //信件个数减一
        选择占用的空格 slot;
        把格子 slot 中的信件取出放 m 中;
        置格子 slot 标志为空;
        V(fromnum);                                    //空格个数加一
    end
```

每个进程用发送原语把信件送入指定进程的信箱中，这时信箱应能容纳多封信件。但是，一旦信箱大小确定后，可存放的信件数就受到限制，为避免信件丢失，deposit(m)原语不能向已装满信件的信箱中投入信件。当信箱已满时，发送者必须等待接收进程从信箱取走某一信件后，才允许再行放入。同样，一个进程可用 remove(m)原语取出指定进程的信箱中的一个信件，但它不能从空的信箱中取出信件。当信箱无信件时，接收者必须等待，直到信箱中有信件为止。信箱的同步问题可以由信号量来解决，例如上例中的 fromnum、mesnum。

进程调用 deposit(m)原语发送信件前，必须事先组织好信件，然后再调用 deposit(m)原语并在调用时给出参数：信箱名和信件内容或信件存放地址。同样，调用 remove(m)原语时，也要给出参数：信箱名和信件取出后的存放地址。

第二节　基于消息传递的通信方式

一、消息传递的通信机制

在计算机网络系统中，各节点主机上的进程之间普遍采用消息传递（Message Passing）的通信方式。在基于消息传递的通信方式中，一个进程发送一条消息，而另一进程接收这一消息。一个消息，只有在它已经发送出来的条件下才能被接收，因而两者需要取得同步。当一个进程在接收到消息时，它将从发送进程那里取得某些信息，于是实现了两进程之间的通信，这种通信方式不需要使用共享变量。

消息队列应用相对较简单，下面是一个利用消息队列通信的原型。

```
------------------------------------------------------------------ msgpassing.c
int main( )                                    //程序开始
{     int gflags，sflags，rflags；
      int msgid，reval；                        //定义各种标志和局部变量
      struct msgsbuf{                           //定义结构体
            long mtype；                        //消息类型
            char mtext[1]；                     //消息正文
      }msg_sbuf；
      gflags=IPC_CREAT|IPC_EXCL；               //赋值进程创建的标志等
      msgid=msgget('message'，gflags)；          //创建消息队列
      sflags=IPC_NOWAIT；                       //设置进程间通信的方式（非阻塞）
      msg_sbuf.mtype=10；                       //定义结构体中的消息类型
      msg_sbuf.mtext[0]='a'；                   //消息正文（字符 a）
      reval=msgsnd(msgid，&msg_sbuf，sizeof(msg_sbuf.mtext)，sflags)；
            //发送一个消息(消息队列号，结构体指针，尺寸大小，通信方式)
      rflags=IPC_NOWAIT|MSG_NOERROR；           //定义非阻塞通信标志
      reval=msgrcv(msgid，&msg_sbuf，1，rflags)；
            //从消息队列中读出消息后（1 个字符），输出消息队列属性
      reval=msgctl(msgid，IPC_RMID)；            //删除消息队列
}
------------------------------------------------------------------ msgpassing.c
```

二、客户/服务器模式

客户/服务器模式是网络操作系统通信的另一种模式。客户/服务器模式的基本思想是把操作系统构造为一组相互合作的进程。在网络中，每个节点既可作为一个服务器，也可作为一个客户机。在一个客户机上，它可以运行一个客户进程，也可以运行多个客户进程。同样地，在一个服务器上可以运行多个服务进程或者客户和服务进程的混合组合。聊天软件便是消息传递的客户/服务器的模式，信箱通信中的多对一方式也是一个典型的客户/服务器模式。

如图 3-4 所示便是一个客户/服务器模式的示意图。

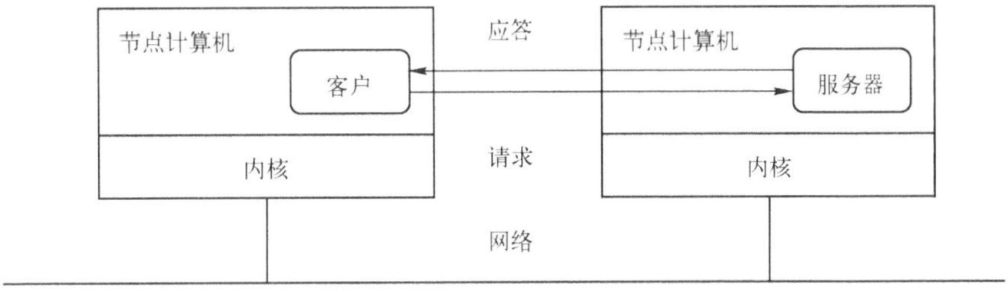

图 3-4　客户/服务器模式示意图

客户/服务器的工作过程通常是这样的，一般采用一个简单的无连接的请求/应答协议。

客户端发送一个请求信息给服务器要求某一种服务（例如计算一个数的平方），服务器完成这一请求后返回计算结果或错误信息。所有的信息传送都是由底层内核通过二个系统调用的原语完成的。

三、客户/服务器间的通信

我们通过分析一个客户/服务器间通信的原型来说明客户/服务器之间的通信过程。

服务器算法程序如下：

```
------------------------------------------------------------------- servcom.c
void ServerAsynSocket( )                              //服务器通信端
{     IPAddress = GetIP( )                            //服务器获取本地计算机地址
      LisSocket = NewSocket(AddressFamily.InterNetwork， SocketType.Stream，
      ProtocolType.Tcp)；                      //实例化 Socket（网络地址，通信类型，协议）
      while (true)                                    //循环
      {     NewSocket.Receive(byteMessage)；          //接收信息
            point = NewSocket.RemoteEndPoint；        //获取客户端通信的相关信息
            NewSocket.Send(byteData)；                //服务器往客户机发送信息
      }
}
------------------------------------------------------------------- servcom.c
```

客户机算法程序如下：

```
------------------------------------------------------------------- clicom.c
void ClientAsynSoket( )                               //客户机通信端
{    string ip = “172.16.44.170”；                    //服务器地址（在此固定的）
if (ClientSocket.Connected)                           //判断通信端口是否已连接
   ClientSocket.Send(SendMessage)；
              //从数据中的指示位置开始将数据发送到连接的通信口。
      while (true)                                    //接收来自服务器上的消息
   {    ClientSocket.Receive(bytes，bytes.Length，0)；
              //将数据从连接的通信口接收到接收缓冲区的特定位置。
   }
}
------------------------------------------------------------------- clicom.c
```

上述通信过程如下：

1）服务器首先获得本地的计算机地址，创建通信端口，打开侦听口，等待接收客户机消息。

2）程序设计为一旦服务器接收到客户机发来的消息，服务器会向客户机回送一条消息。

3）客户机向固定地址的服务器建立通信连接，成功以后向服务器发送一条消息，然后等待服务器返回应答。

图 3-5 是上述示意程序的实例化。

打开客户端和服务器端，点击服务器的“开始”，服务器就会在本机的计算机地址

"172.16.44.170"上，在 8000 的端口上侦听通信连接信号。

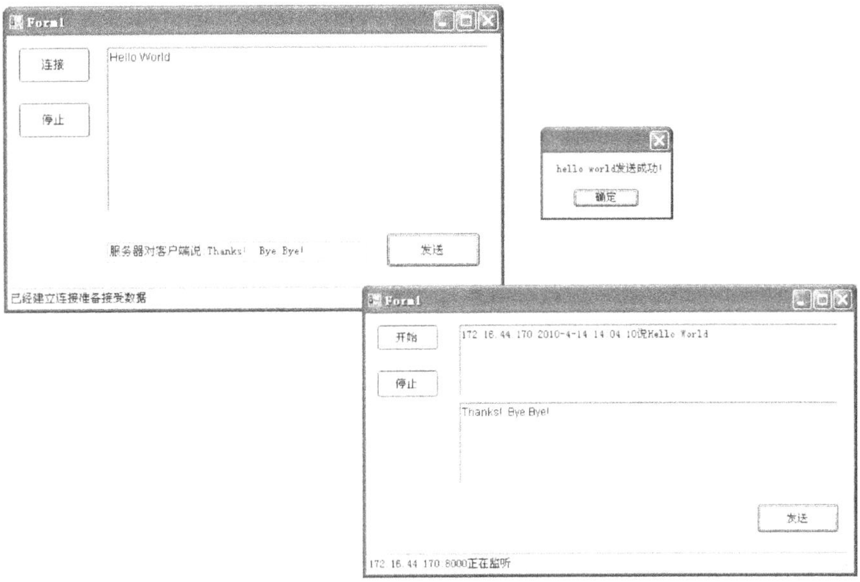

图 3-5 客户/服务器消息传递运行实例

当客户端点击"连接"时，它将向服务器发出通讯连接信号，连接成功会在窗口底下显示"已经建立连接准备接收数据"。

在客户端窗口中输入"Hello World"，并点击发送，客户端会通过通信口向服务器发出去，发送成功会显示"Hello World 发送成功"。

在服务器端，接收窗口会将接收到的消息显示在接收窗口中。若我们在发送窗口中输入"Thanks！ByeBye！"并点击发送，服务器会向客户机回送过去。

此时，在客户机的接收窗口中会显示出服务器发来的消息，如图 3-5 所示。

四、进程间通信的原语

在网络系统中，为实现进程间的通信，需要设计一些通信原语。这些通信原语是按照通信协议的规定建立的。这些通信原语就构成了网络操作系统的通信机制。

所谓原语（Primtive）是指系统的一组指令集合，该组指令在执行过程中不可被中断，所谓原语即是原子操作，多个指令组成的集合不可分割。这样的操作方式可以保证指令执行的完整性。

send( )和 receive( )即为通信原语（在编译系统里作了封装）。

五、通信协议

通信协议是计算机网络的一个重要组成部分，是不同网络之间通信、"交流"的公共语言，它使得不同系统的计算机或网络之间可以彼此交流，识别出不同的网络操作命令，并建立信任关系。

网络协议（Network Protocol），也称为网络通信协议（Network Communication Protocol）是对计算机之间通信的信息格式，它能被收/发双方都认可的传送信息内容的一组定义。

网络协议为实现可移植和灵活性，设计了 OSI 七层参考模型，各层负责各个不同方面，以解决不同的需求。例如物理层中的物理接口通信协议（RS-232C、RS-449 和 V.35 等），数据链路层的数据链接协议（CSMA/CD、SDLC 和 HDLC 等），网络层则有许多路由协议（如 IP、RIP、OSPF 和 IGRP 等），传输层则有许多传输控制协议（如 TCP、FTP 和 TFFP 等），同样会话层、表示层和应用层都有许多相应的网络协议（如应用层的 POP3、SMTP、SNMP 和 DNS 等）。就是在这些许许多多的通信协议的共同作用下，网络的七层模型才能全部正常工作，确保网络通信的正常。

网络协议是计算机网络实现其功能的最基本机制。网络协议的本质是通信规则，即各种硬件和软件必须遵循的共同规范。网络协议通常在操作系统层面由软件实现，但又不是独立成组，它通常融合在其他软件系统中。网络协议遍及 OSI 通信模型的各个层次，从 TCP/IP、HTTP、FTP 等协议，到 OSPF、IGP 等高级路由协议都可以认为是网络协议。

在所有常用的网络协议中，又可以分常用的基础型协议和常用的应用型协议。TCP/IP、IPX/SPX、NetBEUI 属于常用的基础型协议，而 HTTP、PPP、FTP 则属于常用的应用型协议。基础型协议用来提供网络连接服务，应用型协议对于网络来说不是必需的，而是在具体应用到网络服务时才需要。如 HTTP 只在进行因特网应用时才需要，FTP 则只用于文件传输活动中。

网络协议所起的主要作用和所适用的应用环境各不相同，有的是专用的，如 IPX/SPX 就专用于 Novell 公司的 NetWare 操作系统，而 NetBEUI 协议则专用于微软公司的 Windows 系统；有的则是通用的（当然是相对的），如 TCP/IP 就适用于几乎所有的系统和应用环境。

选择网络通信协议的原则是所选协议要与网络结构和功能相一致。如果网络存在多个网段或要通过路由器相连时，就不能使用不具备路由和跨网段操作功能的 NetBEUI 协议，而必须选择 IPX/SPX 或 TCP/IP 等协议。另外，如果你的网络规模较小，同时只是为了简单的文件和设备的共享，这时你最关心的就是网络速度，所以在选择协议时应选择占用内存小和带宽利用率高的协议，如 NetBEUI。当你的网络规模较大，且网络结构复杂时，应选择可管理性和可扩充性较好的协议，如 TCP/IP。

除特殊情况外，一个网络尽量只选择一种通信协议。现实中许多人的做法是一次选择多个协议，或选择系统所提供的所有协议，其实这样做是很不可取的。因为计算机要实现每个协议就要占用计算机的内存，选择的协议越多，占用计算机的内存资源就越多。一方面影响了计算机的运行速度，另一方面不利于网络的管理。事实上一个网络中一般一种通信协议就可以满足需要。

第三节　通信原语的设计

一、通信原语的类型

在网络操作系统中显著区别于单机操作系统的是网络操作系统之中的进程间通信。在一个单机系统中，进程间的通信，无论是信号量、消息传递或者共享存储方式，都是通过本机的存储机制来实现的（内存，交换分区或外存等）。

例如，信号量及 P、V 操作主要是对信号量的操作，而信号量是由操作系统创建的存在于内核之中的一组数据结构，它们常驻内存。使用消息传递、共享内存和信箱通信等方式都需要有一个共享存储区，进程间通过互斥访问共享存储区交换信息。在计算机网络系统中，由于没有可共享的存储区，于是进程间的通信问题就必须重新设计。

在计算机网络系统中，两个节点主机之间要完成消息传送，通常由一个用户计算机节点的进程向服务进程发出一个请求消息，要求服务进程完成某种服务。服务进程在接收到该请求后，着手处理这一请求并将结果或出错信息返回给请求进程。考虑最简单的情况，用户请求进程和服务进程可用 send( )和 receive( )两个原语来完成。通常在发送原语 send( )的参数中，必须指明消息的目的地以及消息本身所在的位置。接收原语把接收到的消息存放到指定的缓冲存储区中，必要时，也可以在 receive( )的参数中指明从何处接收来的消息。一次通信过程可由两对收发 send( )与 receive( )完成。首先由请求进程发出 send( )原语提出请求，服务进程利用 receive( )原语接收这一请求，然后服务进程在完成该服务之后用 send( )原语送出结果或错误，最后请求进程用 receive( )原语接收所要信息。这种最简单的原语机制，可在两节点主机之间实现消息传递，但在原语的设计上，可有多种不同的类型，这些类型为：同步原语和异步原语；缓冲原语和非缓冲原语；可靠原语和非可靠原语。

二、同步原语和异步原语

同步原语也称为阻塞原语，就是当发送者调用该原语时，必须对接收者具有明确的要求，当接收者准备就绪可以接收信息时，发送者立即将信息发送给对方，若接收者未准备好时，那么发送者会自我阻塞，等待接收者就绪。而且，当处于发送状态时，发送者会等待信息完全发送完毕后再返回。

同样地，接收者的原语若是同步原语的话，当其在接收信息时，若此时发送者尚未发送信息，那么接收者会自我阻塞直到发送者发送信息。一旦发送者将信息发来，接收者会立即唤醒并接收信息，直到将接收到的信息放入指定进程的缓冲区后，接收原语才返回调用程序，继续执行下面的指令。

同步原语的优点是信息的传递不过多地占用处理机的时间，但是设计不当可能会造成死锁或饥饿，也就是当发送者和接收者均在等待对方向自己发送信息而造成的无法向前推进的现象，或者发送者永远都找不到接收者或接收者永远发现不了发送者而形成的永远阻塞现象。如图 3-6 所示。

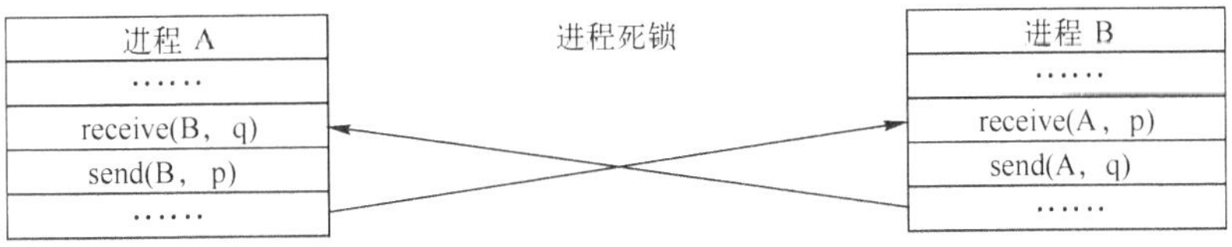

图 3-6　死锁现象

为解决此类问题，通信原语还设计了异步原语，也就是非阻塞原语。异步原语的工作原理是这样的：当发送者调用异步通信原语时，先查找接收者，不管找到或未找到，不等信息发出或不发出，原语立即返回调用程序，并返回发送成功或失败的信息，进而继续执行下面的指令代码。这样的机制可以保证进程运行的效率，可以始终保持处理机处于繁忙状态，但是缺点也是明显的，发送者并不知道信息何时发送完毕，发送缓冲区何时可用。若发送缓冲区的信息还未发送完，而发送者将新的信息送入缓冲区时可能会发生不可预测的结果，此时需要有其他机制来保证安全，否则可能会造成系统的崩溃。

对于异步接收原语来讲，当接收者调用异步接收原语时，同样的，未等发送者出现或者发送完毕就会返回接收失败或成功信息，但是对于成功信息而言，何时接收原语会将信息送达接收者的缓冲区是不得而知的，这同样会造成非常严重的后果（尽管几率较低）。

那么如何解决这类问题？

对异步发送原语而言，如果在发送者调用发送原语时，立即将信息从用户进程复制进入内核缓冲区，原语返回时就可以允许用户继续使用发送缓冲区。此时发送者和异步发送原语可以并发，提高了处理机的效率。当发送者再次调用异步发送原语时，若此时信息已经发送完毕，则会立即执行下一次发送，若还没有发送完，则会由于异步发送原语运行尚未结束而阻塞（这种策略相当于一个阻塞调用）。这种方法虽然解决了上述信息被重写覆盖篡改的问题，但是异步发送原语增加了一次复制过程，不仅要占用内存，而且当信息量较大时，系统额外的开销就会很大。并且，这种缓冲区复制的方法对接收原语来讲却不能解决任何问题。要保证接收者正确地获得信息，当采用异步接收原语时，还需要配合一个测试原语。接收者在得到异步接收原语返回成功信息以后，通过调用测试原语来检测信息是否到达接收者的缓冲区，测试原语同样可以设计成阻塞或非阻塞的形式，采用阻塞形式又回到了同步接收原语的状态，采用非阻塞形式可以提高并发度。缺点是接收者需要多次调用测试原语，这会使得处理机处于繁忙状态。

还有一种解决办法是采用中断，也即当异步发送原语将信息发送完毕后产生一个中断，通知发送者可以进行下一次发送。或者，异步接收原语当完成数据接收以后向接收者发出一个中断，表示信息已经到达目的地，从而来保证信息发送和接收的准确。

虽然采用中断技术可以不使用额外的副本，但是由于采用的是用户级中断，使得编程难度增加，又由于中断方法在运行过程中难以再现（中断可以随时发生），也给程序调试带来了困难。虽然这种方法高效且提高了并行性，但其缺点也很明显，基于中断的程序很难保证其正确性，且出错后几乎不能跟踪。

因此，对通信原语的设计可以根据实际情况，选择以下三种方式。

1）同步原语，阻塞发送和接收；有死锁和饥饿的可能。

2）带副本的异步发送原语和带测试的异步接收原语，非阻塞，并发度高；系统开销大。

3）带中断的异步原语，效率高，并发度大；编程困难，不利于调试。

在网络操作系统中，系统提供了上述三种通信原语，用户选择同步还是异步，带副本的还是带测试的，是否启用中断，均可以由用户决定（通过调用选项）。在调用通信原语时，在参数中加入阻塞或非阻塞选项即可实现。一般用户应用以选第一种方案最佳，它虽然没有并行性，但它易于理解和实现，而且也不需要内核缓冲区，信息传送较快。但是同步原语可能会造成的死锁和饥饿的风险又该如何规避呢？这就引入了一个超时控制的问题。对于同步原语的调用，调用者可以规定一个希望得到的应答的时间间隔（通过参数在调用通信原语时引入），若在规定的时间里无应答，则同步通信原语返回一个错误信息而终止，以防止系统死锁或产生饥饿。而这个时间间隔对于不同的系统，不同的应用或不同的信息可灵活设定。

三、缓冲原语和非缓冲原语

在第三章第三节第二小节的描述中可以看到，对于异步通信原语它的优点是系统可以并发，因此大大减小了死锁和饥饿的风险，并且使得其他进程的运行不受太大的影响，代码的效率较高。而采用带副本和带测试的方式又会使得系统增大开销。不过，相比之下，这种方法随着资源的丰富和硬件性能的提高而逐渐被广泛使用。

为保证通信的成功，可以考虑设置缓冲区，那么缓冲区设置在哪里？多大合适？

考虑如下的情形：

对于发送者而言，当信息通过带副本的异步发送原语发送时，发送原语会将信息副本发送到内核缓冲区，发送者可以继续运行，在发送者的发送缓冲区里装入新的信息，可以继续调用异步发送原语，此时，如果发送原语发送已经结束，则内核缓冲区已经腾空，它可以接收新的信息进来，继续下一次发送；如果发送尚未结束，则操作系统会控制发送者在调用异步发送原语上阻塞，等待上一次发送完毕后再唤醒发送者进程，进行下一次发送。因此，发送操作相对比较容易控制。

对于接收者而言，情况就复杂得多。

在服务器端的接收者进程，在起始时调用接收原语，告知服务进程某个接收者正在等待接收信息，接收者进程名，信息存放地址等各个参数均已经通过接收原语发送到服务进程，服务进程知道哪个接收者进程在等候，若此时服务进程接收到一个发送者发来的信息，服务进程就会按照接收原语的接收进程名和地址指示，将信息传送到接收者进程的缓冲区内。

另一种情况，当服务进程接收到一个信息，而此时接收者进程尚未准备好，亦即服务进程从网络上接收到一个有效的发送信息，但是却不知这个信息是发给谁的，因为没有接收者声称要接收信息（假设有多个接收者）。服务进程不知道将信息放到哪里。在这种情况下，一种简单的策略就是服务器抛弃这个提前到达的信息，回送给发送者超时信号，并希望在发送者重传之前，服务器已经得到了接收者调用接收原语。这种方法很容易实现。但是这种情况可能要试多次才能成功。如果连续多次都失败，发送者可能放弃，误认为是服务器故障或目的地址无效。

处理这一问题的另一种方法是让服务进程在内核中开辟一块缓冲区（所以服务进程一般处于内核中），对传送来的信息保留一段时间，以期望一个合适的接收者很快地调用接收原语接收并取走信息。在任何情况下，一个不期而至的信息到达时，立即就启动一个计时器开始计时，如果计时器到达某一规定值时仍无合适的接收者出现，就将该信息丢弃。这种方法可以在一定程度上减少了信息的重发率。问题是，当信息丢弃后服务进程却没有向发送者发送超时信号，发送者以为发送成功，而此时接收者调用了接收原语却收不到信息，那么，系统可能会出现死锁。所以回头该问：计时器应该设置多大呢？

如果，当有多个发送者且信息量较大时，如何存储和管理这些过早到来的信息便成为一个问题，为此需要申请较大的缓冲区并对缓冲区进行管理。

因此，缓冲通信原语与非缓冲通信原语的根本区别在于是否在内核存在有一块内存用来存放过早到达的信息。如果有则是缓冲原语，否则就是非缓冲原语。

对内核缓冲区的管理最简单的方法是定义一个称为信箱（Mailbox）的数据结构。接收者进程通知服务进程为它创建一个信箱，并指定一个可供查询的地址。当发送者发送消息时，在信息包中携带了这一地址，当含有该地址的所有到达的信息都将被放进该信箱。接收者可以调用接收原语从信箱中取出一个信息，取出以后便可以进行下一次操作，直到信息被取完。如果信箱中没有信息则就返回（假定为非阻塞原语）。

信箱缓冲技术不能解决所有的过早接收到信息的问题，若有限的信箱装满后，服务进程又面临相同的问题，是抛弃信息还是覆盖原有的信息。扩大信箱缓冲池是一种办法，但是一方面信箱缓冲池占有系统资源，其次信箱缓冲池设置多大需要实验确定。因此可以说，缓冲原语部分解决了接收者信息丢失的问题，但是，没有解决根本问题。

四、可靠原语和非可靠原语

网络系统中，各个节点主机之间传递信息需要经过多重环节，每一个环节都有可能改变、破坏甚至丢失信息。所以，在开环的系统中通信，不能保证发送者发送的信息是完整可靠的，也不保证信息一定会送达接收者手里。正如你发出一封平信，邮递员尽可能地将信件送达目的地，但是你很难知道接收者是否接收到该信件。因此，这种通信原语称为非可靠原语。

如果我们希望发送者发出的信息保证会送达接收者手里，我们可以要求发出去的信息有回执。具体在客户/服务器模型上可以采用“确认”的方法。

一种方法是当客户端发送者向服务器发送一个请求，请求发出后便自我阻塞；当服务器接收到请求信号后，通过服务器的内核向客户机的内核回送一个确认信号，客户机内核接收到服务器内核的确认信号后便唤醒客户机的发送者进程，进行下一轮操作。客户机的发送者和服务器接收者均不知道确认的存在（因为在内核实现）。当服务器向客户机发送应答信号时，也用同样方法实现。如果由于种种原因，服务器或客户机没有收到对方的确认信号，那么，内核会唤醒相应各自的进程进行重新发送，保证信息的传递是可靠的。如图 3-7a 所示。

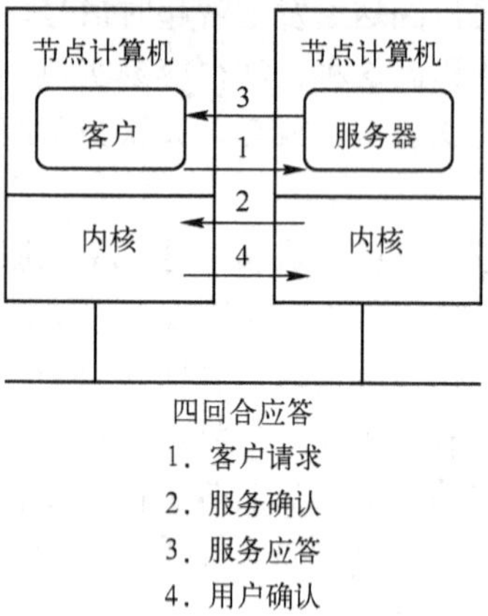

a)

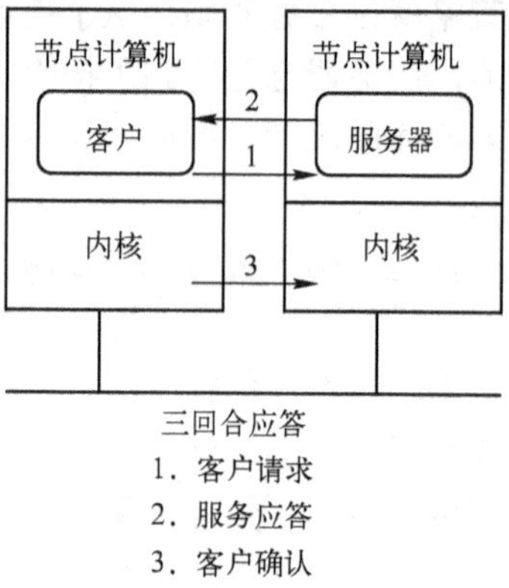

b)

图 3-7　可靠原语的实现

a) 四回合应答　b) 三回合应答

如图 3-7b 所示是另一种方法。考虑这样一个事实：大部分客户/服务器的信息传递都是需要返回信息的。即客户发送信息到服务器请求服务，结果由服务器发送回来。因此，可以利用服务器应答的信息代替服务器的确认信号，减少了一次网络上的信息传递，提高了效率。但是，如果一个请求要在服务器一方进行大量的计算，需要花费较多的时间，在服务器向客户机发出应答之前，客户机会一直阻塞，直到服务器的应答过来。如果客户机发出的请求并没有到达服务器，而在半路上丢失了，此时客户机可能会永远阻塞下去。为避免这样的情况发生，客户机在发出请求信号后收到应答信号前会等待一个适当的时间，过了该时间若还未收到服务器的应答，则重新发送请求信号。

服务器方面，服务器接到客户机的请求后开始计算，计算结束后将结果应答给客户，服务器进入阻塞，等待客户的确认。若客户在规定的时间里没有确认，则服务器重新发送计算结果给客户机（服务器上的计算结果仍然保留不能丢失）。服务器内核在收到客户机内核发出的确认信号以前将一直阻塞，直到收到客户机内核发出的确认信号以后，服务器内核唤醒服务器进程，清除上次的计算结果，准备下一次服务。

也可以结合上述两种方法。

在服务器端设置一个计时器，当服务器接到客户机的请求后开始计时，若在规定的时间内不能完成计算，则服务器内核向客户机内核发送收到的确认信号，通知客户机不必再发请求，只需等待应答。若在规定的时间内完成计算，则直接将结果应答给客户，省去一次确认过程。

第四节　远程过程调用（RPC）

一、远程过程调用概念

当用户需要调用计算机硬件资源或软件资源时，很多工作都是通过系统调用（System Call）来完成的，或者通过已经封装好的 API 来调用。在计算机系统中，如果用户进程调用本机的 API 时，可以通过本地过程（或函数）调用（Local Produce Call）的方式实现。在调用时，调用进程必须给出被调用的过程名、传送所需参数和提供返回参数的缓冲区。这种进程间的通信方式已获得了广泛的应用。

在网络系统中，不同节点主机之间也可以采用过程调用的方式进行通信，称之为远程过程调用（Remote Produce Call，RPC），由于这种通信方式完成的是一次完整的函数运行，很显然比其他通信方式更复杂。远程过程调用是一个协议，用户进程可以使用这个协议请求网络中另一计算机节点上某程序的服务而不需知道网络细节。远程过程调用使用的是客户/服务器模型。请求进程是客户，而服务提供进程则为服务器。

远程过程调用是在原来消息传递通信原语的基础上发展起来的。为了完成一次完整的函数运行，调用期间节点主机之间不仅需要传递参数，还要传递结果。由于调用和被调用进程位于不同的网络节点主机上，而这些节点主机又在不同的地址空间中运行，所以对参数和结果的传递增加了难度。同时考虑可能出现的问题，例如通信失败，机器故障，运行超时等，每一种可能的失败都会引发出不同的问题。尽管如此，这些问题大都可以解决，而且远程过程调用这一通信方式已在网络系统和分布式系统中获得了广泛的应用。

目前，有多种 RPC 的模型与实现。一种较流行的模型与实现是开放软件基金会（Open Software Foundation）的分布式计算环境（Distributed Computing Environment，DCE）。电子和电气工程师协会也定义了 RPC。

RPC 跨越了网络通信的开放系统互联（OSI）模型中的传输层与应用层。RPC 使得网络中包括多个分布程序的应用程序的开发变得更加容易。

二、远程过程调用的实现

在介绍远程过程调用之前先介绍一下本地过程调用（Local Procedure Call，LPC）的工作原理。

考虑一个过程调用：

```
item = read(fd, buf, nbytes);
```

其中 fd 是一个整数，通常是一个打开的文件，buf 是一个数组，用于存放从文件读入的信息。不同的编译系统会有所不同，C 语言的编译系统 buf 处一般放的是指针。nbytes 表示需要读入的信息长度，以字节表示。

这样的过程调用的流程是这样的，对于 Windows 系统而言，调用的主程序会将参数经过 win32 子系统陷入内核，内核的系统服务进程接到打包过来的参数后进行分配。read( )调用则会分配给本地过程调用。调用结束后按原路返回，结果存放在函数的存储区中。如图 3-8 所示。

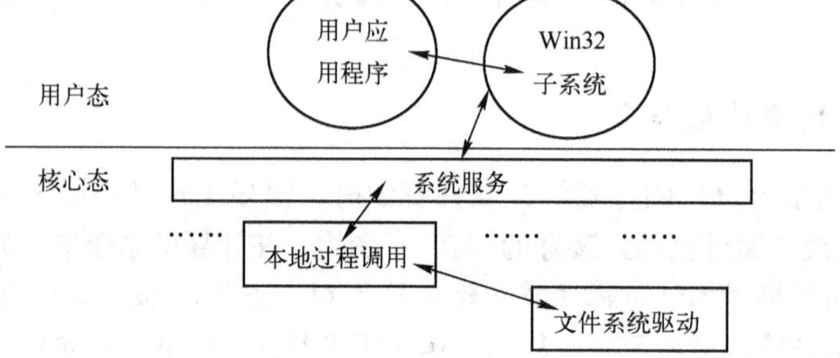

图 3-8　LPC 本地过程调用

由于无论是用户进程或内核函数进程，它们均处在本机内，所以所映射的物理存储区是本机可以直接访问的，除了有核心态或用户态的区别外，可以使用内存管理的各种方式，例如堆栈、指针、变量等，通信方式也可以用信号、共享存储区等方式。

而远程过程调用由于是在不同的节点主机，所以内存地址空间是独立的，无法使用上述方法来实现过程调用，必须设计出独立的不依赖于内存管理的调用方法。

RPC 的设计思想是使得远程过程调用尽可能像本地调用一样。也就是 RPC 具有透明性。用户节点调用进程应该不知道被调用的过程是在哪一台节点主机上执行。反之亦然，被调用过程也不知道是来自哪个用户节点主机的进程调用。

因此，同样的上述过程调用。

```
read(fd, buf, nbytes)
```

以 Windows 为例，当用户进程进行 RPC 调用时（假设该调用是在另一台节点主机上，是个 RPC)，首先通过 win32 子系统陷入操作系统内核，它仍以通常的方法将参数压入堆栈，用户并不知道陷入过程究竟做了些什么。

接下来系统服务进程将陷入的调用进行分配，若该调用是一个远程过程调用，例如 fd 指向了网络上的一个节点，则系统服务进程调用客户代理（Client Stub）将参数打包成一个消息。其过程是这样的，由于用户调用传递的是参数、指针，客户代理就要将指针指向的内存地址的信息按照其字节长度连同参数一起打包成消息，并将该消息发给服务器，如图 3-9 所示。

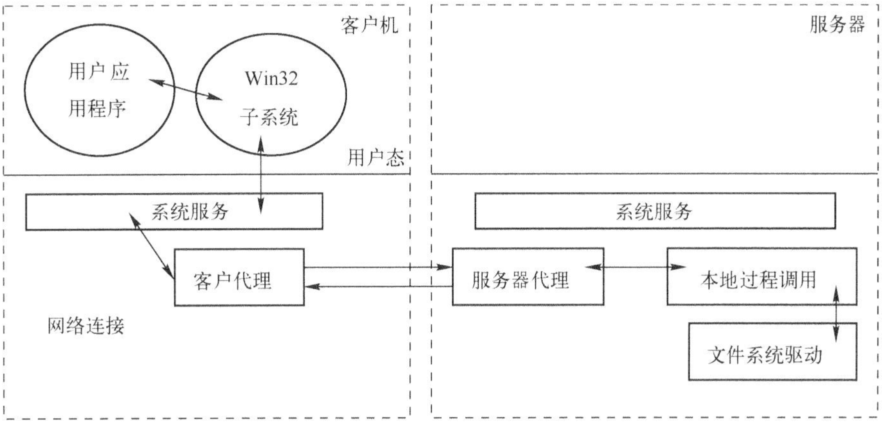

图 3-9　RPC 远程过程调用原理

客户代理在发出 send( )后，然后就阻塞调用 receive( )，并等候应答返回。

在服务器端，服务器代理（Server Stub）不断在监听，并调用 receive( )，当无消息时则自我阻塞。当服务器代理在收到一个消息后，处于阻塞状态的服务器代理被唤醒，它识别出来是一个 RPC，于是它将消息拆包并取出参数，然后以本地过程调用方式调用本地 read( )过程。指针和参数均指向了服务器代理的内存缓冲区。从内核过程调用服务器的角度来看，它完成的是本地过程调用，好像是由本机用户直接调用的。所以说服务器端也是透明的。服务完成后，将结果返回。返回的结果存放在服务器代理的内部缓冲区中。

当服务器代理在调用结束并重新获得控制后，它把结果（缓冲区中）打包成一个消息并调用 send( )发送给客户，然后它又回到 receive( )，等待下一个消息的到来。

当消息经过网络返回到客户机时，客户进程代理在 receive( )上唤醒。于是将消息解包并将结果复制到系统服务进程的缓冲区，并由系统服务进程作一个返回的操作，将客户进程唤醒。当用户调用程序 read( )在得到调用结果后，可以继续下一步操作。所以用户只知道所获得的结果是可用的，但并不知道这一工作是由远程而不是由本地内核完成的。因此对用户端也是透明的。

远程过程调用是经过多次封装，完成一个具体的工作，而不是采用 send( )、receive( )的通信原语的方法。所有传递的细节被隐藏起来，表现为单机环境下系统调用。

三、远程过程调用与通信原语的比较

远程过程调用的最大优点是使用方便。它将底层复杂的操作屏蔽在千差万别的不同系统之外，使得用户可以集中精力处理用户本身的动作行为，从而减轻了用户编程的负担。它的调用方式与普通的过程调用具有类似的形式，所以用户在使用时不会感到陌生和困难。

消息传递的通信原语的优点是它具有较大的灵活性。用户可以组合。例如，在执行某一操作的程序中，send( )和 receive( )可以成对也可以不成对地出现。也就是说，可以在发送一个 send( )之后，再发一个 receive( )，也可以在连续发出几个 send( )以后再使用 receive( )接收回答消息。因此，对某一操作而言，每次可以传送不同的参数，而且传送的参数的次序也可以变化，从而大大提高了灵活性。

由于远程过程调用在使用时有严格的格式要求，因此在使用中也存在不便之处，主要表现在如下方面：

1）远程过程调用的参数传递在异构平台之间的通用性能不能满足用户的要求。例如，Windows 操作系统的某些私有调用（私有调用一般指某个操作系统所独有的系统调用，一般不与其他系统兼容）在同为 Windows 操作系统的平台上可以使用，但是与 UNIX 操作系统平台的调用就有可能存在问题，对部分不满足 POSIX 标准的调用就可能不能兼容。因此也就无法进行参数传递。

2）由于远程过程调用设计为请求/应答形式，因此不能在一次调用过程中多次接收中间结果，也就缺乏了人机交互的灵活性。如果要满足这样的中间结果的返回，系统必须多次发出远程过程调用，则会增加传递的次数，降低效率。

3）远程过程调用不能传送大量数据。由于带参数的返回形式是将数据打包作传递，它不同于单机节点中大量传递信息所采用的共享内存技术，因此在网络上和节点主机之间存在着多份副本的问题。当信息量较大时，多份副本对系统资源的消耗是不能小觑的。同时网络带宽的消耗也会增大，延迟增加，降低了网络的性能。

对于远程过程调用，应该根据其特点灵活应用，对于需要有良好的格式操作、并不关心底层机制的应用需要可以使用它；而对于系统级应用，还是采用通信原语较好。

第五节　组　通　信

一、组通信概念

在进程间的通信中，除了点对点的收/发通信以外，还有一对多、多对一和多对多的形式。在邮箱通信中曾经提到，当收/发进程是一对一时，互相的客户/服务器方式非常明确。而当服务器不止为一个用户服务时，就打破了一对一的关系，而是多对一的关系。例如，某个计算型服务器专门进行平方运算，所有的客户机只要有平方运算就都将其发送到服务器上运行，服务器必须将运行结果准确地返回到客户机。考察另一种情形，一个客户需要检索一份重要文献，它向所有的文献服务器发出请求并等待结果，这是典型的一对多的关系。而多对多的关系是上述两种情况的组合。

对于一对多的情况，发送者的信息希望只发送一次而就可以被多个接收者接收，若其中的部分接收者不能工作，那么客户的请求仍旧能够得到其余服务器的可靠的服务。这样就要采用组（Group）通信机制。

组是定义为在某一系统中相互有关系的进程的集合。当一个信息发给这个组时，该组的所有成员都可以接收。组通信实现了“一对多”的通信形式。组的建立是动态的，在某一时刻组的成员是一定的，而到下一时刻，可能有的组内的成员会离开，新的组员会加入，因此，成组的管理需要有一个特定的机构。

组的概念是逻辑的，是一个形式上的组合，当客户机向这样一个组发送信息时，不必关心该组内服务器有多少或服务器位于何处。

二、实现方法

组通信的实现一般需要网络硬件的支持。在一些网络系统中，为组预留一个特殊的网络地址（例如，节点主机网络地址的高位置 1）。网络设备在检测到这个特定的高位时会将信息向网络中的所有同组节点发送，连接在该网络上的同组的节点主机便用这个网络地址进行接收。

当一个信息按上述这个规定的地址发送时，就可被该组成员所接收。这一技术称为网络“多播”（Multicasting）技术，也称多址通信。用多播式实现组通信是很直接的，只需给每一组分配一个不同的多播地址即可。

另一种组通信的实现方法是使用“广播”（Broadcasting）技术。该方法的实现是在一个信息内包含一个特定地址（例如：节点主机的网络硬件地址），客户机的消息发送到网络中的所有节点上，并注明是广播信息。每个节点对收到的广播信息都需要检查一下（软件或硬件），察看一下这个信息是否是发给自己的，如果不是，则将信息抛弃。

对某些特定的应用，若不采用“多播”和“广播”的方法，利用一对一通信也可以实现组通信的方式，无非以一对一遍历一遍组内的节点。这种方法虽然效率不高，但是可行。在组内成员较少时，仍可以组织有效的通信。

组通信的实现方法如图 3-10 所示。其中，1 号表示为服务器，其余为客户机，3 和 5 在同一个组中。

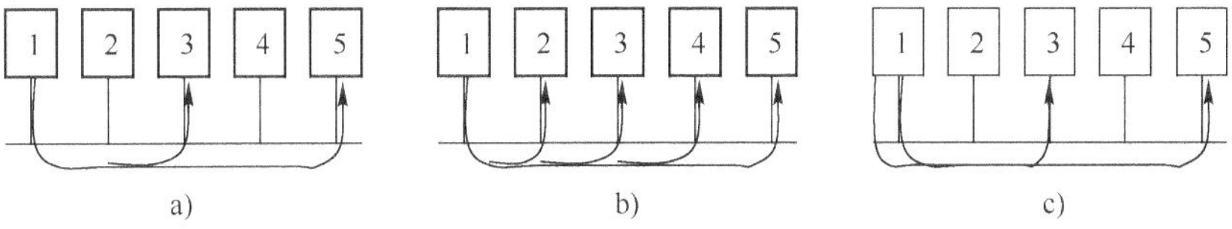

图 3-10　实现组通信的三种方式

a) 多播式　b) 广播式　c) 单播式

三、流媒体数据广播

流媒体是指在网络中使用数据流式传输技术的连续时基媒体，如音频、视频或多媒体文件。而流媒体传输技术就是把连续的声音和图像信息经过压缩处理后放到服务器上，用户不必一次下载完毕才开始播放，而是一边下载，一边收听、观看的高效网络传输方式。

实现流媒体传输有两种方法：实时流媒体传输（Real-Time Streaming Transport）和顺序流媒体传输（Progressive Streaming Transport）。

1．实时流媒体传输

实时流媒体传输是保证媒体信号带宽与网络连接匹配，使媒体能够被实时观看到。它需要专用的流媒体服务器与传输协议。实时流式传输需要特定服务器，如：Quick Time Streaming Server、Real Server 与 Windows Media Server。

2．顺序流媒体传输

顺序流媒体传输是顺序下载，在下载文件的同时用户可观看已下载部分内容，而不能跳到还未下载的部分。因此用户在观看前必须经历时延。

流媒体播放方式主要有三种：

（1）单播

客户端与媒体服务器之间需要建立一个单独的数据通道，从一台服务器送出的每个数据包只能传送给一个客户机，这种传送方式称为单播。当客户数量较多时，单播的方式存在巨大的冗余数据，造成服务器负担沉重。

（2）多播

多播利用组通信方式构建一种具有组播能力的网络，允许路由器一次将数据包复制到多个通道上。采用多播方式，单台服务器能够对几十万台客户机同时发送相同的连续数据流而无延时或少延时。

（3）点播与广播

点播是客户端与服务器之间的主动的连接。在点播时，用户通过选择内容项目来初始化客户端连接。用户可以开始、停止、后退、快进或暂停流媒体。点播提供了对流的最大控制，但这种方式与单播类似，由于每个客户端各自连接服务器，当用户数较多时会迅速用完网络带宽。但是其优点是可以有互动。

广播指的是用户被动接收流媒体，用不着就抛弃。在广播过程中，客户端接收流媒体，但不能控制流媒体。广播方式中数据包的一个副本将发送给网络上的所有用户而不管用户需要不需要，当系统中有较多广播时，网络带宽也会被迅速耗尽。

单播和点播与广播的传输方式会非常浪费网络带宽。而多播吸收了上述两种发送方式的长处，克服了上述两种发送方式的弱点，将数据包的一个副本发送给需要的那些客户。多播不会复制数据包的多个副本一起传输到网络上，也不会将数据包发送给不需要它的那些客户，保证了网络上多媒体应用占用网络的最小带宽。

一个完整的流媒体解决方案应是相关软硬件的完美集成，它大致包括下面几个方面的内容：内容采集、视音频捕获和压缩编码、内容编辑、内容存储和播放、应用服务器内容管理发布及用户管理等。主要应用有：

1）视频点播。广泛地应用于大型的新闻娱乐媒体，如各类电视台等，在网络上提供基于流媒体技术的节目。

2）远程教育。要求将信息从教师端传到远程的学生端，需要传送的信息可能是多元的，如视频、音频、文本、图片等。远程教育为学习者在空间和时间上都提供了便利。

3）视频会议。视频会议是流媒体技术的一个商业用途，通过流媒体可以进行点对点的通信，最常见的就是可视电话。大型企业可以利用基于流媒体的视频会议系统来组织跨地区的会议和讨论。

4）网络直播。在网络上直接收看体育赛事、重大庆典、商贸展览等，甚至是个人自媒体的展示。很多厂商和个人希望借助网上直播的形式将自己的产品和活动传遍全世界，这些需求促成了网络直播的形成。

本章小结

网络操作系统的通信是网络操作系统的特点之一。在网络操作系统中，通信分为低级通信和高级通信，低级通信一般用于本机内进程之间，而高级通信不仅适用于本机，还适用于网络。低级通信一般包括信号（Signal）、信号量（Semaphore）等，高级通信有消息队列（Message queue）、共享内存（Shared Memory）和邮箱通信（Post Box）等。网络上主要使用高级通信技术。

本章重点介绍了基于共享变量的低级通信方式的基本概念和实现方法；消息队列通信方式的基本概念和算法实现；介绍了其他几种通信方式的基本概念；描述了通信原语和通信的模式以及它们的实现。

通过本章的学习，读者能够了解网络通信的基本原理，简单算法和编程方法，通信原语的使用，通信的应用方式等知识点，能够编写简单的网络通信程序，掌握一般网络通信技术的应用。

自 测 习 题

一、选择题

1．计算机网络作为一个信息处理系统，其构成的基本模式是（　　）。

A．对象模式　　B．对等模式和客户/服务器模式

C．对称多处理模式　　D．进程模式

2．网络上任一节点主机所拥有的资源都作为网络公用资源，可被其他节点主机上的网络用户共享，这种模式称为（　　）。

A．客户/服务器模式　　B．主从模式

C．对象模式　　D．对等模式

3．消息缓冲通信中的临界资源是（　　）。

A．消息缓冲队列　　B．接收区

C．发送区　　D．消息缓冲区

4．消息发送原语中一般要包含要发送消息的内存指针和（　　）。

A．发送者　　B．接收者

C．接收消息的内存指针　　D．投递员

5．信箱可以由操作系统创建，还可以由（　　）创建。

A．邮件服务器　　B．邮件管理器

C．用户　　D．客户机

6．客户/服务器间通信时，首先要获取（　　）。

A．协议簇　　B．网络端口号

C．信箱号　　D．IP 地址

7．网络端口号是用于识别接收者（　　）。

A．客户机　　B．进程

C．用户　　D．信箱

8．最常用的网络通信基础协议是（　　）。

A．TCP/IP　　B．IPX/SPX

C．NetBEUI　　D．HTTP

9.（ ）协议不具备路由和跨网段操作功能。

A. TCP/IP　　B. IPX/SPX

C. NetBEUI　　D. HTTP

二、填空题

1. 在操作系统中，通信分为（ ）和（ ）。

2.（ ）通信不仅适用于本机，还适用于网络。

3. 低级通信一般包括（ ）、（ ）等，高级通信有（ ）、（ ）、（ ）和（ ）。网络上主要使用高级通信技术。

4. 采用对等工作模式的网络，各节点主机都处于平等地位，没有（ ）之分。

5. 对于同步通信原语而言，进程调用 send 原语将消息发出后便处于（ ）状态。

6. 网络通信软件的任务是根据通信协议来控制和管理（ ）的通信。

7. 实现在一次操作下将一个消息发送给多个接收者的通信机制称之为（ ）机制。

8. 消息缓冲通信时，当（ ）要发信息时，执行（ ）系统调用命令，产生（ ）进入操作系统核心。操作系统为发送者分配一个（ ），并将所发送的消息内容从发送者空间（ ）该缓冲区中；然后将此缓冲区连接到（ ）的（ ）末尾。

9. 消息缓冲通信时，当（ ）执行到（ ）系统调用命令时，也产生（ ），进入操作系统核心；操作系统将（ ）从（ ）复制到（ ）空间中，然后收回（ ）。

10. 信箱是一种数据结构，逻辑上可分为两部分：（ ）和信箱体。

11. 信箱在创建时必须建立信箱头，其中包含：（ ），（ ），创建者的进程名等。

12. 进程不能向（ ）的信箱发邮件。接收者不能从（ ）信箱收邮件。

13. 网络通信协议是对计算机之间（ ）的信息（ ）、能被收/发双方接受的传送信息内容的一组定义。

14. 常用的网络协议分为（ ）协议和（ ）协议。

15. 原语的设计上，通信原语分为（ ）、（ ）和（ ）。

16. 对于同步通信原语而言，进程调用 send 原语将消息发出后便处于（ ）状态。

17. 为了将信息安全可靠地传送到对方，一般采用（ ）原语。在客户/服务器模型上可以采用（ ）的方法。在具体应答时一般用（ ）或（ ）来完成。

18. 实现流媒体传输有（ ）和（ ）。流媒体播放方式主要有（ ）、（ ）和（ ）。

三、应用题

1. 在某小河上沿南北方向架设了一个独木桥，桥上只能承载一个人，无论是由南向北过桥或由北向南过桥，均必须一个一个依次地过桥。请用信号量和 P、V 操作设计一个南北双方人们过桥的程序。

2. 请编写一个火车票订票代理点访问数据票额数据库的程序，要保证票额不能超售或一票二售。

3. 某学校的托福考试考点已经报满，但是尚有部分晚到的学生希望能候补。请编写一个等候空闲名额的程序，要保证公平，先到先得。

4．请写出消息传递机制的发送原语和接收原语中有哪几个关键参数，并写出发送者和接收者的算法代码。

5．写出服务器向客户机用户发出收费通知的算法程序。

6．某景点与游览车停车场相距较远，游客可以在停车场免费搭乘环保交通车到达景区，游览完毕再返回停车场。已知景区内交通车总量为M，游客总数为N，约定：

（1）每辆交通车限乘一位游客；

（2）如果有空闲的交通车，应当允许想游览的游客乘坐；

（3）无空闲交通车时，游客只能排队等待；

（4）若没有想游览的游客，空闲的交通车就原地等待。

试利用P、V操作实现游客进程与交通车进程的同步操作。

7．在某大学训练营地只有一间浴室，他们制定了一个简单的规则来使用这间浴室，规定：当浴室没人时，第一个洗澡的人可以随意进入，若进入的是男生，那么将门口的写有“男”字的木牌翻过来，后来的人看到木牌后，若他是男生便可以直接进入，若是女生，则只能在门口等候；若第一个来的是女生，就将写有“女”字的木牌翻过来，依次类推。当最后一个洗澡的人离开浴室时，若是男生就将“男”字木牌扣回去，若是女生就扣“女”字木牌。请设计一个程序，能够让男生和女生协调地使用该浴室。

对于上述问题，当现在浴室内有男生，而男生又源源不断进入，可能造成女生长期等候，这显得很不公平，那么请你修改程序，当有女生来到并在门口等候时，后来的男生就不能越过女生进去，而是在女生后面排队。反之亦然。

8．对于如下四个进程，为满足同步关系，特设置同步信号量s1，s2，s3和s4，初值均为0。a、b、c和x、y、z均为共享存储区，

proc1	proc2	proc3	proc4
{a:=1,b:=2;	{P(s1);	{x:=8,y:=7;	{P(s3);
V(s1);	z=a+b;	P(s2);	c=a+x;
P(s4);	V(s2);}	z=z+x+y;	x=5;
c=a+b+c+x+y+z;}		V(s3);}	V(s4);}

请问：上述四个进程运行结束后，a、b、c、x、y、z的值各是多少？

9．某大学的学生选课系统规定，学生在每学期预选课程的时候不能超过15门，及总计学分数不能超过35分。张同学选了15门课以后，觉得有更好的课程需要选，很希望加选，但是，系统的限制使得她不能再增加课程了，必须先退掉一门课，再去选新课。当她考虑再三将课程Ci退掉后，再去选课程Cj时发现课程Cj已经满额，而张同学想选回原来的课程Ci时发现也已经没有空额了。选课系统为了解决这个问题，特地使用了一个专有函数来交换新课和旧课，exchange_course(user, Ci, Cj)，它将课程Ci换成Cj。

下面给出了一种实现的方法，请问是否正确？若正确请说明原因，若不正确请修改，要有注释说明。

```
exchange_course(user, Ci, Cj){
    Ci -> P(locki) ;
```

```
        Ci -> del(user);                    //先退课
        Cj -> P(lockj);
            If(Cj -> isFull( ) = = false){  //课没选满
                Cj -> add(user);            //选课
                Cj -> V(lockj);
                Ci -> V(locki);
            }
        }
```

四、思考题

1．网络操作系统的通信有几种类型？

2．在共享变量的通信中，如何保证变量的一致性？

3．在消息缓冲通信方式中，发送原语和接收原语的主要功能是什么？

4．信箱通信有什么优点？请描述信箱通信的数据结构并说明其通信过程。

5．在网络操作系统中，消息传递机制有什么优点？如何实现？

6．请描述什么是同步原语、异步原语；缓冲原语、非缓冲原语；可靠原语、非可靠原语？

7．在进程间通信中，传送消息的可靠性是如何保证的？

8．什么是远程过程调用？它与本地过程调用有什么区别？有什么联系？

9．什么是组通信？它的适应范围有哪些？

10．当需要广播一个视频数据时一般采用何种通信方式？如何实现？

11．利用客户服务器模式编写一个程序，客户机将键盘输入的一组数据传送到服务器，服务器将数据加工以后（平方运算），返回给客户机，并在客户机上显示出来。

五、解释下列名词

1．信号、信号量、消息队列、共享内存、套接字和邮箱通信。

2．低级通信、高级通信；直接通信、间接通信。

3．同步与互斥、生产者—消费者、缓冲区。

4．原语、发送原语、接收原语。

5．通信协议、网段、跨网段。

6．同步原语和异步原语、缓冲原语和非缓冲原语、可靠原语和非可靠原语。

7．远程过程调用、系统调用、API。

8．组通信、网络多播或多址通信。

9．流媒体传输，单播和点播、多播、广播。

第四章　网络操作系统的资源共享

网络操作系统的另一个重要特征是资源共享，共享的资源可以是硬件设备，如外部设备、处理机；也可以是代码和数据以及系统中的文件、文件夹；也可以是运算能力或存储容量等。实现对网络资源共享管理和分配使用是计算机网络操作系统中的最重要的功能之一。

通过本章的学习，读者可以了解到：

1. 权限分配，用户组、域、林和树的概念。
2. 资源共享的方法以及打印机共享的实现。
3. 文件共享以及保护的原理和方法。

第一节　资源管理概念

在一个网络系统中，网络操作系统需要知道系统中有哪些可用于服务的资源。根据用户进程的需要，给用户进程分配资源。一般一个网络系统中有众多的用户和大量的进程，哪些用户可以共享哪些资源必须通过网络操作系统来管理，同时还要防止非授权用户对资源的非法操作（读或写）。网络操作系统在对网络资源管理时，需要通过授予用户的账户和附加在账户上的权限属性来体现，所以，网络上的用户划分以及权限的分配就尤其重要。通过划定用户组（或域）并赋予用户组（或域）权限，使得某个用户组（或域）的成员通过网络能够使用或共享他们网络系统上的资源。

一、权限分配、用户账号和用户组

因为网络操作系统是通过用户、用户组（或域）来管理的，权限分配也按上述成员配置，所以用户和用户组账号就非常重要。用户账号是一些信息的集合，这些信息定义了一个用户，在这些信息中，账号或用户名是代表用户（User）的符号名，还包含有口令（密码）、组所属关系和一些权限以及许可操作等。在网络系统中，用户的身份是完全通过账号（用户名）来体现的，因此用户需要妥善保管用户账户。一旦被冒用或失窃，将会给用户造成损失，甚至会危害到系统。用户名表示网络系统上的用户的身份；用户的权限是授权用户在网络系统上进行特定的操作，如读、写等；而许可则允许用户使用特定对象，如打印机、文件、目录等。

当我们希望某些用户共享一些资源的时候，我们采用组来管理。用户组（Group）就是具有相同特征的用户（User）的集合体，它拥有赋予它的一些权限和许可。组可以创建，加入，删除等。用户组中的成员（即用户）享有相同的权限。例如，为了让一些用户有权查看某一文档（假设某份说明书），我们可以把这些用户都划到一个组，然后来调整这份说明书的权限，让该用户组可读，这样该用户组下面的每个用户都是可读的。域（Domain）一般是指一个物理的实体，是享有共同安全措施的某些计算机。工作组（Workgroup）是网络上集合在一个组内的计算机，这些计算机之间可以方便地查找、访问和共享资源。分组是按用户对网络的访问需求将所有用户分成逻辑上的若干组。用户基于用户组获得必要的资源访问许可和权限。用户和用户组之间的关系是：

- 一对一，某个用户可以是某个组的唯一成员。
- 多对一，多个用户可以是某个唯一组的成员，不归属其他用户组。
- 一对多：某个用户可以是多个组的成员。
- 多对多：多个用户对应多个组，并且几个用户可以是归属相同的组。

建立用户组的主要目的是为了管理方便。

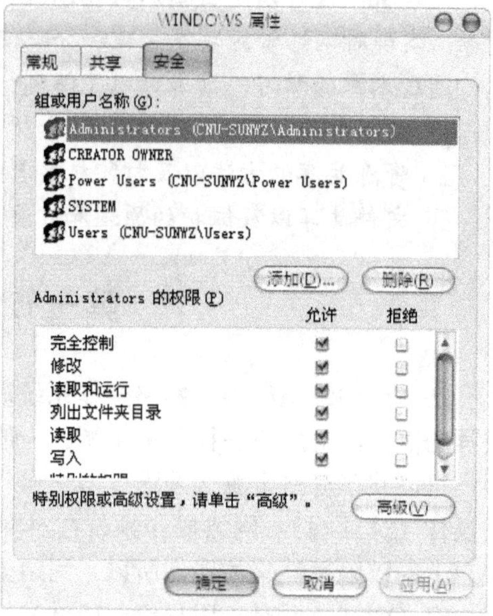

图 4-1　用户和用户组的权限管理

例如，Windows 系统中，对用户权限和许可的控制是在文件或文件夹的安全选项卡中设定的，如图 4-1 所示，在“组或用户名称”中可以添加对此文件夹享有权限的用户或者组。

下面举例说明用户组管理的便捷和高效。

假设一个计算机信息系统的管理员，在某个文件服务器上建立了一个共享文件夹，用来放置一些开发部的专用文档，在授权时，可以采用以下两种方法：

1）在安全属性页中一个一个地添加开发部的相关人员并配置相应的权限。

2）在域控制器中创建开发部的组（内含相关开发部人员），在安全属性页中添加开发部组。

如果开发部又增加了多位员工并需要共享上述文档，那么，当选择第一种方法时，管理员就需要在用户中添加这几位新员工（一般该工作由人事部门完成），或者在系统中找到这几位新员工，然后，系统管理员再将开发部的权限逐个赋予相关人员；第二种方法，人事部门或管理员在添加新员工时，只需要指定他们的组为开发部就可以了，相应的权限通过安全属性页自动赋予而无须再修改。而当某员工调离开发部，那么，只需管理员将该人员的“组”的属性调整到相应的组（例如销售部）即可，该人员相应的权限立即随组变更；当该人员离职时，需要立即注销该用户，其所有权限立即失去。所以，当每个“组”都有很多文件和文件夹需要共享时，使用“组”管理的好处就体现出来了。

在网络系统中，一个用户组可以是某个计算机的安全数据库的一部分，称为本地用户组（本地组），若是整个网络的安全数据库的一部分，则称为全局用户组（全局组）或通用用户组（通用组）。本地组只在一个节点主机的范围内有效。

很多时候“本地组”被认为是“域本地组”的简称，但是两者的含义是不同的。本地计算机上可以创建属于本机的组（仅在这台计算机上工作）。“本地组”的成员可以来自本地计算机或者所有的可信任域（所谓可信任域是指来自该域的用户和用户组是可以允许被加入到本域的）。“本地组”存储在本地计算机中，操作对象是本机。而“域本地组”存储在域控制器上，操作对象是域。前者是用户管理，后者是权限管理。前者的管理更为严格，权限也更多。当使用域账户登录域中任意一台计算机后，默认情况下是普通的 Users 组权限，如果要提升成管理员权限，需要把这个域账户添加到本地计算机的 Administrators 组中。也就是说，要成为管理员权限，则一定要严格要求加入到“本地组”中。

全局组成员来自于同一域的用户账户或其他全局组。也就是说能够添加到全局组的成员可以是本域的成员或者其他全局组（全局组可以嵌套）。如果在上海的域中创建了全局组 A，那么能添加到 A 中的人只能是上海域中的成员或者是其他的可信任域，如北京或深圳的全局组。全局组也是权限管理，如图 4-2 所示。

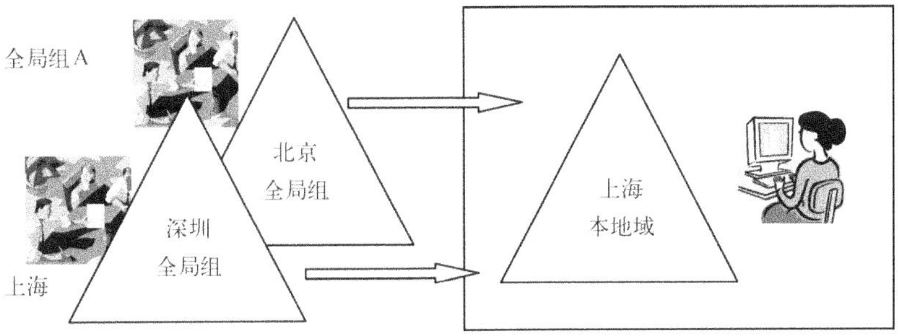

图 4-2　全局组的概念

通用组成员来自任何可信任的域中的用户账户、全局组和其他的通用组（通用组也可以嵌套）。但是通用组的成员不是保存在各自的域控制器上，而是保存在全局编录中，所以可以作为用户管理，当发生变化时能够全局复制。

为便于理解权限管理，这里介绍几个相关的概念。

1）域。域是一组计算机构成的逻辑组织单元，管理员通过它对网络上的计算机系统进行边界管理。域成员中的计算机有域控制器，域成员服务器和域成员计算机三种（可以是一台或多台物理服务器）。当在该服务器上存放了包含域的所有信息的域数据库时称为域控制器。

2）树。由多个“域”可以组成“域树”，简称“树”。共享同样表结构和权限配置的一些“域”，形成一个连续的名字空间称为“树”。“树”中的“域”通过信任关系连接在一起。多个相关的“树”可以组成一个“林”。

3）林。多个“树”组成了“林”。

根据上述概念，对权限的管理归纳总结如下：

- 全局组：用户来自于本域，权限适用于全林。
- 通用组：用户来自于全林，权限适用于全林。
- 域本地组：用户来自于全林，权限适用于本域。

因为只有域本地组专用于在本地赋予权限，所以，一般域本地组总是最后被应用。

为便于理解，下面举例说明上述各概念的关系。

华北大学位于北京，拥有 3000 名员工和 10000 名学生，有自己的域，在互联网上域名为 HBU.edu。同时，华北大学在深圳有一个分校，独立运行，因此创建了子域 sz.HBU.edu，二者从而形成了树。随着计算机学科的发展，华北大学又在成都成立了独立的软件学院，软件学院的域为 SWC.edu，这样，华北大学、深圳分校和软件学院组成了“林”。为共享资源，三者之间建立了信任关系，以便能够相互访问资源。逻辑结构如图 4-3 所示。

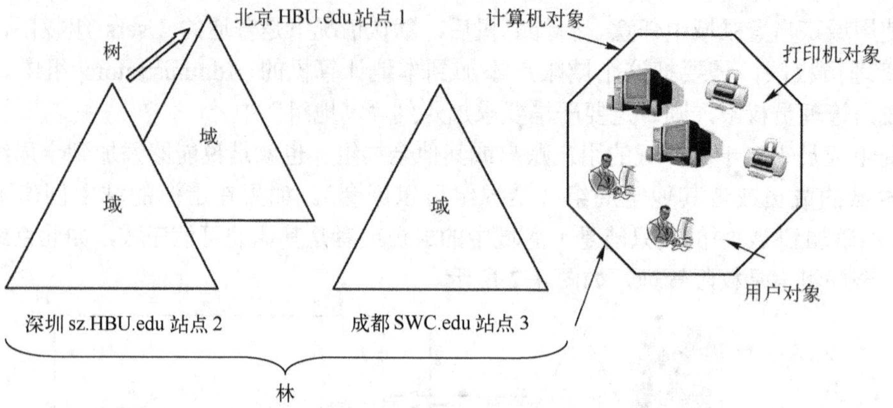

图 4-3　林、树和域的关系

由于毕业生多，工作人员少，软件学院在毕业生审核时需要临时从北京、深圳抽调 4 个人支援，由于学生的学习信息是重要信息，安全性要求比较高，所以，所有资料仅允许教务部门的人访问。于是，从方便管理出发，软件学院的管理员为本院教务部门创建了一个域本地组 chengducheckgroup，并在服务器上赋予该组审核学生资料的权限（这种策略的简写就是 A-DL-P，Account Domain LocalPermission，即 ADLP）。域本地组的成员由人事部门添加（例如教务处的赵老师和王老师）。然后深圳和北京的管理员分别创建一个全局组 beijingassistgroup 和 shenzhenassistgroup 全局组，并将协助成都的 4 个人分别加入到上述组中（例如北京将李老师、蒋老师和孙老师加入；深圳将朱老师加入）。（这就是 A-G，Account Global，即 AG），当需要开通协助时，成都的管理员将 beijingassistgroup 和 shenzhenassistgroup 全局组加入到本地组 chengducheckgroup 中即可完成权限的添加，而不需要关心到底是哪些人来支持教务处的审核工作。对于学生学习信息数据库来说，它感觉自己没有变化，因为自己始终都是允许被本地组 chengducheckgroup 访问，并没有发生变化（这就是 AGDLP 的使用）。如图 4-4 所示。

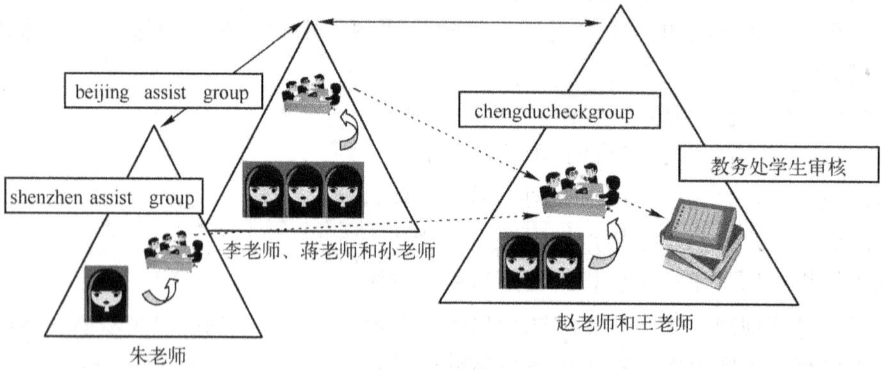

图 4-4　AGDLP 关系

不使用 AGDLP 策略的时候，我们也可以实现这个功能，就是直接把用户账户添加到成都教务处本地组的访问控制列表中，如图 4-5 所示。

图 4-5 中，每条线代表一次操作，很显然，当出现变更的时候，不使用 AGDLP 的情况会给管理带来更多的工作量，因为每次改动都会带来目标权限的重新设置。

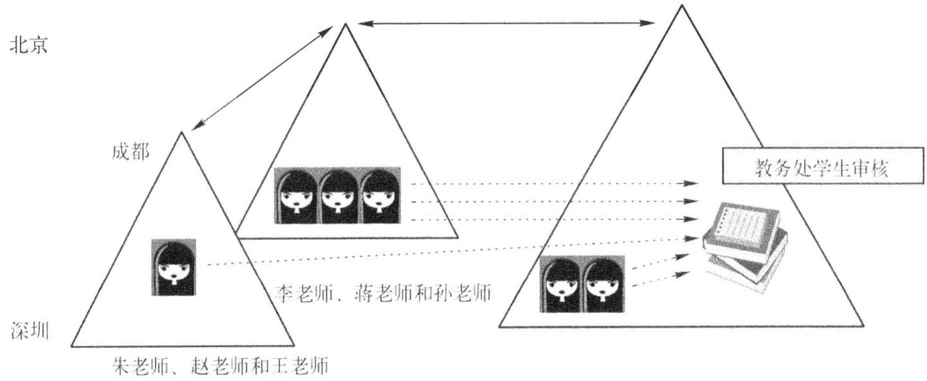

图 4-5　直接访问

如果有更多的域，有更多的全局组，那么上述方法的管理工作量也很大，此时可以推荐使用 AGUDLP（Account Global Universal Domain Local Permission），即在每个域中分别创建了全局组后，应用通用组来管理全局组，最后把通用组加入到域本地组，再进行权限的设置。如图 4-6 所示。

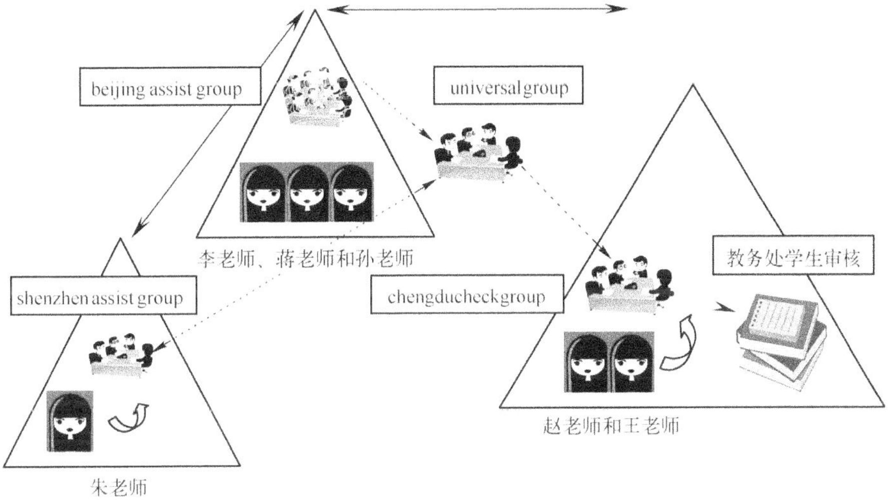

图 4-6　AGUDLP

由于通用组的用户成员来自于全林，而且它的信息是存储在全局编录中的，全局编录的数据量很大，任何的变化都会导致全林复制，这个复制的网络流量会很大，同时，由于网络延迟或网络阻塞的关系，这个全局编录的同步更新是有时差的，可能会出现时差漏洞。

通常，在全局编录中一般存储一些不太经常发生变化的信息，减轻网络负担。由于用户账户是会经常发生变化的，所以，不要直接添加用户账户到通用组，而是先添加账户到全局组，然后再把这些相对稳定的全局组添加到通用组，这样在管理上更加符合逻辑。

为了管理方便，网络操作系统会预先设置好一部分用户组，并分配好了这些组特定的权限和许可，这样管理员无须授予用户管理特权就可以委派其某些任务，这样的用户组称为内置组。以 Windows 为例，它提供的部分内置组和权限如表 4-1 所示。

表 4-1 内置组及权限

内置普通组		
Administrators	管理员组	对计算机/域有不受限制的完全访问权，只有受信任的人员才可成为该组的成员
Power Users	高级用户组	可以执行除了为 Administrators 组保留的任务外的其他任何操作系统任务，这个组的权限是仅次于 Administrators
Backup Operators	备份组	不论它们是否有权访问这台计算机中的文件夹或文件，都可以备份与还原这些文件夹与文件
Replicator	复制组	复制组使其成员只能登录到工作站的复制员服务。复制是把文件和目录从服务器拷贝到工作站使多台计算机上有相同的文件的过程
Network Configuration Operators	网络配置组	该组内的用户可以在客户端执行一般的网络设置任务，但是不可以安装/删除驱动程序与服务，也不可以执行与网络服务器设置有关的任务
Remote Desktop Users	远程桌面组	该组的成员可以利用终端服务器通过远程登录计算机
Users	普通用户组	这个组的用户无法进行有意或无意的改动，用户可以运行经过验证的应用程序。Users 组是最安全的组，Users 可以关闭工作站，但不能关闭服务器
Guests	来宾组	来宾跟普通 Users 的成员有同等访问权，但来宾账户的限制更多，该组是供没有用户账户，但是需要访问本地计算机内资源的用户使用
内置特殊组		
Everyone	所有的用户	这个计算机上的所有用户都属于这个组
Authenticated Users	许可的用户	任何一个利用有效的用户账户连接的用户都属于这个组
Interactive	交互组	任何在本地登录的用户都属于这个组
Creator Owner	拥有者	文件夹、文件或打印文件等资源的创建者
Anonymous Logon	匿名组	任何未利用有效的 Windows Server 2003 账户连接的用户，都属于这个组

其实还有一个组也很常见，它拥有比 Administrators 还高的权限，但是这个组不允许任何用户的加入，在查看用户组的时候，它也不会被显示出来，它就是 System 组。系统和系统级的服务正常运行所需要的权限都是靠它赋予的。该组只有一个用户——System。

如果某台计算机已经加入域，则域的 Domain Admins 会自动地加入到该计算机的 Administrators 组内。也就是说，域上的系统管理员在这台计算机上也具备着系统管理员的权限。

二、共享资源管理

若要使用网络上的软硬件资源，必须首先要了解资源的种类和数量。共享资源管理的首要任务是确保服务器能够安全而有选择地将可以共享的资源进行发布，并确保其能在网络上方便地被查找。不同的网络操作系统有不同的发布机制。例如，Windows 是通过活动目录（Active Directory）来对共享资源进行管理的。

对于共享资源，一般有以下几种。

1）硬件资源。硬件资源是网络资源中最直观的资源，其中包括处理机、存储器、打印机、扫描仪、调制解调器等各种设备，可以由管理员赋予用户适当的权限来使用。而打印机是最经常、最普遍共享的硬件资源，它的共享可以实现网络打印。随着虚拟化的发展，运算能力、存储空间和网络带宽也被当作硬件资源用来进行共享。

2）文件和目录。一般不把文件和其所在的目录直接当作网络资源共享（考虑安全风险）。然而，由于用户经常要访问它们，并且每个用户对文件有不同的访问需求。因此，网络操作系统提供了对目录和文件分级访问控制的能力。通常，按用户对文件访问的需求将其分配到相应的用户组，然后再给该用户组分配适当的文件和目录的访问权限。

硬盘作为存储的主要载体既是一个硬件设备，又是文件系统和目录的所在之处，所以，一般不将硬盘作为一个设备单独拿出来共享，而是以文件卷（Volume）的形式出现，或者只以文件夹即目录（Directory）的形式出现。

第二节　硬件资源共享

一、以虚拟设备方式实现硬件资源共享

在网络环境中，用户除了使用本地资源外，还可以通过网络使用其他计算机（服务器）上的资源。在资源使用的过程中，对于用户来说，不需要知道资源的位置，而对于共享资源来说，也不需要知道用户的位置，双方都是透明的，用户只要了解到网络中有自己所需要的资源，并且有资源的使用权限，就可以使用该资源。从这个意义上来说，同一资源可以被多个用户使用，因此称为“资源共享”。由于用户和资源双方都是透明的，所以，资源对用户来讲呈现的是虚拟设备的形式，也就是说，系统呈现的设备不一定都在本地物理可见。

资源共享极大地方便了用户，也有效地利用了资源，减少了资源的浪费。通过计算机网络，不仅可以使用近距离的网络资源，还可以访问远程网络上的资源。用户可以使用远程的打印机、远程的 CD-ROM 及远程的摄像机等硬件资源。

硬件资源共享主要是指计算机中的各种硬件设备的共享，例如光驱、摄像头、读卡器等（打印机和硬盘比较特殊，另文说明）。这种方式节约了网络用户的硬件投入费用。硬件资源共享中，对光驱的共享可以减少工作站光驱的配置。拥有光驱的节点主机通过共享可以在网络中供其他没有该设备的用户所使用。

在网络系统中，客户机一般都有自己的外存储设备（一般是硬盘），但外存储设备不论容量有多大，都有一定的限度，有时需要使用远程外存储设备的存储空间。另外，在组建无盘工作站的网络中，必须将部分服务器外存储设备设置为共享。外存储设备设置为共享以后，不论网络用户在何处登入网络，只要有访问权限，就可以使用该外存储设备。而此外存储设备可以是单一的硬盘，也可以是廉价磁盘阵列（Raid 阵列），也可以是后备磁带库，也可以是云存储等，总之并不局限于某个具体的硬件。大部分网络操作系统在提供外存储服务时是以文件卷的形式出现的，Windows 系统直观上是个盘符，因此，人们有时也习惯称为硬盘共享。

这种外存储设备共享时一般只将存储空间按一定的配额分配给用户，用户相互之间不能互访（未授权时）。用户通常会将分配到的存储空间按文件卷的形式挂载到某个文件系统上，一般只有创建者本人可以读写（分配给用户存储空间的管理员很多情况下也有权读写）。它们的关系如图 4-7 所示。

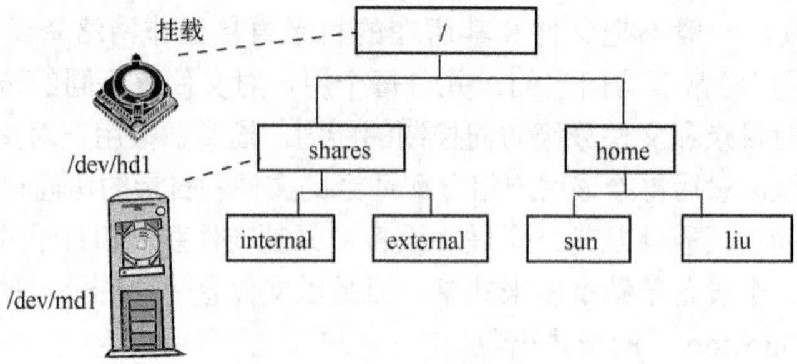

图 4-7　文件系统挂载

二、以文件服务方式实现硬件资源共享

以文件服务方式实现硬件资源共享实际上是指基于硬盘的文件系统共享。由于简单的外存储设备共享必须给每个用户分配单独的存储空间，对于存放在硬盘上需要共同访问的数据库，代码等难以以硬件共享的方法实现。而对数据和代码的共享，更多是基于文件系统的一种访问控制，例如“互斥”。所以，建立共同的文件管理机制和权限分配方法便成为必须。

文件服务方式的共享，由管理员创建好文件卷，允许用户将文件存入文件服务器的文件系统中。同时提供对文件创建、打开、读写、修改、删除、关闭以及撤销等操作功能。用户按照系统提供的这些文件操作功能对文件进行访问，至于文件的存储方式、格式和互斥操作等均不必关心，感觉是自己独享该文件一样。

但是，由于存在文件共享，对文件的访问必然会有冲突，如何解决此问题关系到文件共享能否实现的关键，这与所用到的文件共享管理方式有关。

文件服务方式实现硬件资源共享的示意图如图 4-8 所示。计算机 B 的 audio 的目录以及以下的子目录通过网络共享可以被计算机 A 中的 system 用户共享。

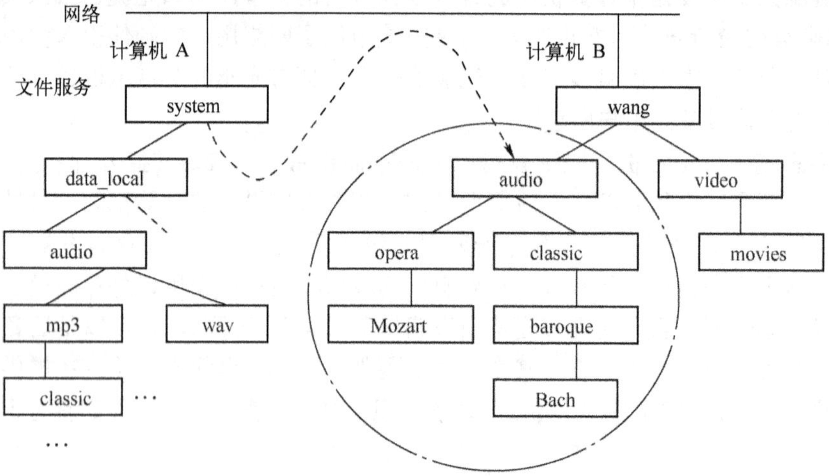

图 4-8　文件服务方式实现硬件资源共享

三、打印机共享

打印机是计算机的外部设备。在网络操作系统中，打印机指物理打印设备的逻辑代表而

非物理打印机设备本身。当使用网络打印机时，系统先将打印作业通过计算机重定向到打印服务器上，所谓打印服务器对用户来讲即是一台虚拟的打印机。对系统来讲就是一个用户和物理打印机的中介。打印服务器利用 SPOOLing（假脱机技术）暂存用户的打印作业。当物理打印机空闲时，打印服务器按先来先服务的队列将文本或图形输出到物理打印机上成为纸介材料。

所谓 SPOOLing 系统也就是外部设备在线同时操作（Simultaneously Peripheril Operating On Line，SPOOLing），也称为假脱机系统。共享打印机的 SPOOLing 技术会在服务器的共享硬盘上建立打印缓冲区，称为输出井，为管理和使用这个缓冲区，SPOOLing 系统会在系统中设置输入进程和输出进程，在内存中也开辟有相应的打印缓冲区。当服务器接收到用户发来的打印请求时，经过操作系统的安全系统对用户身份及口令的核对后，便提交给 SPOOLing 系统的输入进程，由它申请磁盘输出井中的空闲块，将用户的打印信息装入到申请的空闲块中，并为用户填写一个用户请求表，打印数据接收完毕后，将该表排到打印请求队列的末尾，接着输入进程等待下一个用户的打印申请。对 SPOOLing 系统的输出进程而言，当打印设备（物理）空闲时，输出进程从请求队列摘下第一个请求表，同时将输出井中的数据块信息拷入内存缓冲区，按照请求表中的要求进行打印输出。打印完成后，继续从请求队列中取出队首的请求表，接着进行打印，直到请求队列为空。宏观上，每个用户随时都能发出打印请求，并能得到响应，好像有一台打印机为自己服务；微观上，一台物理打印机分时地为各个用户服务，因此，一台物理打印机虚拟为多台逻辑打印机。打印机共享的原理如图 4-9 所示。

图 4-9　打印机共享

打印机共享的过程就是将网络中的打印机设置为共享，以供所有有使用权限的用户使用。共享打印机所在的节点主机通常是拥有物理打印机的主机并提供打印服务，它可以将网络上传送过来的打印请求实际打印输出。通常，在使用网络打印机时，用户可以不必考虑打印机所处的位置，也不必考虑自己从何处上网。

在网络中，不仅服务器上的打印机也可设置为共享，客户机上的打印机也可设置为共享（临时变身为服务器为其他用户服务）。可以在客户机上创建打印机共享服务，用户可将客户机配置成打印服务器，从而为用户服务。由于打印机共享的需求较多，共享的价值较大，所以，可以将打印服务器的软件固化并配置到一些小型的嵌入式设备上，成为专门的打印服务器外设；或者直接将相关软硬件安装到打印机内部，使得打印机成为具有共享功能的网络打印机。

共享打印机具有以下几种功能：

1）支持多个用户同时打印。在网络上的用户随时输出要打印的信息到打印机（指打印机的逻辑代表）上，打印信息首先送至打印服务器的输出井，然后逐个打印输出。

2）建立连接和拆除连接。在共享打印前，首先要建立客户机和共享打印机之间的连接。建立了连接之后，远程用户就可以像使用本地打印机一样使用网络共享打印机。打印完后，或不需要打印时拆除客户机与打印机的共享连接。

3）连接多台打印机作为共享打印机。网络中若有多台共享打印机，可以将它们都连接到客户机，这些共享打印机可以是类型相同的，也可以是类型不同的。配有独立的打印服务器。

4）提供多种多样的打印方式。在目前的网络操作系统中，通常采用两种共享打印方式，一种是专用服务器方式；另一种是分布方式。

- 专用服务器方式。设置专门的打印服务器，配置共享打印软件，网络操作系统为用户提供共享打印服务，这是系统常用的方法。
- 分布方式。网络中连接有物理打印设备的计算机各自配置一个打印服务程序，将它们自己拥有的打印设备共享给全网用户使用。

上述两种方法无论是哪种，均采用客户/服务器方式，这里的服务器是指为共享打印服务的软件和打印设备整体。

第三节　网络文件和数据的共享

建立一个基于网络的文件管理系统来实现网络文件和数据的共享最为简便。该文件系统能使用户访问网络上别处的文件就像在使用自己的计算机一样。

该文件系统要求有如下特点：

1）提供透明的文件访问以及文件传输方法，用户不必知道文件的具体存放位置。

2）容易扩充新的资源或软件，不需要改变现有的工作环境，兼容性好，可扩展。

3）高性能，文件访问快速高效，可灵活配置和挂载，适用于异构环境。

一、网络文件系统的实现方法

网络文件系统（Network File System）是在普通文件系统基础上，添加网络通信协议而构成的。网络文件系统的应用是通过挂载（mount）和远程过程调用（RPC）实现的，所谓挂载是获取远程机器上的不同文件系统结构并返回所要访问的文件系统的基本参数的过程。这些参数是以后对该远程文件系统进行操作的基础。网络文件系统的底层是表示层协议（Presentation Layer Protocol，PLP）。在应用上是基于 UDP/IP，拥有指定的端口号 2049。其实现主要是采用远程过程调用（RPC）机制，RPC 提供了一组与计算机硬件、操作系统以及低层传送协议无关的存取远程文件的操作，如读、写。

二、网络文件和数据的共享方式

在网络环境下，可以采用数据移动和计算移动两个方式实现文件和数据的共享。

1．数据移动文件共享

当一个系统 A 处理数据时，希望使用另一个系统 B 的数据或文件时，可以采用如下方式传送数据：

1）将整个数据文件从 B 传送到 A，A 用户以使用本地文件的方式访问该文件。访问结束后，若文件被修改了，再将文件送回 B。这种方法适合于系统 A 访问 B 的整个文件或其大部分文件的情况。

2）只传送用户需要的部分，如果以后用户还需要其他的部分内容，再传送另一部分。访问结束后，把被修改的部分回传系统 B。这种方法适合于访问传送文件中较少部分内容的情况。

不管是全部还是部分使用，由于文件从 B 传输到 A 以后，A 和 B 之间存在两份文件（部分）副本，需要有一种机制保证文件的同步，即一致性。

2. 计算移动文件共享

当计算相对简单，而计算需要的数据量较大，且计算过程和数据分处异地时，采用计算移动相对简便些。例如节点 B 有大量数据需要处理，而处理的算法程序需要从另一个节点 A 上获得。此时，则可将系统 A 的"计算进程"传送到系统 B，系统 B 处理结束后，将结果返回 A。计算移动有两种方法：

1）采用远程过程调用的方法。由系统 B 通过远程过程调用的方式，调用系统 A 中的相应计算过程，用该过程对数据进行适当处理，处理完成后将处理结果返回系统 A。如图 4-10a 所示。

2）系统 B 向系统 A 发送一个报文，请求系统 A 作指定的加工处理；系统 A 接收到报文后，产生进程执行该请求，一般会将计算进程发送到 B 对系统 B 的数据进行加工；当进程完成任务后返回，并将结果以报文的形式回送系统 A。如图 4-10b 所示。

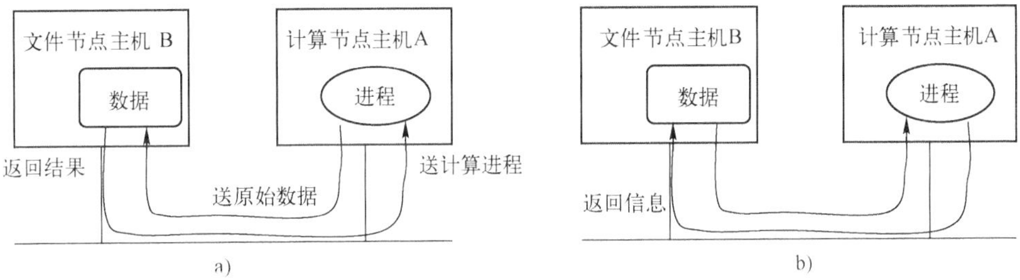

图 4-10　文件和数据共享

a) 数据移动　b) 计算移动

第四节　网络资源共享

一旦网络工作站上配置了所需要的服务、协议和网络适配器，就可以利用集成在网络操作系统中的命令和工具在网络上共享资源。

实现网络上的资源共享，需要合法的用户资格。通常，用户在某一个计算机（服务器或工作站）上注册用户，并加入到相关的组或域中。该计算机会将用户信息发送到管理计算机（或域控制器）上（可以是本地管理或是集中管理，请参阅本章第一节第一小节），由管理计算机决定该用户对资源的访问权限。例如，在一个工作组的环境中，注册的计算机根据本地安全文件验证用户名和密码。在域环境中，域控制器根据域安全文件验证用户名和密码。

当用户成功登录到工作组和域以后，用户可以通过网络接口访问共享资源。也可以在命令行下发出命令或者在命令行环境下运行批处理命令来访问所需要的网络资源。在网络资源中，常用的是文件共享（数值数据或字符数据），因此对于文件的目录的管理尤为重要。

一、访问共享目录

在网络操作系统环境下，对每一个文件可以设置共享权限。对同一组的每一个文件均设置权限其工作量会很大，所以，可以将该组文件放置在一个目录下，将这个目录设置成共享，并且可以隐含着该目录下的所有子目录也可以共享。这种权属关系可以较简单地保证被许可的用户对文件的操作。图 4-11 很好地说明了目录共享的关系。允许某用户 A 共享根目录，那么根目录下所有的目录将被隐含地允许该用户访问。用户 B 共享目录\shares，则只能访问\shares 以下的所有目录而不能访问\home，用户 C 共享目录\shares\internal，则只能访问\shares\internal 以下的所有目录而不能访问\external。这里需要说明一点，不同的操作系统对共享目录的管理稍有差异，UNIX 系统一般将软硬件设备对象以文件或目录的形式出现，如图 4-11 所示。而 Windows 系统在根目录上一般是以盘符出现，称为文件卷，如图 4-12 所示。共享的文件夹图标也不同。

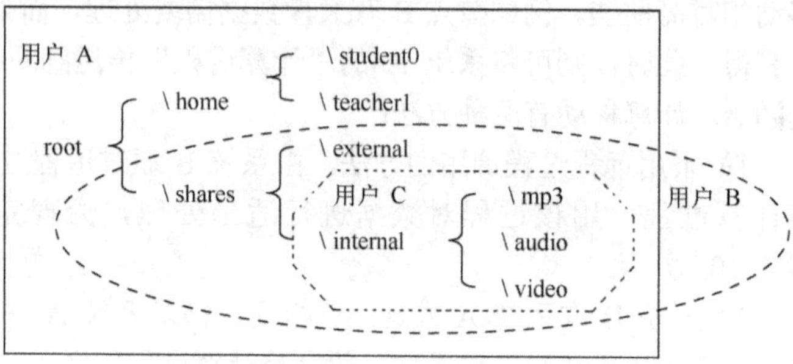

图 4-11　共享权限分配

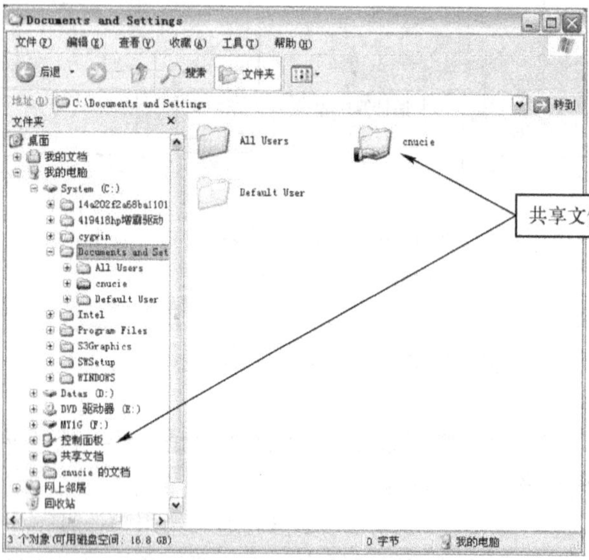

图 4-12　Windows 共享

二、共享文件的属性

操作系统通过对目录的共享设置可以实现对文件的共享限制，也可以直接对文件的共享属性进行设置，以控制对其的访问。文件的属性有很多，例如 UNIX 涉及共享的文件属性主要有三项，读取、写入和运行。对访问者的权限分配可以是文件的拥有者，同一工作组的成员和其他人。如表 4-2 所示。

表 4-2　文件共享属性

文件类型	文件拥有者			同组成员			其他人		
	读	写	运行	读	写	运行	读	写	运行
-	r	w	x	r	w	x	r	w	x

三、共享的基本原理

网络文件和数据的共享大大缩短了时间、空间的差异。用户可以通过网络获取需要的数据，还可以提供数据给别人。

Windows 下文件和数据的共享大多数是通过 NetBIOS 和 Windows 操作系统下的 445 号端口实现的，而在 UNIX 操作系统的网络文件系统中是通过 2049 端口实现的。这些服务允许文件通过网络共享。文件的拥有者和管理员使用这些服务来使他们的文件系统具有可读性和可写性，以此来提高数据访问的便捷性。

第五节　共享的安全性

为了便于信息的传输和交流，网络系统会将必要的硬件或文件设置为共享，某些用户也会将自己的文件目录设为共享。不容置疑，资源共享确实给我们带来了不小的便利，可是除了便利之外，我们也时刻遭受到因共享而引起的潜在安全威胁。某些合法的或非法的用户借助各种扫描工具，利用操作系统共享的漏洞，对服务器或局域网进行攻击，以获取信息资料。因此，为保证资源共享的安全实现，网络系统在不同层面上进行了安全设置。

一、权限设置

网络系统中要保证一台服务器的安全，一般要对用户进行权限配置。能够进行权限配置的网络操作系统一定是一个支持多用户、多任务的系统，这是权限配置的基础。一切权限配置都是基于用户和进程而言的，不同的用户在访问计算机时，将会有不同的权限。

网络操作系统中，用户被分成许多组，组和组之间都有不同的权限，当然，一个组的用户和用户之间也可以有不同的权限。可以参阅本章第一节第一小节中不同的用户和用户组的概念。

用户的权限是有高低的，有高权限的用户可以对低权限的用户进行操作，但除了系统管理员或超级用户之外，其他组的用户不能访问文件卷上的其他用户资料，除非他们获得了这些用户的授权。而低权限的用户无法对高权限的用户进行任何操作。

我们平常使用计算机的过程当中不会感觉到有权限在阻挠你去做某件事情，这是因为我们在使用计算机的时候大部分都是用管理员身份登录的。这样有利也有弊，有利之处是你能以此身份去做你想做的任何一件事情而不会遇到权限的限制。弊端是以管理员身份运行计算机将使系统容易受到其他安全风险的威胁，包括本身的误操作。

由于管理员或超级用户可以做任何事情，因此为防止恶意用户尝试进入并访问该账户，一般情况下将这个拥有超级权限的用户更改其账户名称并将其进行隐藏，或使用强密码保护。对于 Windows 操作系统来说，由于管理员不能被删除，所以更改名称更为常用，以使得攻击者攻击困难。而 UNIX 操作系统的超级用户名不能更改，便采用强密码保护的方式。

对不同用户的权限，在 Windows 系统下是通过对目录的共享设置来实现的。Windows 操作系统只有在 NTFS 文件卷下可以设置目录权限，FAT 格式由于比较简单，任何操作系统均不能设置复杂的权限。

以下是一个在 Windows 下设置权限的实例。

在图形界面下，我们用右键单击一个 NTFS 卷或 NTFS 卷下的一个目录，选择“属性”“安全”就可以对一个卷，或者一个卷下面的目录进行权限设置。此时我们会看到以下七种权限：完全控制、修改、读取和运行、列出文件夹目录、读取、写入、特别的权限。“完全控制”就是对此卷或目录拥有不受限制的完全访问。地位就像管理员在所有组中的地位一样。选中了“完全控制”，下面的五项属性将被自动被选中。选中了“修改”，下面的四项属性将被自动被选中。下面的任何一项没有被选中时，“修改”条件将不再成立。“读取和运行”就是允许读取和运行在这个卷或目录下的任何文件，“列出文件夹目录”和“读取”是“读取和运行”的必要条件。“列出文件夹目录”是指只能浏览该卷或目录下的子目录，不能读取，也不能运行。“读取”是能够读取该卷或目录下的数据。“写入”就是能往该卷或目录下写入数据。而“特别”则是对以上的六种权限进行了细分。如图 4-13 所示。

UNIX 采用一种更为简单的方式设置权限，通过一个位示图表，分别许可文件或目录的拥有者，同组成员或其他人员的读取，写入和运行权限。

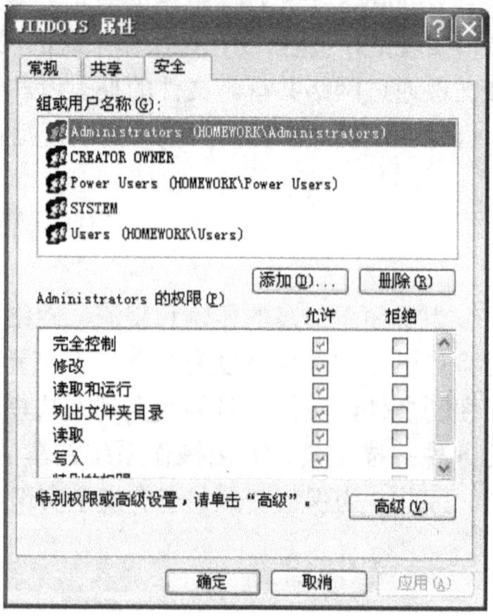

图 4-13 Windows 用户权限设置

二、密码保护

对用户的登录，或者对受限文件的访问，最简单的方式是采用密码保护。密码保护可以保证大部分系统的安全登录或受限访问，但是，若是更重要的系统则需要借助其他方式，例如生物指纹或虹膜等。密码如果简单，则容易被破译。复杂密码增加了破译的难度，但是也使得用户难以记忆。但这也不完全防得住恶意的攻击，只是一定程度上较为难破解。如果再定期更换这样的复杂密码，那么破译的难度就更大。

网络操作系统在系统中保存着一份密码表，用户登录时将用户输入的密码与密码表相比对，匹配的就通过，不匹配就拒绝。但是，密码表的失窃或被恶意上级管理员滥用也会造成用户利益的损失。因此，一般系统会将用户的用户账号和密码文件进行加密后存放，并且增加其破译的难度。例如，Linux 系统就将密码存放在/etc/passwd/中，为避免泄密，一般做成影子文件/ect/shadow，加密以后的数据一般难以破译。

密码保护不是万能的。密码保护要做的只是利用密码增加攻击者的破译难度，使其付出巨大的时间成本，从而阻止其进入。

三、共享访问的限制

网络操作系统对共享访问的限制是通过用户权限和文件访问控制列表（Access Control List）来实现的，简称 ACL 列表。通过设置不同的账户，分别给予不用的权限，即设置 ACL 来规划目录和卷的共享情况，以达到限制用户访问的目的。当完成某个操作所使用的程序处于程序集合中时，用户才被授权访问受保护资源以执行指定操作。如果在程序集合外，那么访问会被拒绝。

共享访问一般要经过三重限制。

1．操作系统限制

用户访问共享资源一般需要服务器认可，而服务器软件认可的用户一般也必须是域中的一个用户或者是本地组认可的用户。所以操作系统是服务的安全基础，服务所允许的共享权限必须满足操作系统对用户、文件的安全要求。

2．身份认证

只有合法的用户才能访问共享资源。对用户的访问设有多种安全等级，除匿名登录不需要身份认证外，其他情况都要求用户访问时提供用户名（或账户）和密码进行认证才能访问共享资源。

3．共享资源的访问控制

通过身份认证成为合法用户后，对其共享资源的访问要受到访问权限的限制，对共享资源的访问控制体现在配置文件上。例如：通过设置读写方式进行访问控制，通过控制主机地址来进行访问控制，通过控制用户名来进行访问控制。

无论使用什么程序，所有其他未授权的用户均被拒绝访问受保护资源。同时要确保访问不被无意地授权给某个不应该获得该授权的用户。而涉及读取之外操作的访问将受 ACL 中的 ACL 条目控制。

第六节　文 件 映 射

随着计算机应用的发展，应用程序间能够通信和共享数据，任何一个应用程序不再单独满足所有用户的期望，协作和通信显得越来越重要。文件映射和共享内存作为共享大量数据的方法被广泛应用。

一、文件映射的概念

文件映射是文件的内容复制到进程虚拟地址空间中。因此，文件映射能使进程把文件内容作为进程地址区间的一块内存来对待，不需要使用文件的输入、输出操作，进程可以使用简单的指针操作检查和修改文件的内容。通过系统调用的方法实现。

通常有三种方法可供一个进程与另一个进程共享某个文件映射对象。

1）继承：父进程建立文件映射对象，再创建子进程并允许子进程继承。

2）命名文件映射：第一个进程用一个默认缺省的名字建立文件映射对象。其他进程用这个名字来打开文件映射对象。

3）句柄复制：第一个进程建立文件映射对象，然后把对象的句柄传递给其他进程。

上述三种方法可以将文件通过文件映射的方法来实现共享。对文件映射到共享内存的访问，应该使用互斥的方法，例如通过信号量实现互斥。防止共享数据在多进程共享的环境下被破坏。

文件映射目前只可以用于本地计算机上的进程之间，它不能用于网络上。

二、内存共享

在 Win32 API 中，可以使用文件映射实现进程间共享内存的访问。如果在建立映射对象时指定系统交换文件，该文件一般存放的是进程的数据堆或栈以及其他临时数据，那么，文件映射对象将按共享内存块对待（而实际操作时可能会访问交换分区）。其他进程通过同时打开同一文件映射对象可以访问同一内存块。

由于共享内存是用文件映射实现的，所以目前只能运行于同一台计算机的进程之间。

第七节　云计算平台下的资源共享

云计算平台也称为云平台，云平台是在一定的软硬件基础上，通过网络操作系统的组织管理，为用户提供一系列信息服务的一个计算机集群系统。

云平台包含由一组具有一定运算能力的计算机组成。因此，它所提供的服务均以这些计算机为基础，用户可以申请以得到相关的服务。服务模式主要有三类，IaaS、PaaS 和 SaaS。IaaS 称为基础设施即服务（Infrastructure-as-a-Service），有时候也叫作硬件即服务（Hardware-as-a-Service）。顾名思义，该方式主要提供的是基础硬件资源，用户可以申请这些资源并自我调度、分配和使用。严格意义上 IaaS 无须网络操作系统的管理，只是一种硬件外部托管。PaaS 称为平台即服务（Platform-as-a-Service），也就是除了提供基础硬件资源以外，还提供相应的基础系统软件资源，例如虚拟机、操作系统、数据库和中间件等。这些资源在云平台网络操作系统的统一管理下，按需分配给用户使用，提高了资源的利用率，节省了时间和费用。SaaS 称为软件即服务（Software-as-a-Service）。该系统将常用的应用软件部署在平台上，通过 B/S（浏览器/服务器）模式或 C/S（客户/服务器）模式来使用，它的综合使用成本更低，资源的利用率更高。

关于云平台有许多的文献可以查阅，在此仅对云平台的资源共享进行简单介绍。

一、云平台计算能力的共享

云平台的计算能力通常以 TPC 值来衡量。迄今为止有效的 TPC 基准有 6 类 14 套，老旧的基准已经被淘汰，继续有效的基准也在不断改进。TPC-C 是在线事务处理（OLTP）的基准程序，TPC-E 是作为大型企业（Enterprise）信息服务的基准程序。通常，以 TPC-C 的指标衡量一个云平台的计算能力。

TPC-C 测试规范经过研制并发布使用后，几乎所有为在线事务处理（OLTP）平台提供软硬件的厂商都发布了相应的 TPC-C 测试结果，以表明自己的计算服务能力。用户可以根据自己的需要，申请相应的 TPC-C 的额度。随着计算机技术的不断发展，这些测试结果也在不断刷新。

TPC-C 的测试结果主要有两个指标。

1. 流量指标（Throughput，简称 tpmC）

按照 TPC 的定义，流量指标描述了系统在执行支付（Payment）、订单状态（Order-status）、交付（Delivery）、库存量（Stock-Level）这四种交易的同时，每分钟可以处理多少个新订单（New-Order）交易。所有交易的响应时间必须满足 TPC-C 测试规范的要求。流量指标值越大越好。

2. 性价比（Price/Performance，简称 Price/tpmC）

即测试系统价格（以美元报价）与流量指标的比值。性价比越大越好。

在实际平台提供的服务中，决定系统性能的因素除了硬件、系统软件外，与应用软件的设计也是有很大关系的，虽然 TPC-C 的指标在一定程度上体现了平台的计算服务能力，但是也只能作为一个通用的参考指标。

二、云平台存储容量的共享

云平台的存储能力是指云平台的文件系统能够存放数据的容量，与内存无关。云平台系统中所有存储容量的总和即为云平台的存储能力。云平台的存储能力包括云服务器，存储设备以及远期的扩容能力，具体设备可以是磁盘、磁带、光盘等存储介质。

共享存储使得云平台在分配和调度存储配额的时候更加灵活。用户不必知道数据存放在具体哪一块硬盘，也不必关心还有多少空闲的空间，这些工作都交给云平台的存储管理来完成，而存储管理又是网络操作系统的主要职责之一。系统越大，管理越复杂，有时候网络操作系统会使用专用的存储管理软件来完成用户的需求。

三、云平台网络通信带宽的共享

衡量云平台的网络通信带宽的指标是 IOPS（Input/Output Operations Per Second）。IOPS 是一个用于计算机系统中的硬件设备（如服务器、硬盘、固态硬盘、存储区域网络或云平台）性能测试的测量方式，可以视为系统每秒的读写次数。

IOPS 值可以用应用程序来测量，其数值会随系统配置以及用户数量的多少而有很大的不同。当一个用户申请需要某一带宽的网络资源时，云平台应能及时分配该资源，而当用户空闲时，该网络带宽可以共享给其他用户。

本 章 小 结

网络操作系统的一个重要特点是能对网络上的资源进行共享管理。

本章重点介绍了网络操作系统对计算机网络中的软硬件资源进行管理，并将其分配给有权限的用户使用。共享关系中，首先要确定的是用户的权限。分组管理是网络操作系统对用户管理的实用而具体的方式。对资源的共享可以是以虚拟设备的形式实现硬件资源共享，或以文件服务的形式实现共享。打印机是较特殊的硬件，可以实现输出设备的共享。相对于硬件共享，文件和数据的共享更加普遍，可以通过数据移动和计算移动的方式实现共享。网络资源共享极大地提高了文件和数据的使用效率，但是其安全问题需要特别考虑，可以通过设置权限或设置密码的方式进行保护，必要的时候可以通过 ACL 列表限制部分用户的访问。最后，简单介绍了文件映射的概念。以及评价云平台资源共享性能的几个指标参数。

通过本章的学习，读者能够了解网络操作系统的共享原理和共享的基本概念。了解共享权限的关系以及设置，掌握共享文件和数据的基本方法。

自 测 习 题

一、选择题

1．通常在网络层面组织用户的组称为（　　）。

A．本地用户组　　B．全局用户组

C．内置用户组　　D．特权用户组

2．建立用户组的主要目的是（　　）。

A．管理方便　　B．操作系统需求

C．网络管理必须　　D．避免越权

3．在目前的网络操作系统中，采用两种共享打印方式，一种是客户/服务器方式，另一种方式是（　　）。

A．假脱机技术　　B．重定向

C．对等　　D．打印队列

4．网络文件系统的实现方法有挂载和（　　）。

A．链接　　B．远程过程调用

C．网络通信　　D．共享数据

5．当你想要管理整个域时，你必须是（　　）的管理员。

A．域本地组　　B．系统组

C．高级用户组　　D．匿名组

6．以虚拟设备方式实现硬件共享又称（　　）。

A．设备链接　　B．设备安装

C．设备拷贝　　D．设备挂载

7．以文件服务方式的共享需要资源提供方有（　　）。

A．远程文件访问接口　　B．系统调用接口

C．用户命令接口　　D．管理员权限

8．能与其他计算机共享一台或多台打印机的计算机称为（　　）。

A．打印设备　　B．打印队列

C．网络接口打印机　　D．打印服务器

9．UNIX 共享文件的属性有（　　）。

A．读取、写入和运行　　B．仅读取

C．写入和读取　　D．读取、写入和删除

10．共享的安全性一般通过（　　）和密码保护来实现。

A．禁写　　B．限制访问

C．拒绝访问　　D．权限设置

二、填空题

1．经常用到的内置组一般分为（　　　）、（　　　）、（　　　）和（　　　）。而常用

的内置特殊组为（　　　）和（　　　）。

2．某计算机加入到一个域，在该计算机上存有该域的用户组，那么这个计算机称为（　　　）。这个组称为（　　　）。在这台计算机上还有部分用户组仅可以访问这台计算机，而不能访问域，那么这个组称为（　　　）。

3．由多个域可以组成（　　　），这些域共享同样的表结构和配置，形成一个连续的名字空间。（　　　）中的域通过信任关系连接起来，可以组成一个（　　　）。

4．网络操作系统中，共享打印机可以通过（　　　）的方法实现。

5．网络文件系统是通过（　　　）和（　　　）实现的。

6．网络文件和数据的共享可以通过（　　　）和（　　　）实现，前者适用于（　　　），后者适用于（　　　）。

7．UNIX 文件系统的访问权限分配一般分为（　　　）、（　　　）和（　　　）。

8．共享访问一般要经过三重限制，分别为（　　　）、（　　　）和（　　　）。

三、应用题

1．新来的员工被分配到开发部工作，后因工作需要经常需要处理上海分公司的售后维修的工作，管理员应该如何来分配该员工的权限？

2．某一个域的管理员在域中的一台客户机上登录，请描述该域如何来识别管理员的身份的整个过程。

3．勘探队通过地震法勘测石油储量，将获得的大量数据进行分析，请问采用何种数据共享方式较为合理？请设计一个数据分析的流程图。

四、思考题

1．何为用户以及用户组？它们之间有什么关系？

2．共享资源如何管理？都有哪些方法？

3．硬件资源共享分为哪几种？如何实现？

4．如何实现打印机的共享？

5．打印服务器为什么要采用 SPOOLing 技术？

6．何为网络文件与数据共享？有什么特点？

7．在网络环境下，可采用哪几种文件和数据的共享方式？

8．为什么要建立网络文件系统？它具备什么样的功能？其实现方式是怎样的？

9．网络共享文件为什么要限制权限？其都有哪些文件属性？

10．如何保证共享的安全？请列出可能的方法。

11．什么是文件映射？如何实现？

12．请调查你周围的计算机用户，请列出三个以上的共享案例。

五、解释下列名词

1．用户组、用户组账号、用户组权限。

2．域、林、树。

3．域控制器，域成员服务器和域成员计算机。

4．本地组、域本地组、全局组、通用组。

5．内置组、内置特殊组。

6．共享资源。

7．打印机、打印服务器、打印设备。

8．SPOOLing 技术（假脱机技术）、输入井和输出井。

9．网络文件系统、挂载。

10．数据移动、计算移动。

11．权限设置、密码保护、访问控制列表。

12．文件映射、继承、文件映射、句柄复制。

第五章　网络操作系统的接口

网络提供给我们更加广大的使用空间，用好网络，使网络发挥其应有的作用是我们研究和建设网络的根本目的。本章主要介绍网络操作系统中应用程序的编程接口。通过本章的学习，读者可以了解到：

1. 应用程序接口的编程使用方法。
2. 套接字在网络通信中的应用（UNIX 和 Windows）。

第一节　应用程序接口概念

网络操作系统中应用程序编程接口称为“网络API”（Application Programming Interface），也称为应用程序接口。应用程序编程接口是一组定义、程序及协议的集合，通过 API 接口可以实现计算机软件之间的相互通信。API 的一个主要功能是提供通用的功能集。程序员通过使用 API 函数开发应用程序。

操作系统的用户接口包括命令输入和系统调用，应用程序接口 API 是完成某一个功能的多个系统调用或命令的组合，其功能是完成某一个特定的操作。用户利用网络操作系统的应用程序接口来进行网络编程，可以简化编程，提高效率。

从网络的开放系统互连参考模型（OSIRM）来看，API 所采用的基本构造技术就是分层使用。虽然不同的网络其分层不尽相同，但在各种不同的网络的各个层次都提供了一些相同或不同的网络服务和协议。各种网络一般都具有较完善的网络服务和较复杂的协议。这些服务和协议的实现细节通常都隐蔽在各层之内。为了便于用户使用网络和开发网络应用程序，各种网络在各个层次上为用户和第三方开发者提供了方便灵活的编程接口。这些接口统称为应用程序编程接口 API。

API 同时也可以看作是一种中间件，为各种不同平台提供数据共享途径。根据单个或分布式平台上不同软件应用程序间的数据共享性能，可以将 API 分为四种类型：

1）远程过程调用（RPC）。远程过程调用通过作用在共享数据缓存区中的进程（或任务）实现程序间的通信。

2）标准查询语言（SQL）。标准查询语言是标准的访问数据的查询语言，通过通用数据库实现应用程序间的数据共享。

3）文件传输。文件传输通过发送结构化文件实现应用程序间数据共享。

4）信息交付。信息交付指松耦合或紧耦合应用程序间的小型结构化信息，通过程序间的直接通信实现数据共享。

从理论上讲，各种网络提供的 API 可以分布在各个层次上。但是实际使用中，一般的网络只在应用层、会话层、传输层和网络层提供接口 API。

大部分 API 可以应用于所有计算机平台和操作系统。这些 API 以不同的格式连接数据

（如共享数据缓存区、数据库结构、结构文件等）。每种数据格式要求以不同的数据命令和参数实现正确的数据通信。

某些商用产品会将 API 作为其公共开放的系统。即产品制定自己的系统接口标准，当需要执行系统整合、自定义和程序应用等操作时，系统所有成员都可以通过该接口标准调用程序代码，该接口标准也被称之为开放式 API。

开放式 API 目前有三种。

1）AT&T 的 UNIX System V，提供 TLI/XTI 接口。

2）伯克利的软件分发系统 BSD，提供 Socket 接口。

3）Microsoft 的 Windows 系列，提供 WinSock 接口。

前两种是 UNIX 操作系统下的接口，第 3 种是 Windows 操作系统环境下的接口。

通常，“TLI/XTI”接口已经不太使用，“Socket”和“WinSock”是特指对应商用系统的具体通信方式，而“套接字”是泛指使用 Socket 和 WinSock 两种方式实现网络中计算节点主机之间的通信接口。

一、TLI/XTI 概述

TLI（Transport Layer Interface）是随 AT&T System V 在 1986 年出现的。TLI 一开始提供了一个传输层接口 API。ISO 传输服务为此定义了其所基于的模型。至今为止，TLI 提供了 OSI 传输层和会话层之间的 API。TLI 接口在 UNIX 的 AT&T System V Release 4 版本中得到了进一步发展，并在 Sun OS 5.6 操作系统接口中得到应用。

XTI（X/Open Transport Interface）接口由 TLI 接口演变而来，由 X/Open 组织维护，代表该系列接口的未来发展方向。使用 XTI 与使用 TLI 接口的应用程序相兼容。新应用程序可以直接使用 XTI 接口，也可以将应用程序移植到 XTI 接口上。

TLI/XTI 是一组函数的集合，它为用户提供传输层接口，包括建立通信连接、管理连接以及传送数据。应用程序利用这些函数实现网络通信、控制网络活动。

1．TLI/XTI 结构

TLI/XTI 把相互通信的两个进程称为端点。TLI/XTI 提供网络通信的低层端点到端点的功能。TLI/XTI 为用户应用进程提供了直接传输的接口，如图 5-1 所示。

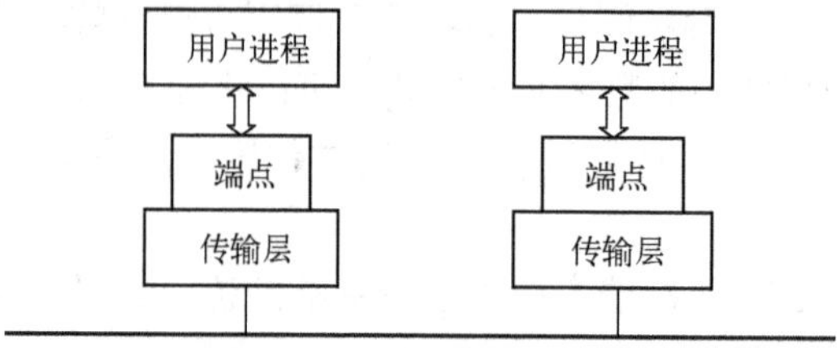

图 5-1　传输端点结构

由于 TLI/XTI 提供了直接传输的接口，所以将数据封装和协议制定留给了用户，具有较多的灵活性，当然也失去了部分通用性。

2．TLI/XTI 实例

TLI/XTI 函数提供了一组在传输者基础上进行对话管理的功能，下面以 TCP 实例来说明其工作方法。

首先来看 TLI/XTI 客户端实例。此程序的目的是利用 TLI/XTI 接口完成客户端向服务器获取日期和时间。下例是一个独立的 TCP 日期时间获取的客户端程序，程序以客户端方式与服务器建立一个 TCP 连接，而服务器则将当前时间以可读的格式传回客户端。

```
---------------------------------------------------------------------- xticli.c
#include    "unpxti.h"
int main(int argc，  char **argv)
{     int    tfd，  n，  flags；
      char  recvline[MAXLINE + 1]；
      struct sockaddr_in servaddr；
      struct t_call tcall；
      struct t_discon tdiscon；
      if(argc != 2)
            err_quit("usage: ./xticli <IPaddress>")；
      tdf = t_open(XTI_TCP，  O_RDWR，  NULL)；
      t_bind(tdf，  NULL，  NULL)；
      bzero(&servaddr，  sizeof(servaddr))；
      servaddr.sin_family = AF_INET；
      servaddr.sin_port = htons(13)；
      inet_pton(AF_INET，  argv[1]，  &servaddr.sin_addr)；
      tcall.addr.maxlen = sizeof(servaddr)；
      tcall.addr.len = sizeof(servaddr)；
      tcall.addr.buf = &servaddr；
      tcall.opt.len = 0；
      tcall.udata.len = 0；
      if(t_connect(tfd，  &tcall，  NULL) < 0){
            if(t_errno == TLOOK){
                  if((n = t_look(tdf)) == T_DISCONNECT){
                        tdiscon.udata.maxlen = 0；
                        t_rcvdis(tfd，  &tdiscon)；
                        errno = tdiscon.reason；
                        err_sys("t_connect error")；
                  }else
                        err_quit("unexpected event after t_connect: %d"，  n)；
            }else
                  err_quit("t_connect error")；
      }
      for( ；  ；  ){
            if((n = t_rcv(tfd，  recvline，  MAXLINE，  &flags))< 0){
                  if(t_errno == TLOOK){
                        if((n = t_look(tfd)) == T_ORDREL){
                              t_rcvrel(tfd) ；
                              break ；
                        }else if (n == T_DISCONNECT){
                              tdiscon.udata.maxlen = 0；
                              t_rcvdis(tfd，  &tdiscon)；
```

```
42                          errno = tdiscon.reason;
43                          err_sys("server terminated prematurely");
44                      }else
45                          err_quit("unexpected event after t_rcv: %d",    n);
46                  }else
47                      err_xti("t_rcv error");
48              }
49              recvline[n] = 0;
50              fputs(recvline,   stdout);
51          }
52          exit(0);
53      }
------------------------------------------------------------------- xticli.c
```

以下是程序的注释和说明：

1：XTI 协议必须用到的头文件。

2：主程序开始。

5：sockaddr_in 网络接口地址的结构体，存放有服务器网络 IP 地址。

6：t_call 结构体，存放的是网络协议以及用户数据缓存地址的指针等。

7：t_discon 断开连接结构体，存放断开原因等数据。

8～9：输入检查。

10～11：t_open 建立 XTI 端点，通过 t_bind 调用选择本地协议，后两项参数为空。

12～20：inet_pton 将网络字节转换为 IPv4 地址；将服务器的 IP 和端口地址赋予 t_call 结构，无选项，无用户数据。

21～32：t_connect 建立网络连接，用的是 TCP 握手协议，三次完成。若连接失败，t_connect 返回 TLOOK，然后调用 t_look 去发现事件对象，若事件是 T_DISCONNECT，则继续调用 t_rcvdis。然后将错误码存放在 errno 中，并用 err_sys 打印出错误信息。

33～51：用 t_rcv 函数从服务器读取数据，并将数据打印成标准输出，直到本次连接结束。

35～46：当 t_rcv 返回一个错误，且当 t_errno 是 TLOOK，则调用 t_look 去发现端点的事件对象，若事件是 T_ORDREL，则继续调用 t_rcvrel；否则，若是 T_DISCONNECT，则调用 t_rcvdis。

将上述客户端程序编译链接并运行，与下面的服务器进行连接，可能的结果如下所示。

1）正常输出，结果如下：

```
unixware$ ./xticli 202.204.220.100          //服务器的地址是 202.204.220.100
Tue April 6 14:0028 2010                    //取回的日期和时间
```

2）若访问一台不存在的服务器，结果如下：

```
unixware$ ./xticli 202.204.220.200          //不存在 202.204.200.200 服务器
t_connect error: Connection timed out       //返回超时错误信息
```

3）若访问一台存在的服务器，但是没有运行服务，即不能提供日期时间，则结果如下：

```
unixware$ ./xticli 202.204.220.140        //202.204.200.140 服务器没运行服务
t_connect error: Connection refused       //返回拒绝错误信息
```

4）若访问一台存在的服务器，但是没有连接到 internet，结果如下：

```
unixware$ ./xticli 192.168.1.15          //192.168.1.15 服务器路由不对
t_connect error: No route to host        //返回路由错误信息
```

二、TLI/XTI 的服务模式

TLI/XTI 提供两种服务模式，即面向连接的服务模式和面向非连接的服务模式。

面向连接的服务类似于打电话。电话线已经接通，客户方的应用程序就像一个电话用户，服务器方的应用程序就像另一个电话用户。通电话的前提是双方都有电话机（在此即指网络连接）。用户的应用程序可利用 TLI/XTI 提供的函数（类似耳机和话筒）打开一个设备文件来获得一个传输端点，传输端点就相当于电话机。

面向非连接的服务过程类似于发送邮件的过程，通信的前提是要有一个邮箱。客户方相当于发信人，服务器方相当于收信人，传输端点相当于邮箱，用户通过打开设备文件获取传输端点，相当于获得邮箱的钥匙。

面向连接的 TLI/XTI 服务器实例，其连接过程如图 5 2 所示。

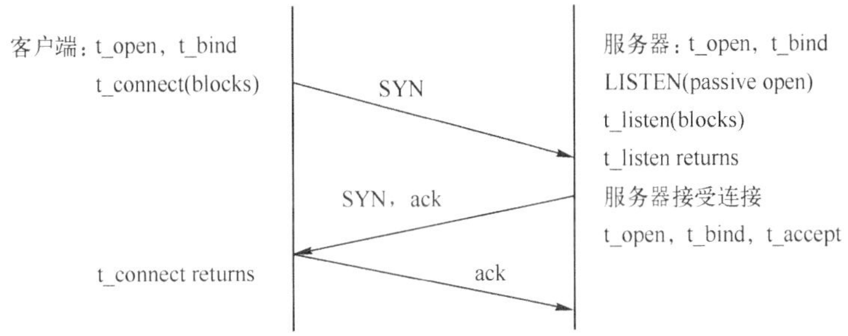

a)

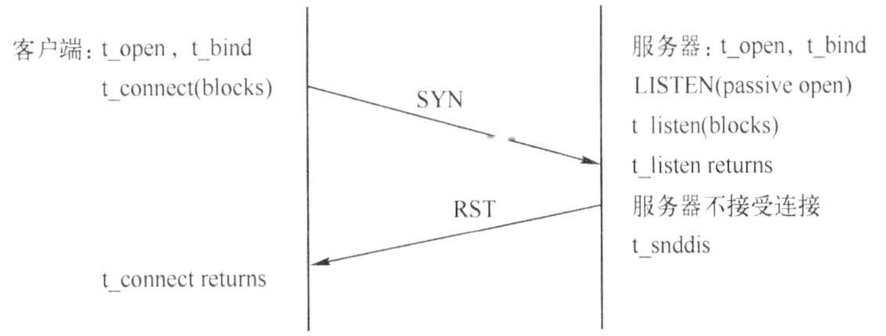

b)

图 5-2　面向连接的 TLI/XTI 服务器实例

对于 TLI/XTI 服务器，它首先用 t_open 打开 TLI/XTI 端点，用 t_bind 绑定 IP 地址，然后调用 t_listen 侦听端点，若无信息则阻塞。

对于 TLI/XTI 用户来讲，同样首先用 t_open 打开 TLI/XTI 端点，用 t_bind 绑定 IP 地址，然后用 t_connect 发送 SYN（同步信息）建立联系。

服务器端的 t_listen 接到 SYN 则向服务器报告，服务器决定是否接受该连接，若同意接收，则指示 t_listen returns 返回 SYN 的 ack 信号，如图 5-2a 所示；若不同意接受（用户非法或超越权限）则返回拒绝信息 RST，如图 5-2b 所示。

用户接收到服务信息，则提取服务返回的结果，并向服务器发送接到结果的信息 ack，若接到 RST 信息，则发送端向用户返回连接失败信息。

用于日期和时间服务的 TLI/XTI 服务器实例如下所示。

```
-------------------------------------------------------------------- xtiser.c
1    #include    "unpxti.h"
2    int main(int argc，   char **argv)
3    {
4          int          listenfd，  connfd;
5          char  buff[MAXLINE];
6          time_t       ticks;
7          socklen_t   addrlen;
8          struct netbuf        cliaddr;
9          if( argc == 2)
10               listenfd = tcp_listen(NULL，   argv[1]，   &addrlen);
11         else if( argc == 3)
12               listenfd = tcp_listen(argv[1]，   argv[2]，   &addrlen);
13         else
14               err_quit( "usage: ./xtiser [<host>] <service or port>" ) ;
15         cliaddr.buf = malloc(addrlen) ;
16         cliaddr.maxlen = addrlen ;
17         for( ;   ;  ){
18               connfd = xti_accept(listenfd，   &cliaddr，   0) ;
19               printf( "connection from %s\n "，   xti_ntop(&cliaddr)) ;
20               ticks = time(NULL);
21               snprintf(buff，sizeof(buff)，   "%.24s\r\n"，   ctime(&ticks));
22               t_snd(connfd，   buff，   strlen(buff)，   0);
23               t_close(connfd);
24         }
25   }
-------------------------------------------------------------------- xtiser.c
```

以下是程序的注释和说明：

1～8：程序初始化，并作基本配置，判定输入格式。

9～16：调用 tcp_listen 创建端点，分配内存存放客户协议地址，初始化 netbuf 数据结构；侦听网络端口的信息。

18～19：调用 xti_accept 函数等待连接，创建新的端点，返回连接描述符，当发现客户时返回客户的 IP 地址和端口号，并调用 xti_ntop 函数将客户的协议地址打印出来。

20～23：调用 time 和 ctime 函数产生人们可读的当前时间和日期，接着，调用 t_snd 通过连接发送上述时间和日期到客户端。然后用 t_close 关闭端点。

这种方式只进行三次连接，并不考虑发送到客户机的信息是否正确达到。若需要严格保证数据的传输，即进行可靠传输，则要采取四重连接，亦即服务器发送 FIN 信号，并等候接收到客户回送的 FIN ack 信号为止，程序中可以用 t_rcvrel 函数替换 t_close 函数。

第二节 UNIX 套接字及其应用

另一种网络编程的接口是伯克利 Berkeley UNIX（BSD UNIX）的 Socket 编程接口，Socket 编程接口有着较为广泛的应用。计算机网络的发展归功于 DoD（U.S. Department of Defense，美国国防部）赞助研究的 ARPA（Advanced Research Project Agency，高级研究计划署）NET，以及随着网络的发展而成熟的网络参考模型——TCP/IP 参考模型。八十年代早期，ARPA 在加利福尼亚大学的伯克利分校将 TCP/IP 第一次实现在 UNIX 系统上，用的就是 Socket 接口。在 UNIX System V R4.0 中增加了 Socket 接口和 ARPA 协议的支持程序作为与 BSD UNIX 统一的部分。所以，UNIX System V 也支持 Socket 接口，由于 Internet 广泛的普及，Socket 接口的使用得到广泛传播。

一、套接字和套接字地址

由于伯克利 Socket 接口被广泛采用，因此，该 Socket 接口被业界认可并成为事实上的工业标准。

套接字是通信的两方的一种约定，利用套接字中的相关函数来完成通信过程。目前的 UNIX SYS V、BSD、OSF 都将 Socket 接口作为操作系统的一部分。当年在设计如何支持 TCP/IP 时，有两种加入函数的方法，一种是直接加入支持 TCP/IP 的调用，另一种是加入支持一般网络协议的函数，而用参数来选择使用 TCP/IP。Socket 接口采用了后者，这样通信可以支持多协议簇，而 TCP/IP 只是其中之一。

Socket 接口可以看成在两个进程进行通信中的一个端点。一个进程将一段信息写入 Socket 接口中，该 Socket 接口将这段信息发送给另外一个 Socket 接口中，使这段信息能传送到其他进程中。如图 5-3 所示。

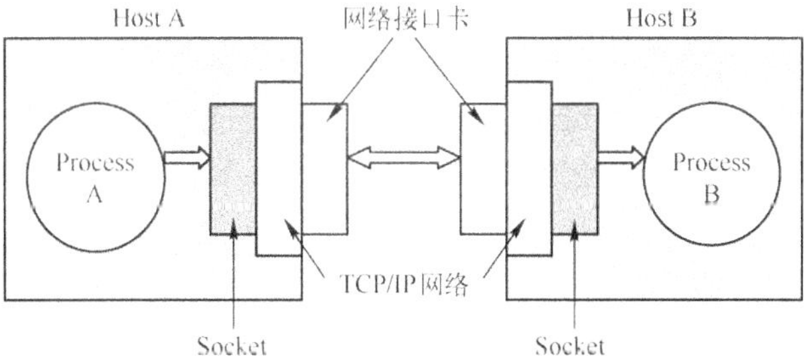

图 5-3　套接字通信原理

图 5-3 中，Host A 上的 Process A 将一段信息写入 Socket 接口中，Socket 接口的内容被 Host A 的网络管理软件访问，并将这段信息通过 Host A 的网络接口卡发送到 Host B，Host B 的网络接口卡接收到这段信息后，传送给 Host B 的网络管理软件，网络管理软件将这段信息保存在 Host B 的 Socket 接口中，然后 Process B 才能在 Socket 接口中阅读这段信息。

网络中，Socket 接口是如何找到目标的呢？假设在图 5-3 的网络中添加第三个主机 Host C，那么 Host A 怎么知道信息被正确传送到 Host B 而不是被传送到 Host C 中了呢？

在基于 TCP/IP 的网络中，每一个主机均被赋予了一个唯一的计算机地址，称为 IP 地址，IP 地址是一个 32 位的无符号二进制整数（仅指 IPv4 系统），通常以小数点按每 8 位一组分隔，如：198.163.227.6。IP 地址由四个部分组成，每个部分的范围都是 0-255，是一个 8 位二进制地址。由于每台主机具有唯一的 IP 地址，所以信息会传递到目的主机而不会误送到其他主机。

上述 IP 地址是指 32 位地址，这是 IP 协议版本 4（简称 IPv4）规定的，目前由于 IPv4 地址已近耗尽，所以 IPv6 地址正逐渐代替 IPv4 地址，IPv6 地址则是 128 位无符号二进制整数。

若同一主机中有多个程序，发送者又如何能够将信息传送到目标程序而不会传到其他程序中去呢？

假设第二个 Process B2 被加入图 5-3 的网络的 Host B 中，那么由 Host A 传来的信息通过端口号（因为每一个基于 TCP/IP 网络通信的程序都被赋予了唯一的端口和端口号）即可找到对应的 Process B2，所谓端口是一个信息缓冲区，用于保留 Socket 接口中的输入/输出信息，端口号是一个 16 位无符号二进制整数，范围是 0-65535，用来区别主机上的每一个进程（端口恰如房屋中的房间，端口号恰如房间号），低于 256 的端口号保留给标准应用程序（比如 POP3 的端口号就是 110）。在通信中，每一个套接字都组合进了 IP 地址、端口、端口号，这样形成的整体就可以认为每一个套接字传送的对象是可识别的。

套接字是通信的基础，是支持 TCP/IP 的网络通信的基本操作单元。可以将套接字看作不同主机间的进程进行双向通信的端点，它构成了单个主机内及整个网络间的编程界面。套接字存在于通信域中，通信域是为了处理一般的进程通过套接字通信而引进的一种抽象概念。套接字通常和同一个域中的套接字交换数据（数据交换也可能穿越域的界限）。各种进程使用这个相同的域互相之间用 Internet 协议簇来进行通信。

套接字可以根据通信性质分类。应用程序一般仅在同一类的套接字间进行通信。若操作系统的底层通信协议允许，不同类型的套接字间也照样可以通信。套接字有两种不同的类型：流套接字和数据报套接字，可分别用于不同场景。

互联网通信中套接字须成对出现，其中一个运行于客户机端，称之为 Client Socket，另一个运行于服务器端，称之为 Server Socket。根据连接启动的方式以及本地套接字要连接的目标不同，套接字之间的连接过程可以分为三个步骤：服务器监听，客户端请求，连接确认。

- 服务器监听：服务器端套接字并不定位具体的客户端套接字，而是处于等待连接的状态，实时监控网络状态，出现请求才开始响应。
- 客户端请求：客户端的套接字提出连接请求，要连接的目标是服务器端的套接字。为此，客户端的套接字必须首先描述它要连接的服务器的套接字，指出服务器端套接字的地址和端口号，然后就向服务器端套接字提出连接请求。
- 连接确认：当服务器端套接字监听到客户端套接字的连接请求，它就响应客户端套接字的请求，建立一个新的进程，把服务器端套接字的描述发给客户端，一旦客户端确认了此描述，连接就建立好了。而服务器端套接字继续处于监听状态，继续接收其他客户端套接字的连接请求。在引入线程的操作系统中，服务器端建立的是服务进程的一个线程。

二、套接字的应用

套接字通信也必须满足开发协议的模型，在网络通信过程中需要满足通信要求。TCP 协议下套接字的应用有如下的关系，如图 5-4 所示。

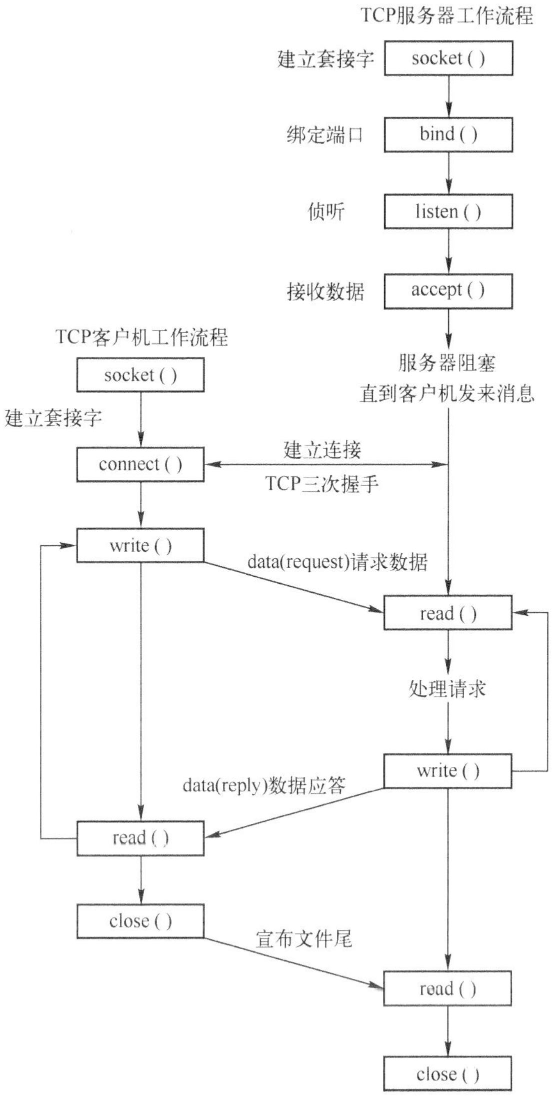

图 5-4　基于 TCP 的套接字函数进行通信的应用

利用套接字进行网络通信一般要用到以下几个函数调用。

1．创建套接字函数 socket

```
#include <sys/socket.h>
int socket(int family， int type， int protocol);
```

创建成功返回非负的描述符；失败，返回-1。

其中 protocol 一般取 0（raw socket 除外）。family type 的意义如表 5-1 所示。

表 5-1 套接字函数的参数意义

family	意义
AF_INET	IPv4 协议
AF_INET6	IPv6 协议
AF_LOCAL	UNIX 域协议
AF_ROUTE	路由套接字
AF_KEY	键套接字

type	意义
SOCK_STREAM	流套接字
SOCK_DGRAM	图套接字
SOCK_RAW	自然套接字

2．绑定本地名称函数 bind

```
#include <sys/socket.h>
int bind(int sockfd, const struct sockaddr *myaddr, socklen_t addrlen);
```

绑定正常返回 0，失败返回-1。

其中 sockfd 由 socket 返回，后面两个参数可以是自解释的。

3．建立连接函数 connect

```
#include <sys/socket.h>
int connect(int sockfd, const struct sockaddr *servaddr, socklen_t addrlen);
```

连接正常返回 0，失败返回-1。

其中 sockfd 由 socket 返回，后面两个参数可以是自解释的。

4．侦听函数 listen

```
#include <sys/socket.h>
int listen(int sockfd, int backlog);
```

侦听正常返回 0，失败返回-1。

该函数通常在 socket 和 blind 函数调用以后使用，且在 accept 调用前在服务器端运行。

5．接收数据函数 accept

```
#include <sys/socket.h>
int accept(int sockfd, struct sockaddr *cliaddr, socklen_t *addrlen);
```

接收正常返回非负的描述符，失败返回-1。

其中 sockfd 由 socket 返回，cliaddr 和 addrlen 用于返回用户相应的进程的协议地址。

6．关闭套接字函数 close

```
#include <sys/socket.h>
int close(int sockfd);
```

正常关闭返回 0，失败返回-1。

应用以上函数建立的基于 TCP 协议的套接字客户/服务器的实例如下：

如图 5-5 所示是简单响应的客户/服务器示意图。

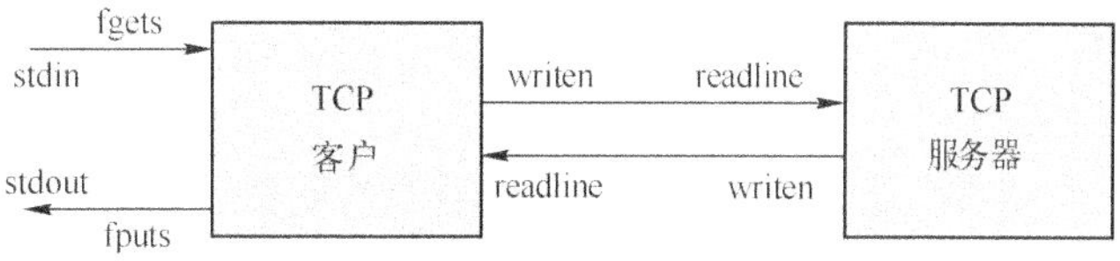

图 5-5　简单响应的客户/服务器示意图

上图所表示的是一个全双工的 TCP 连接，其中 fgets 和 fputs 函数是标准 I/O 库函数，writen 和 readline 函数是客户构造的套接字数据流写和读函数。

```
#include "unp.h"
ssize_t writen(int filedes, const void *buff, size_t mbytes);
ssize_t readline(int filedes, void *buff, size_t maxlen);
```

正常返回的是读写的字节数，失败返回-1。

下面来看一下基于 TCP 的套接字网络连接的程序代码。

（1）TCP 服务器响应主程序

```
-----------------------------------------------------------------tcpserv.c
#include "unp.h"
int
main(int argc, char **argv)
{       int         listenfd, connfd;
        pid_t childpid;
        socklen_t clilen;
        struct sockaddr_in cliaddr, servaddr;
        listenfd = socket(AF_INET, SOCK_STREAM, 0);
        bzero(&servaddr, sizeof(servaddr));
        servaddr.sin_family = AF_INET;
        servaddr.sin_addr.s_addr = htonl(INADDR_ANY);
        servaddr.sin_port = htons(SERV_PORT);
        bind(listenfd, (SA *) &servaddr, sizeof(servaddr));
        listen(listenfd, LISTENQ);
        for( ; ; ){
                clilen = sizeof(cliaddr);
                connfd = accept(listenfd, (SA *) &cliaddr, &clilen);
                if((childpid = fork( )) == 0){
                        close(listenfd);
                        str_echo(connfd);
                        exit(0);
                }
                close(connfd);
        }
}
-----------------------------------------------------------------tcpserv.c
```

上述程序主要用于创建连接套接字，绑定服务器的端口。等候客户端的连接完成，并提供当前的服务。其中：

1～7：初始化程序。

8～14：创建一个 TCP 连接套接字，数据结构中填充通配地址，赋予服务器端口为 9877。绑定好通配地址，告知系统可以接受连接。端口号的分配应避免与其他进程冲突。最后由 listen 建立侦听套接字。

16～17：服务器在 accept 阻塞等待客户的连接。

18～23：对于每个客户，服务器由 fock 创建一个子进程来为此服务。期间，主进程会关闭连接套接字，子进程关闭侦听套接字，然后子进程转而去执行 str_echo 为用户服务。

上例中，str_echo 函数如下：

```
-----------------------------------------------------------------str_echo.c
1    #include "unp.h"
2    void
3    str_echo(int sockfd)
4    {      ssize_t     n;
5           char  line[MAXLINE] ;
6           for( ;  ;  ){
7                  if((n = readline(sockfd,  line,  MAXLINE)) == 0)
8                         return;
9                  writen(sockfd,  line,  n);
10          }
11   }
-----------------------------------------------------------------str_echo.c
```

str_echo 为每个客户完成服务处理，从客户那里读取服务要求，并将结果返回给它。

6～10：readline 从 socket 的下一行读取信息，并将该信息用 writen 回写给客户。若客户已经关闭了连接，则 readline 会返回 0，这会导致 str_echo 函数返回，并最终终止子进程。

（2）TCP 客户端的主程序

```
-------------------------------------------------------------------tcpcli.c
#include "unp.h"
int
main(int argc,  char **argv)
{      int            sockfd;
       struct sockaddr_in servaddr;
       if(argc != 2)
              err_quit("usage: tcpcli <IPaddress>");
       sockfd = socket(AF_INET,  SOCK_STREAM,  0);
       bzero(&servaddr,  sizeof(servaddr));
       servaddr.sin_family = AF_INET;
       servaddr.sin_port = htons(SERV_PORT);
       inet_pton(AF_INET,  argv[1],  &servaddr.sin_addr);
       connect(sockfd,  (SA *) &servaddr,  sizeof(servaddr));
```

```
14          str_cli(stdin， sockfd);
15          exit(0);
16      }
-----------------------------------------------------------------tcpserv.c
```

上述程序主要用于创建连接套接字，填充网络地址结构，并连接到服务器。其中：

1～7：初始化程序。

8～12：创建一个 TCP 连接套接字，数据结构中填充 internet 地址，赋予服务器 IP 地址和端口号为 9877。客户端需要传输的字符信息由命令行输入。

13～14：connect 建立与服务器的连接，函数 str_cli 将处理客户的要求。

其中，str_cli 函数如下：

```
-----------------------------------------------------------------str_cli.c
1    #include "unp.h"
2    void
3    str_cli(FILE *fp， int sockfd)
4    {     char sendline[MAXLINE]， recvline[MAXLINE];
5          while(fgets(sendline， MAXLINE， fp) != NULL){
6                writen(sockfd， sendline， strlen(sendline));
7                if(readline(sockfd， recvline， MAXLINE) == 0);
8                      err_quit("str_cli: server terminated prematurely");
9                fputs(recvline， stdout);
10         }
11   }
-----------------------------------------------------------------str_cli.c
```

str_cli 读入一行信息，并将其写入服务器，然后从服务器读入回送行信息并将其输出到标准输出设备（一般为显示器）。

5～6：fgets 读入一行字符，并将该信息用 writen 发送给服务器。

7～9：readline 将服务器返回的信息行读出，由 fputs 输出到标准输出设备。

10～11：当 fgets 返回一个空指针时循环结束。仅当读到文件结尾时返回空指针，当出现错误时，fgets 会终止。

（3）套接字的通信实验

在两台联网的计算机上，在作为服务器的计算机上后台运行以下代码：

```
tcpserv$./tcpserv &
[1]        2067                        //2067 是服务器进程的进程号
```

在作为客户机的计算机上运行以下代码（可以用〈Ctrl+C〉组合键中断客户程序）：

```
tcpcli$./tcpcli 192.168.1.100          //100 是服务器的 IP 地址
Hello world                            //客户端键盘输入
Hello world                            //服务器返回的输出信息
Goodbye                                //客户端键盘输入
Goodbye                                //服务器返回的输出信息
```

……

在 UNIX 环境下用套接字进行通信可以完成许多网络间的信息交流，而且编程简单，不需要考虑底层的细节问题，所以套接字通信方式使用普遍，是网络间通信的主力。

第三节 WinSock 接口及其应用

TCP 协议的作用在于网络互连，其本身就是互联网上一组完整的网络协议集。套接字是一种传输接口，它为网络上相同或不同主机的进程之间的通信提供了一种透明的方法，并支持包括 TCP/IP 在内的多种网络通信协议。那么在 Windows 操作系统环境下利用套接字在 TCP/IP 上的编程接口就叫作 Windows Sockets（WinSock）。

一、WinSock 概述

由于 UNIX 最早使用 Socket 接口，所以通常所说的套接字一般指 UNIX 环境下流行的 TCP/IP 编程接口。随着 Windows 操作系统的广泛使用，Windows 操作系统也完善了其网络编程的规范。其中 WinSock 是在 Windows 操作系统下得到广泛应用的、开放的、支持多种协议的网络编程接口。经过不断改进并在多家国际公司的全力支持下，已成为 Windows 操作系统网络编程的事实上的标准。

WinSock 接口规范以 U.C.Berkeley 大学 BSD UNIX 中流行的 Socket 接口为范例定义了一套微软 Windows 下的网络编程接口。它包含了 UNIX 风格的库函数以及一组针对 Windows 操作系统的扩展库函数，程序员能充分地利用 Windows 操作系统消息驱动机制来进行编程。WinSock 接口规范开发之初在于提供给程序员一套简单的 API。

WinSock 接口规范支持单一的通信域，即 Internet 域。各种进程在域中用 Internet 协议簇来相互进行通信（Windows Sockets 1.1 以上的版本支持其他的域）。套接字可以根据通信性质分类。应用程序一般仅在同一类的套接字间通信。若底层的通信协议允许，不同类型的套接字间也可以通信。用户目前可以使用两种套接字，即流套接字和数据报套接字。流套接字提供了双向的，有序的，无重复并且无记录边界的数据流服务。数据报套接字支持双向的数据流，但并不保证是可靠，有序，无重复的。即一个从数据报套接字接收信息的进程有可能发现信息重复了，或者和发出时的顺序不同。数据报套接字的一个重要特点是它保留了记录边界。数据包套接字采用与包交换网络（例如以太网）相似的模型来实现数据边界的记录。

二、WinSock 接口实现网络通信

WinSock 接口实现网络通信的典型范例便是客户机/服务器模型。在这个模型中客户应用程序向服务器服务程序请求服务。这种方式是非对称的。在非对称协议中，一方固定地认为是主机，而另一方则认为是从机。当服务被提供时必然存在“客户进程”和“服务进程”。一个服务程序通常在一个默认的端口监听客户方对服务的请求，即服务进程一直是处于休眠状态，直到一个客户对这个服务提出了连接请求。在这个时候，服务程序被“唤醒”并且为客户提供服务，即对客户的请求做出反应，如图 5-6 所示。

数据报套接字可以用来向许多系统支持的网络发送广播数据包。广播信息将会给网络

造成极重的负担，因为它们要求网络上的每台主机都为它们服务，所以发送广播数据包的能力被限制于那些被显式地标记了允许广播的套接字中。广播通常是为了如下两个原因而使用的：

1）一个应用程序希望在本地网络中找到一个资源，而应用程序对该资源的地址又没有任何先验的知识。

2）一些重要的功能，例如路由要求把它们的信息发送给所有可以找到的邻机。

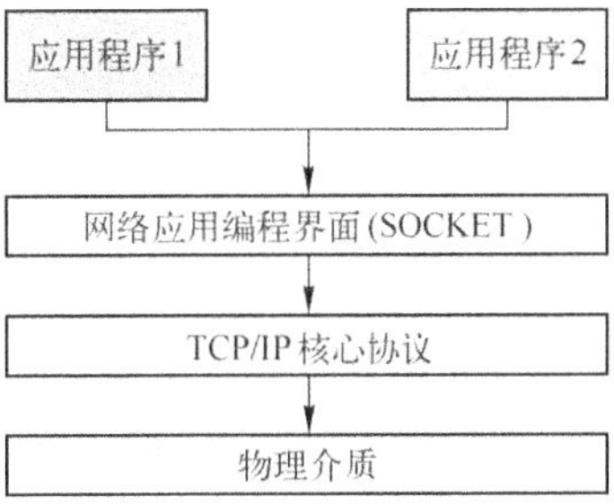

图 5-6　WinSock 实现网络通信

被广播信息的目的地址取决于这一信息将在何种网络上广播。Internet 域中支持一个速记地址用于广播 INADDR_BROADCAST。由于使用广播以前必须绑定一个数据报套接字，所以所有收到的广播消息都带有发送者的地址和端口。

在一次网络通信/连接中有以下几个参数需要被设置：本地 IP 地址，本地端口号，对方端口号，对方 IP 地址。在这个全关联的套接字上可以双向的交换数据。如果是使用无连接的通信则只需要建立一个半关联，在发送和接收时指明另一半的参数就可以了，所以可以说无连接的通信是将数据发送到另一台主机的指定端口。

三、WinSock 接口的应用

通过 WinSock 接口功能可以方便地建立网络连接和发送数据。所有的 WinSock 接口应用其实都是调用 winsock.dll 中的方法。面向连接的协议如下：

1）从服务器端来看：

- bind：将套接字和一个已知的地址进行绑定。这样就创建了一个流套接字。
- Listen：将套接字置于监听状态。
- accept：调用 accept 可为连接队列中的第一个连接请求提供服务（或者采用更为简便的函数 SOCKET WSAAccept）。

2）从用户角度看：

- 用 socket 或 WSASocket 创建一个套接字。
- 解析服务器名（以基层协议为准）。
- 用 connect 或 WSAConnect 初始化一个连接。

以下，我们用上述方法建立一个简单的 TCP 客户/服务器连接。

在 VC++ 6.0 环境中创建一个 Win32 console application。

代码如下：

```
------------------------------------------------------------------- MFCsocket.cpp
#include <winsock2.h>
#include <ws2_32.lib>
main( )
int _tmain(int argc， TCHAR* argv[]， TCHAR* envp[])；
{     int nRetCode = 0；
      cout << "\Press ESCAPE to terminate program\r\n"；
      AfxBeginThread(ServerThread， 0)；
```

```
        while( _getch( )!=27);
            return nRetCode;
}
UINT ServerThread(LPVOID pParam)
{       cout << “Starting up TCP server\r\n”;
        SOCKET server;
        WSADATA wsaData;
        sockaddr_in local;
        int wsaret=WSAStartup(0x101，&wsaData);
        if(wsaret!=0){
            return 0;
        }
        local.sin_family=AF_INET;                  // 地址族
        local.sin_addr.s_addr=INADDR_ANY;          // 网际 IP 地址
        local.sin_port=htons((u_short)20248);      // 使用的端口
        server=socket(AF_INET，SOCK_STREAM，0);
        if(server==INVALID_SOCKET){
            return 0;
        }
        if(bind(server，(sockaddr*)&local，sizeof(local))!=0){
          return 0;
        }
        if(listen(server，10)!=0){
          return 0;
        }
        SOCKET client;
        sockaddr_in from;
        int fromlen=sizeof(from);
        while(true) {           // 无限循环
            char temp[512];
            client = accept(server， (struct sockaddr*) &from， &fromlen);
            sprintf(temp， “Your IP is %s\r\n”， inet_ntoa(from.sin_addr));
            send(client，temp，strlen(temp)，0);
            cout << “Connection from ” << inet_ntoa(from.sin_addr) << “\r\n”;
          closesocket(client);
        }
        closesocket(server);
        WSACleanup();
        return 0;
}
------------------------------------------------------------ MFCsocket.cpp
```

在 main( )中程序开启了一个线程，然后对一个_getch( )调用进行循环。_getch( )是等待一个键的按下，并返回这个读入字符的 ASCII 值。程序一直循环，直到返回 27 这个值为止，而 27 是〈ESC〉键的 ASCII 码。当按下了〈ESC〉键，那么开启的线程会被终止，主线程开启的线程也将被终止。

ServerThread 线程函数注明了 TCP 服务器主要做的事情是监听端口 20248。当客户端有连接的时候，服务器会向客户端发回一条消息告知它的 IP 地址，然后关闭连接并继续接收 20248 端口的连接。线程还会在运行的控制台上打印出连接来自的 IP 地址。程序代码的意义如下：

3～10：主程序。

11：ServerThread 函数。

14：WSADATA 是一个 struct，WSAStartup 的调用将会填充该结构。

15：sockaddr_in 为 TCP/IP 套接字指定了其地址。

16：WSAStartup 为程序调用 WinSock 进行了初始化。第一个参数指定了程序允许使用的 WinSock 规范的最高版本。

17：如果成功，WSAStartup 返回零。如果失败则退出。

20：为 sockaddr_in 结构赋值。

23：由 socket( )函数创建 SOCKET。

24：如果 socket( )函数失败就退出。

27：bind 将刚创建的套接字和 sockaddr_in 结构联系起来。如果它返回非零值，就表示出现错误。

30：listen 命令套接字监听来自客户端的连接，第二个参数是最大连接数。

33：一些变量来保存客户端的套接字。

38：accept( )将会接收即将到来的客户端连接。

40：简单地向客户端发送 temp 中的字符串。

42：关闭客户端套接字。

44：closesocket( )关闭套接字，并释放套接字描述符。

接下来进行测试。运行这个服务器，并在它运行的时候使用 telnet 来连接机器的 20248 端口（如果是在同一台机器上使用，那么就连接到 localhost）。示例输出结果如下：

```
E:\work\Server\Debug>MFCsocket            //在服务器 cmd 窗口中运行 MFCsocket
Press ESCAPE to terminate program         //显示的信息
Starting up TCP server
Connection from 192.168.1.114
Connection from 127.0.0.1
E:\work\Server\Debug>
```

在 UNIX 客户端利用 telnet 命令进行测试：

```
swz@netlab:~$ telnet 192.168.1.114 20248
trying 192.168.1.114 ...
connected to 192.168.1.114
escape character is '^]'
your IP is 192.168.1.114
connection closed by foreign host
swz@netlab:~$
```

在这个例子中演示了一个简单的 TCP 服务器。若需要创建更复杂的服务，可以参阅其他参考文献。

本章小结

本章介绍了三种网络编程的接口。各种网络所提供的编程接口 API 可以分布在各个层次上。传输层接口 TLI/XTI、套接字接口 Socket 和 WinSock。第三种 WinSock 则是套接字 Socket 的一个扩展，它是 Windows 操作系统环境下的 Socket。对于上述三种接口，系统提供了一组函数供应用程序调用，本章中所示例的函数调用比较简单，限于篇幅并没有做详细的描述。主要的目的是为读者介绍一个基本的网络编程通信程序的框架，为进一步网络编程打下基础。

通过本章内容，读者可以了解到传输层接口编程的简单使用方法，了解其服务模式，掌握套接字的使用方法及其基本应用，掌握 WinSock 接口通信的一般应用，对文中所示的程序实例应能掌握。

自测习题

一、选择题

1．基于 WinSock 的 TCP/IP 通信方式中，采用流方式的是（　　）。

A．点一点通信　　B．广播通信

C．异步通信　　D．存储转发

2．TLI/XTI 接口程序中，建立连接的函数是（　　）。

A．bind( )　　B．open( )

C．connect( )　　D．rcv( )

3．TLI/XTI 函数在面向连接的服务中一般称为（　　）。

A．电话机　　B．传输端点

C．信箱　　D．缓冲区

4．在 UNIX 系统中，用于给一个套接字赋名的函数是（　　）。

A．bind( )　　B．socket( )

C．connect( )　　D．send( )

二、填空题

1．网络操作系统中应用程序编程接口称为（　　　）。可以分为（　　　）种类型，分别为（　　　）、（　　　）、（　　　）和（　　　）。

2．为实现套接字在网络通信，一般需要知道收发者的（　　　）以及接收进程的（　　　）。

3．套接字之间的连接过程分为（　　　）、（　　　）和（　　　）。

4．在一次网络的有连接通信中有以下几个参数需要被设置（　　　）、（　　　）、（　　　）和对方 IP 地址。在这个全关联的套接字上可以双向的交换数据。

三、应用题

1. 用 TLI/XTI 编写一个程序，实现一个 TCP 连接，并从服务器上回传时间。
2. 为进行可靠传输，网络连接可以采用四重连接法，请写出一个四重连接的流程。
3. 请描述在 UNIX 操作系统和 Windows 操作系统中利用套接字进行通信的过程。

四、思考题

1. 什么是应用程序编程接口（或称应用编程接口）？系统提供 API 的目的是什么？
2. TCP 提供了哪三种编程接口，各自的特点是什么？
3. TLI/XTI 编程接口的结构如何组成？
4. 如何利用 TLI/XTI 编程建立二个进程之间的通信？
5. TLI/XTI 具有哪两种服务模式？画出其连接过程的示意图。
6. 什么是套接字？画出套接字工作示意图。
7. 试说明套接字在数据服务中的应用。
8. TCP 套接字的调用方式？
9. 如何用套接字完成一个客户服务器的通信？
10. 什么是 WinSock？
11. 如何用 WinSock 实现网络通信？
12. 利用 WinSock 编写一个简单的 TCP 服务器。

五、解释下列名词

1. 应用程序编程接口。
2. TLI/XTI、套接字、套接字地址。
3. 传输端点、端口和端口号。
4. 协议簇。
5. 服务器监听、客户端请求、连接确认。

第六章 网络管理与服务

本章主要介绍网络管理和网络服务。网络运行的好坏与网络管理息息相关，网络功能的实现与网络服务的质量有关。本章介绍网络管理的各个方面和网络服务的不同种类以及实现方法。通过本章的学习，读者应该了解：

1. 网络管理的协议。
2. 网络管理的多个方面。
3. 网络服务的种类及其内容。

第一节 网络管理概述

网络管理是对网络系统中的所有硬件、软件和服务的管理，也是对网络设备的配置、使用、调度、管控，从而对网络资源进行监视、探测、分析、评价和控制，保证网络的正常运行，合理使用资源，满足用户的需求，例如实时运行性能、服务质量等。网络管理也简称为“网管”。

网络操作系统中的网络管理，指网络管理员在网络操作系统的平台上通过网络管理程序对网络上的资源进行集中化管理的操作，包括配置管理、故障管理、性能管理、计费管理和安全管理等。

网络管理是为了使网络能正常地、高效地运行。其目的是使网络中的资源得到有效的、最大化地利用。当正常运行的网络出现故障时能及时报告情况，配合处置并重新调配资源，使得网络系统在任何时刻都能保持高效地运转。

一、网络管理系统的概念

网络管理技术是随着信息技术的发展而发展的。从网络管理范畴来分类，可分为对网“路”的管理，即对交换机、路由器等网络传输设备进行管理；对计算机、服务器等网络终端设备进行管理；还有对行为的管理，即用户对网络的使用进行管理；以及对资产的管理等。

通常一个网络管理系统的定义如下：

1）系统功能。即一个网络管理系统应具有的功能。

2）网络资源的表示。网络管理中很大一部分是对网络中资源的管理。网络中的资源分为硬件、软件以及所提供的服务等，需要在管理系统中有确切的符号表示，以利于计算机管理。

3）网络管理信息的表示。网络管理依赖于网络管理信息的传递来实现。网络管理信息的表示方法、传递规则和所采用的协议是一个网络管理系统基本要素。

4）系统的结构。

根据网络管理系统的发展历史，可以将其划分为三代。

第一代网管软件采用命令行方式，并结合一些设备厂商提供的简单网络监测工具来管理，它不仅要求管理者精通网络的原理及概念，还要求管理者了解不同厂商的不同网络设备的特点、命令以及配置方法。

第二代网管软件采用了图形化界面。管理员不用花很多精力去了解网络原理，只需通过图形化菜单对设备进行配置和监控。简化了操作，提高了工作效率，但由于软件本质未变化，所以会造成设备配置错误或不良，不能充分发挥作用。

第三代网管软件有了较大的改进，将网络和管理需求进行了结合，引入智能分析和判读，具有了“自动配置”和“自动调整”的功能。对网管人员的技术操作要求降低，只要把用户情况、设备情况以及用户对网络资源的需求输入网管系统，系统就能自动地建立图形化的网络配置关系，并自动鉴别用户身份，分配用户所需的资源（如电子邮件、Web 访问、文件服务等）。

二、网络管理系统标准

国际标准化组织（ISO）在 ISO/IEC7498-4 中定义并描述了开放系统互连（Open System Interconnection，OSI）管理的术语和概念，制定了一个 OSI 的管理结构，并描述了 OSI 的管理行为。开放系统互连管理是指这样一些功能：它们能够控制、协调、监视 OSI 环境下的一些资源，这些网络资源保证了 OSI 环境下的通信。国际标准化组织定义网络管理有五大功能：配置管理、故障管理、性能管理、计费管理、安全管理。网络管理软件产品设计的出发点不同，因而功能也不同，可以分为五类：网络配置管理软件、网络故障管理软件、网络性能管理软件、网络计费管理软件、网络服务/安全管理软件。

第二节　网络管理系统的功能

一、配置管理

配置管理的作用是初始化网络并配置网络，使网络能够运行并提供服务。配置管理的工作主要是识别、控制和监视组成网络的对象所必要的一组相关功能，使网络能够实现某个特定功能或使网络性能达到最优。

1．配置信息的自动获取

在一个大型网络中，需要管理的设备是比较多的，如果每个设备的配置信息都需要依靠管理人员的手工输入，工作量相当大，而且还存在出错的可能性。当网络变化时，修改的工作量也很大。因此，一个先进的网络管理系统应该具有自动获取配置信息的功能。不完全依赖管理人员的人工操作，它能通过技术手段来完成对网络的配置和管理。在网络设备的配置信息中，根据获取手段可分为三类：

- 网络管理协议标准的管理信息库（Management Information Base，MIB）中定义的配置信息。
- 不在网络管理协议标准中有定义，但是对设备运行比较重要的配置信息。
- 用于管理的一些辅助信息。

2．自动配置、自动备份

配置信息自动获取功能相当于从网络设备中“读”信息，除此之外，网络配置管理中还有大量“写”信息的需求，即配置信息的设置和修改。根据手段的不同，网络配置信息可分为以下三类：

1）可以通过网络管理协议标准中定义的方法进行配置的信息。

2）可以通过自动登录到设备进行配置的信息。

3）需要修改的管理性配置信息。

3．配置一致性检查

大型网络中设备众多，且由于管理的原因，这些设备很可能不是由同一个管理人员进行配置的。即使是同一个管理员对设备进行的配置，也会由于各种原因导致配置存在一致性的问题。因此，对整个网络的配置情况进行一致性检查是必需的。在网络的配置中，对网络正常运行影响最大的主要是路由器端口配置和路由信息配置，因此，一致性检查主要是对这两类信息的检查。

4．用户操作记录

网络中，用户在使用网络设备的时候也会对设备进行配置或改动，这会影响到整个网络的正常运行。因此，网络管理系统必须对用户进行的每一配置操作进行记录，使操作行为可追溯。

二、故障管理

故障管理是网络管理中最基本的功能之一。一旦网络中某个组成部分失效或停止服务时，网络管理系统必须迅速查找到故障点并及时排除，从而恢复网络的功能。但是，通常网络故障产生的原因相当复杂，特别是当故障是由多个网络共同引发的或不可预见的时候。排除故障并恢复网络运行就存在一定难度。

网络故障管理的工作内容包括故障检测、隔离和恢复三个方面，具体包括以下五项内容：

1）故障检测：网络管理系统定时主动探测或被动接收网络上的各种事件信息，并识别出其中与网络和系统故障相关的内容，对其中的关键部分保持跟踪，生成网络故障事件记录。

2）故障报警：网络管理系统接收故障检测模块传来的报警信息，根据预先设置的报警策略启动不同的报警程序，报警信号可以是警铃、警灯（通知一线值班人员）或电子邮件，微信、QQ 等（通知决策管理人员）发出网络故障警报。

3）故障信息管理：网络管理系统通过对事件记录的分析，自动地、智能地确定网络故障并生成故障卡片，记录处理故障的步骤和与故障相关的值班员日志，构造操作过程记录，将事件/故障/日志构成逻辑上相互关联的整体，从而反映出故障产生、变化、消除的整个过程。

4）处理支持工具：网络管理系统向处置技术人员提供一系列的实时检测工具，对被管设备的状况进行测试并记录下测试结果以供技术人员分析和排错，根据已有的排错程序和管理员对故障状态的描述给出对排错行动的提示。

5）检索/分析故障信息：网络管理系统以关键字检索查询故障管理系统中所有的数据库记录，定期收集故障记录数据，在此基础上给出被管网络系统、被管线路设备的可靠性参数。

对网络故障的检测依据对网络组成部件的不同而不同。简单故障通常被记录在错误日志中，不作特别处理；严重故障则需要通知网络管理系统，产生“警报”。网络管理系统会根据处置预案对警报进行处理，调度技术人员排除故障。当故障比较复杂时，网络管理系统应提供知识库，并执行一些诊断测试来辨别故障原因。

三、性能管理

性能管理是对网络系统资源的运行状况及通信效率等系统涉及性能的要素进行管理。包括监视和分析被管网络及其所提供服务的效率以及设备的利用率等。性能管理期望是保持系统运行的高效，当分析的结果超过预设阈值的时候，即触发某个诊断测试过程或重新配置网络以维持网络的性能。性能管理记录、分析并维护被管网络当前的实时数据信息和性能日志。

性能管理包括：

1）通用性能监控：由管理员确定被管对象及其属性。被管对象包括链路和设备等，被管对象属性包括流量、延迟、丢包率、CPU 利用率、温度、内存余量等。对于每个被管对象，启动定时采集程序获得系列性能指标数据，并自动生成性能报告。

2）阈值控制：对每一个被管对象的每一条属性设置阈值，阈值可以针对不同的时间段和不同的性能指标分别进行设置，可以是上限，也可以是下限，并设置阈值告警开关来控制是否启动。

3）性能分析：对已采集的历史数据进行分析、统计和处理，计算不同被管对象的性能指标，对性能状况作出判断，并生成被管对象属性的性能曲线图，形成性能报告。

4）实时监控：有些性能指标直接影响网络的运行，因此，实时监控要求对这类性能指标参数实时进行采集、分析和处理，例如对流量、负载、丢包、温度、内存利用率、延迟等网络设备和链路的性能指标进行实时检测，并实时显示给管理者。

5）性能查询：通过列表或按关键字检索被管对象及其属性的性能参数。

四、计费管理

计费管理用于记录网络资源的使用情况，制定计费规则，并将其与用户相关联，控制和监测使用网络资源的费用。计费管理可以估算出用户使用网络资源可能需要的费用，以及已经使用的网络资源费用。管理员还可设置用户的费用上限，从而控制用户过多占用和使用网络资源。另外，当用户需要使用多个网络资源时，计费管理可汇总费用。

计费管理包括：

1）计费数据采集：计费数据采集是计费系统的基础，计费数据包括使用网络的时长、流量等，采集这些数据会受到采集设备硬件与软件的制约，而且也与进行计费的网络资源有关。

2）数据管理与数据维护：计费管理涉及较多的人工操作，例如用户入网、注册登记、审计、转账、缴费等。维护表单是其基本工作，提升其信息化程度是下一步的工作。

3）计费规则制定：计费规则的制定有较大的灵活性，涉及政策、商业竞争、促销等各种因素，因此，需要系统能够适应经常的变动，并提供一个制定计费规则的人机界面和实现计费规则的数据模型。

4）政策比较与决策支持：计费管理应该提供多套计费政策的数据比较，为政策制订提供决策依据。

5）数据分析与费用计算：利用采集的网络资源使用数据，联网用户的详细信息以及计费政策，计算网络用户资源的使用情况，并计算出应交纳的费用。

6）数据查询：提供给每个网络用户关于自身使用网络资源情况的详细信息，例如时段或单价等。网络用户根据这些信息可以计算、核对自己的收费情况。

五、安全管理

安全一直是网络的薄弱环节之一，而用户对网络安全的要求又相当高，因此网络安全管理非常重要。在网络中主要有以下几大安全问题：

- 网络数据的私有性（保护网络数据不被入侵者非法窃取）。
- 授权（防止入侵者在网络上发送错误信息）。
- 访问控制（控制对网络资源的访问）。

相应地，网络安全管理应包括对授权机制、访问控制、加密和加密关键字的管理，另外还要维护和检查安全日志。

网络管理过程中，管理和控制信息的存储和传输对网络的运行和管理至关重要，一旦泄密、被伪造和被篡改，都将给网络造成灾难性的破坏。

网络安全管理相当于网络的安全防御和免疫系统，近来针对网络安全系统的攻击越来越多，因此网络安全管理本身的安全特别重要。

1．网络安全管理机制

网络安全管理通常可以由以下机制来保证：

1）管理员身份认证：采用基于公开密钥的证书认证机制。为提高系统效率，对于信任域内（如局域网）的用户，可以使用口令认证，当然，口令应具有一定复杂度。

2）管理信息存储和传输的加密与完整性：Web 浏览器和网络管理服务器之间采用安全套接字层（Secure Sockets Layer，SSL）传输协议，对管理信息加密传输并保证其完整性；内部存储的机密信息，如登录口令等，也需要经过加密，切忌采用明文存储。

3）网络管理用户分组管理与访问控制：网络管理系统的用户（即管理员）按任务的不同分成若干用户组，不同的用户组中有不同的权限范围，对用户的操作由访问控制检查，保证用户不能越权使用网络管理系统，管理上做到三员（管理员、安全员、审计员）分离。

4）系统日志分析：记录用户所有的操作，使系统的操作和对网络对象的修改有据可查，同时也有助于故障的跟踪与恢复。

2．网络对象的安全管理

网络对象的安全管理通常包含以下功能：

1）网络资源的访问控制：通过设置路由器和部分三层交换机的访问控制列表，完成对网络链路使用的限制，即从网络层（IP）和传输层（TCP）控制对网络资源的访问，保护网络内部的设备和应用服务，防止外来的攻击。也可以限制访问外部网络，保证安全。

2）告警事件分析：接收网络对象所发出的告警事件，分析与安全相关的信息（如路由器登录信息、SNMP 认证失败信息等），实时地向管理员告警，并提供历史安全事件的检索与分析机制，及时地发现正在进行的攻击或可疑的攻击迹象。

3）主机系统的安全漏洞检测：实时地监测主机系统的重要服务（如电子邮件、Web 服务、DNS 访问等）的状态，提供安全检测工具，以搜索系统可能存在的安全漏洞或安全隐患，并给出补漏的措施。

安全管理不能简单地依靠防火墙、防病毒软件。所有的防病毒软件都是基于代码特征分析和行为分析，对于新出现的病毒或攻击方式，防病毒软件往往不能识别。此时，安全管理对网络系统信息的日志记录和分析就显得特别重要。

第三节　网络管理协议

随着网络的不断发展，规模增大，复杂性增加，普通的网络管理技术已不能适应网络发展的要求。早期的网络管理系统一般是厂商在自己的网络设备中开发的专用系统，难以对其他厂商的网络系统、通信设备和服务软件等进行管理，不太适应网络异构互联的发展趋势。20 世纪 80 年代初期 Internet 的出现和发展使人们对网络管理的需求进一步增加。研究开发者们迅速展开了对网络管理的研究，并提出了多种网络管理方案，包括 HEMS（High-level Entity Management System）、SGMP（Simple Gateway Management Protocol）、CMIS/CMIP（Common Management Information Service/Common Management Information Protocol）等。

因特网架构委员会（Internet Architectrue Board，IAB）最初制订的关于 Internet 管理的发展策略是采用 SGMP 作为暂时的 Internet 管理解决方案，并在适当的时候转向 CMIS/CMIP。SGMP 是在 NYSERNET（纽约州教育研究网络）和 SURANET（东南部大学研究联合网络）上开发应用的网络管理工具，而 CMIS/CMIP 是 20 世纪 80 年代中期国际标准化组织（ISO）和国际电报电话咨询委员会（CCITT）联合制订的网络管理标准。IAB 为此还成立了相应的工作组，对这些解决方案进行适当的修改，使它们更适合于 Internet 的管理。这些工作组随后推出了 SNMP（Simple Network Management Protocol 1988）和 CMOT（CMIP/CMIS Over TCP/IP 1989）等网络管理协议。以下进行简单介绍。

1．SNMP

简单网络管理协议（SNMP）的前身是 1987 年发布的简单网关监控协议（SGMP）。SGMP 给出了监控网关（OSI 第三层路由器）的直接手段，SNMP 则是在其基础上发展而来。最初，SNMP 是作为一种可提供最小网络管理功能的临时方法开发的，它具有以下两个优点：

- 与 SNMP 相关的管理信息结构（SMI）以及管理信息库（MIB）非常简单，从而能够迅速、简便地实现。
- SNMP 是建立在 SGMP 基础上的，而对于 SGMP，人们积累了大量的操作经验。SNMP 经历了两次版本升级，在前两个版本中（SNMP V1 & V2）SNMP 功能都得到了极大的增强，而在最新的版本（SNMP V3）中，SNMP 采用加密传输，在安全性方面有了很大的改善。

2．CMIS/CMIP

公共管理信息服务/公共管理信息协议（CMIS/CMIP）是 OSI 提供的网络管理协议簇。CMIS 定义了每个网络组成部分提供的网络管理服务，CMIP 则是实现 CMIS 服务的协议。

从全面性角度分析，CMIS/CMIP 的功能与结构跟 SNMP 很不相同，SNMP 是按照简单和易于实现的原则设计的，而 CMIS/CMIP 则能够提供支持一个完整网络管理方案所需的功能，相对比较复杂。

CMIS/CMIP 的整体结构是建立在使用 ISO 网络参考模型的基础上的，网络管理应用进程使用 ISO 参考模型中的应用层。在这层上，公共管理信息服务单元（CMISE）提供了应用程序使用 CMIP 协议的接口。同时该层还包括了两个 ISO 应用协议：联系控制服务元素（ACSE）和远程操作服务元素（ROSE），其中 ACSE 在应用程序之间建立和关闭联系，而 ROSE 则处理应用之间的请求/响应交互。

3．CMOT

公共管理信息服务与协议（CMOT）是在 TCP/IP 协议簇上实现 CMIS 服务，这是一种过渡性的解决方案。

CMIS 使用的应用协议并没有根据 CMOT 而修改，CMOT 仍然依赖于 CMISE、ACSE 和 ROSE 协议，这和 CMIS/CMIP 是一样的。但是，CMOT 并没有直接使用参考模型中表示层实现，而是要求在表示层中使用另外一个协议即轻量表示协议（LPP），该协议提供了目前最普遍应用的两种传输层协议 TCP 和 UDP 的接口。

4．LMMP

局域网个人管理协议（LMMP）设计之初是为 LAN 环境提供一个网络管理方案。LMMP 以前被称为 IEEE802 逻辑链路控制上的公共管理信息服务与协议（CMOL）。由于该协议直接位于 IEEE802 逻辑链路层（LLC）上，它可以不依赖于任何特定的网络层协议进行网络传输。

由于不要求任何网络层协议，LMMP 比 CMIS/CMIP 或 CMOT 都易于实现，然而没有网络层提供路由信息，LMMP 信息不能跨越路由器，从而限制了它只能在局域网中发展。

一、简单网络管理协议

简单网络管理协议（SNMP）是最早提出的、相对成熟的网络管理协议之一，得到广泛支持和应用，大多数网络管理系统和平台都是基于 SNMP 的。

1．SNMP 概述

SNMP 的体系结构是按以下目标进行设计的：保持管理代理（Agent）的软件成本尽可能低；最大限度地保持远程管理的功能，充分利用 Internet 的网络资源；体系结构必须有扩充的余地；保持 SNMP 的独立性，不依赖于具体的计算机、网关和网络传输协议。

SNMP 中还提供了四类管理操作。get 操作用来提取特定的网络管理信息；get-next 操作通过遍历来提取管理信息；set 操作用来对管理信息进行控制（修改、设置）；trap 操作用来报告重要的事件。

2．SNMP 管理控制框架与实现

1）SNMP 管理控制框架：SNMP 定义了管理进程（Manager）和管理代理（Agent）之间的关系，这个关系称为共同体（Community）。位于网络管理工作站（运行管理进程）上的进程和各网络元素（设备等）利用 SNMP 相互通信，从而实现对网络进行管理的软件统称为 SNMP 应用实体。若干个应用实体和 SNMP 组合起来形成一个共同体，不同的共同体之间用名字来区分，共同体的名字则必须符合 Internet 的层次结构命名规则，由字符串组成。而且，一个 SNMP 应用实体可以加入多个共同体。

SNMP 的应用实体对 Internet 管理信息库中的管理对象进行操作。一个 SNMP 应用实体可操作的管理对象子集称为 SNMP 管理信息库授权范围。SNMP 应用实体对授权范围内管理对象的访问仍然还有进一步的访问控制限制，比如只读、可读写等。SNMP 体系结构中要求对每个共同体都规定其授权范围及其对每个对象的访问方式，记录这些定义的文件称为

“共同体定义文件”。

SNMP 的报文源自每个应用实体，报文中包括该应用实体所在的共同体的名字。这种报文在 SNMP 中称为“有身份标志的报文”，共同体名字是在管理进程和管理代理之间交换管理信息报文时使用的。

管理代理通过上述预先定义的访问模式和权限来决定共同体中其他成员要求的管理对象访问（操作）是否允许。共同体概念同样适用于转换代理（Proxy Agent），只不过转换代理中包含的对象主要是其他设备的内容。

2）SNMP 实现方式为了提供遍历管理信息库的手段，SNMP 在其管理信息库中采用了树状命名方法对每个管理对象实例命名。每个对象实例的名字都由对象类名字加上一个后缀构成。对象类的名字是不会相互重复的，因而不同对象类的对象实例之间也少有重名的危险。

二、网络管理协议的改进

网络迅速发展，导致网络结构更为复杂。网络应用的日新月异，让网络管理员每天都要面对新的问题。很多企事业单位，在遇到网络问题时不知道应该如何去解决，只能采取看流量、拔网线等手段，排查周期长，也很难真正找出问题。

网络发展到一定阶段，必然要考虑到网络性能、网络故障与网络安全性问题。只有通过运用网络分析技术对网络流通数据的清晰认识，才能为故障的排查，性能的提升，以及网络安全的解决提供可靠的数据依据。

网络在信息化应用中具有重要的作用。网络管理需要管理者掌控网络中的所有设备，其中包括每个网卡的地址，网卡所处的空间位置等。管理者通过对网络中传输的数据进行全面的监控分析，就能从这些数据中获得网络中的各种行为，也包括网络问题，通过这些数据可以快速定位到相应网络设备的位置，从而进行预测和防范，对故障排除和性能调优进行更合理的管理。

从管理者的角度考虑，期望运行着的网络没有故障或者故障可以自愈，但是实际上这是不可能的。从网络发明至今，虽然许多厂商开发了非常好的网络安全产品，但是，网络故障还是存在，安全问题依然严重。随着网络应用的不断发展，新的漏洞、新的攻击、新的病毒不断出现，难以被基于特征库或病毒库的网络安全产品所识别，这种被动的防御总是滞后的。因此，安全管理要求网络管理员随时监控网络中流动的数据，分析其行为，判断其目的，从而采取更好的网络安全策略。

网络拓扑图能直观地监控到网络的运行情况，这就要求拓扑图中的网络设备都必须支持 SNMP，从图中能看到设备的组网情况和流量，但拓扑图中不显示终端主机，对解决网络问题的能力一般。

还可以采用矩阵图（Matrix）来进行网络管理。矩阵图中包含了终端主机，因此可以实时看到每台终端主机（也包括网络设备）之间的连接关系和流量情况，监控范围可以达到每台终端主机以及它们之间的各种应用，包括通信流量、资源利用率、主机活跃程度、服务应用开闭等，管理者可以监控到每台主机的工作情况以及网络相关问题，如：广播、攻击、扫描、嗅探、洪泛等。

网络分析产品能够帮助管理者提高解决网络问题的能力，它们一般拥有较好的算法模型，能够自动提取相关数据，自动适配模型，继而分析问题，并提出解决问题的方法。同时，它们具有网络数据的回放功能，便于管理员复盘，提高网络管理员的跟踪和追查能力，并帮助管理员建立新的管理策略。

第四节 网络管理的实现方式

网络管理分为集中式网络管理、分布式网络管理和分层式网络管理。

一、集中式网络管理

集中式网络管理较适合传统的局域网，因为局域网往往以行政单位来组建，因此较适合集中管理。以行政区域组建的局域网包括的主要管理对象有：服务器、客户机、各种网络线路与网络设备以及各种网络操作系统。在局域网中管理的对象数量和种类是有限，因此，网络管理从以下三个方面着手：了解网络、运行网络以及维护网络。

1．了解网络

管理网络的第一步工作就是了解网络，充分掌握网络的各种基础情况，对网络的各种信息进行记录建档，如设备名称、型号、工作年限、软件版本、维护周期等，它们是网络管理的基础。

（1）记录硬件情况

局域网由各种节点和连线组成，节点是终端主机和网络设备，包括服务器、客户机和交换机等设备。这些设备大部分支持 SNMP，通过标准识别命令或手动输入可以收集这些设备的硬件配置，包括品牌、型号、处理机数量和性能、内存大小、网络带宽、外设（例如打印机）、硬盘容量以及各种网络设备（交换机和路由器等）的性能，并建立基础设备的数据库。

（2）绘制拓扑结构

局域网中的连线就是网络的布线情况。常见的布线是星形、总线型和环形结构（无线网比较特殊，往往单独作为一个局域网来处理）。每种结构建设的成本不同、带宽不同、介质不同，有各自的优缺点。其次需要了解网络传输的信号方式。大部分局域网采用的是以太网方式，它是得到广泛应用的成熟标准。

（3）确定互联关系

终端设备接入网络的方式各异（拨号、宽带、光纤和无线等）。这些设备的接入方式在物理接口和信息的逻辑结构上均有不同，也是网络故障的多发点。管理员需要在管理系统中确定这些设备均能够与网络连通，并根据网络部署的情况记录下网络中各子网以及终端设备的 IP 地址分配。

（4）确定负载定位

网络负载主要是指链路上的流量，不同的链路能够承载的负载是不同的，流量的产生与用户的需求相关联，用户的数量、分布，服务器所在的位置、服务的内容和服务器的性能等是影响网络负载的主要因素。管理员需要掌握这些数据并进行分析，从而对网络负载分布情况有所了解。

2．运行网络

建立局域网后需要保证其正常运行，运行必须完成的工作有：配置网络，即选择网络操作系统，选择网络连接协议，配置客户机的网络软件，配置网络服务器，配置网络交换和路由设备，为网络用户分配权限，启动网络管理软件、防火墙，做好安全预案等。

（1）配置网络

首先选择网络操作系统。网络操作系统包括 UNIX、Windows、NetWare、VINES、Linux 等，这些网络操作系统有各自的优缺点，在局域网中使用 Windows 和 UNIX 较普遍（Linux 也是类 UNIX 的操作系统）。它们支持多种网络协议，有较强的技术支持，支持的软件较丰富，安全性也较好。

确定网络操作系统后需要选择网络协议，技术的发展使得 TCP/IP 广泛地在网络中使用，大部分网络都选择应用该协议。若有需要，也可以选择其他协议。

在确定了网络操作系统和网络协议之后，继续配置该网络中每台客户机的网络参数。这部分工作一般由用户自行完成。如 IP 地址、网关、DNS 服务器、代理服务器等的配置。

（2）配置网络服务器

服务器扮演了网络中信息源的角色，客户机是需要服务器来提供服务的。配置服务器时，需要区分系统存放的分区和数据存放的分区，它们的使用频度是不一样的。另外，也需要保证存储空间的安全使用以及控制访问的权限。服务器除了安装服务器操作系统外，还需要安装为各种服务所需的软件，如中间件、数据库、备份软件等。还要配置好外围设备，如共享打印机或存储阵列等。其后打开网络服务进程，开始为用户提供网络服务。

（3）网络安全设置

网络安全分为主动安全和被动安全，主动安全是管理用户（局域网内用户或局域网外用户），包括注册审查、登录认证及赋予访问权限。例如检查和设置用户（包含组）信息、改变账号密码和权限、限制账号有效时间等。服务器还要监控用户的行为并记录日志。平时，服务器需要定期检查哪些用户长期没有登录，对一些不再需要的用户账号进行注销。

查找并消除病毒是被动安全的一部分，由于网络的连通性，病毒在局域网中可以快速传播，危害非常严重，因此在网络中需要及时发现并杀死病毒。杀毒软件可以安装在服务器上，也可以安装在网络设备上，对网络中出现的异常进行监控，及时删除病毒和被感染的文件。对外部入侵的病毒可以通过防火墙和防毒墙进行抵御，对内部的病毒威胁可以在客户机安装杀毒软件来进行防御。

3. 维护网络

网络的正常运行需要良好的维护。网络维护工作包括故障检测和修复、网络日常检查及网络软件升级。

（1）网络故障检测和修复

在局域网中，网络故障表现为失联断网、停止服务、性能下降、拥塞等。断网是严重的故障，需要及时查找并进行修复，断网可以是物理因素，如断线、掉电、宕机等，也可能是软件的因素，如协议栈破坏、软件死锁等。断网以后的区域无任何信息可用，需要派出人工进行检修，必要时须启用备用链路。

停止服务是指某台服务器或某个服务器应用拒绝服务。例如当邮件服务器停止服务时，用户就无法收发邮件。此时，管理员需要通过检测装置（例如某个辅助软件或特殊的命令），进行测试和判断，若判定是服务器问题，则通过检测服务器处理器和内存的使用情况，判断是操作系统问题还是应用程序问题，根据情况不同，重启服务或者热启动。

性能下降也主要是服务器问题，例如 I/O 繁忙，用户数过多等。网络拥塞一般发生在网络设备中，例如请求数过多，病毒活动，寄生软件（比特币挖矿）等，在检测中均有不同程度的异常，管理员应按不同情况进行不同处理，恢复网络的正常运行。

（2）网络巡检

网络巡检是在网络正常运转情况下对服务器状态和网络运行情况的动态信息收集和分析的过程。定期比对数据，对出现异常进行记录并触发报警。

（3）网络升级

当网络设备固件或网络服务的软件有新的版本时，管理员应根据网络系统的情况选择升级。网络升级包括硬件设备的固件升级，服务器操作系统的升级，应用软件版本的升级，授权或许可的升级，安全设备特征库的升级等。

网络升级一般需要在设备或软件的官方网站进行，或者用专门的升级介质（光盘等）进行，升级过程中要保持升级包是干净的，不含额外的代码。升级前需要做好快照，以备升级不成功能够还原到起始状态。升级并不是必需的，若升级后的固件或软件有可能在原网络环境中无法正常工作，那么还是不升级为好。这需要管理员谨慎从事。

二、分布式网络管理

当前本地局域网结构已经从共享网络发展到交换网络，交换网络较大地改变了网络管理的传统方式。传统方法使用网络探测器 （Remote Network Monitoring，RMON）进行网络设备和结构的识别，其设计基础是认为整个网络为一个共享网络。某些网络设备厂商把 RMON 软件固化到交换机或网卡上，在完成正常网络的传输工作以外，同时收集关联设备和网段的数据，并在适当的时候或定期将这些数据传送到指定的服务器上，这种管理方式称之为分布式的 RMON。在此基础上实现的网络管理称为分布式网络管理。

分布式网络管理的特点如下：

1．基于策略的自适应管理

基于策略的自适应管理具备自我设置策略或规则的能力，分布式网络管理根据策略或规则对网络的行为做出性能与安全性方面的响应，它记录了用户的应用配置文件，根据网络实时状况以决定其相应的服务质量级别和带宽需求。基于策略的自适应管理降低了计算机网络管理的强度。

2．分布式查找与监测

分布式查找与监测是将网络管理任务进行分解，将设备查找、拓扑监测和状态轮询等工作由网管工作站移到一个或多个远程工作站或代理工作站中，减少中央管理工作站的工作负载以及网络链路中的数据流量。

采用分布式网络管理，装有网管软件的工作站可配置为前端采集工作站或中央管理工作站。采集工作站负责采集管理对象的信息并汇总到中央工作站。一个管理工作站可通过该工作站或间接通过一个或多个管理控制台将网管功能提供给管理员。

3．智能过滤

在大规模的网络环境中，为降低管理信息负荷，分布式网络管理采用智能过滤系统以减少数据量。智能过滤系统能将不同的采集信息保留在本地或进行传送，可以在大规模的网络中实现管理的分级。分布式网络管理采用四种过滤器进行过滤，即查找过滤器、拓扑过滤器、映像过滤器和告警与事件过滤器。

4．分布式阈值监测

阈值监测可以让管理员能够在网络故障发生之前发现问题，并将出现故障或问题的域进行隔离。前端采集工作站可独立地从其相关的对象中收集 SNMP 和 RMON 趋势数据并根据数据的情况激活 Action-On-Event 阈值，同时有选择地将数据转发给中央工作站。

三、分层式网络管理

针对传统 SNMP 集中式网络管理的不足，分层式网络管理模型被提了出来。该模型在网络管理中采用了代理技术，提出了中层管理站的概念，解决了传统网络管理中资源占用和动态扩展性差的问题，提高了大规模网络管理的效率。

电信网是典型的分层式网络结构，核心交换机只负责高速传送数据包至分布站点，然后这些站点再把数据包转送至合适的边界交换机，边界交换机连接的是最终用户。分层式体系结构取消了边界路由器的路由工作，在网内建立了一个骨干通道来确保高效的数据传输。分层体系结构在骨干通道上提供了高速的数据包运输，同时通过独立的分布站点和最少的路程段，尽快地把数据传输到适当的用户。

分层式网络必须具备较高的灵活性，在末端能够增加或删除用户及设备，但又不会影响到网络的其他部分，也不降低网络的性能。分层式体系结构能提供安全访问，支持用户权限的划分，保证用户间的隔离。分层式体系结构的每一层都具备智能化功能，自动处理本层内的各项业务需求。

第五节　网络服务概述

网络服务目前分为两大类：网络服务提供者（简称 ISP）与网络（信息）内容提供者（简称 ICP）。同时又将网络服务提供者（ISP）分为提供内容服务的网络服务提供者和提供网络接入服务的网络服务提供者，提供内容服务的网络服务提供者一般指提供电子公告板（BBS）、邮件新闻组（News Group）、聊天室、微博、微信等；提供内容服务的网络服务提供者对网络信息不具有编辑控制能力，而网络（信息）内容提供者（简称 ICP）主要提供的是互联网信息搜索、整理加工等服务，例如新浪，搜狐等，ICP 具有内容编辑能力。至于网络接入服务提供者主要指电信运营商，它们提供了网络运行所需的物理基础。

随着时代的发展，互联网的服务模式已经呈现交叉渗透和多元的情况，简单的分类不足以包含所有的情况。对于网络操作系统来讲，我们更关心的是技术手段以及协议标准，而将内容服务、信息服务以及信息结构等问题留给了信息管理来完成。因此，我们所指的“网络服务”是指组成一个网络的系统在运行时能够提供的技术服务。典型的网络服务有 DHCP（Dynamic Host Configuration Protocol）、DNS（Domain Name System）、FTP（File Transfer Protocol）、Web、Telnet、WINS（Windows Internet Naming Server）、SMTP（Simple Mail Transfer Protocol）等。它们主要分为三个大类：工具类，讨论类，信息查询类。

1．工具类

在 Internet 上用得最为广泛的服务就是电子邮件。电子邮件能将信息从一台计算机发送到另一台计算机。这些信息可以是文件、图片、数据等。信息通常可以在几分钟内收发完成。电子邮件系统大部分采用简单邮件传输协议（SMTP）来完成。

Internet 的另一项服务称为文件传输协议（FTP）。FTP 允许用户从一台计算机向另一台计算机传递文件，特别是较大的文件。大多数情况下，用户使用 FTP 在远程计算机和自己的计算机之间传送文件。也可以从一台远程计算机向另一台远程计算机传送文件。

Internet 的其他项服务还有远程登录（Telnet）服务，它允许用户使用远程计算机来处理事务。通过这项服务，用户可以连接到 Internet 的任何主机上。建立连接后，就可以用通常的方式登录到远程计算机上，并对它进行操作。用户计算机作为远程主机的终端使用。Telnet 还允许两个程序通过 Internet 交换数据，进行协同工作。

2．讨论类

- 电子公告系统（BBS）。用户可以通过 BBS 进行各类信息的查看、打印，也可以进行相关主题的讨论、发布意见、网上交流和上传下载文件。
- 电子新闻组（News Group）。电子新闻组中的新闻议题通过不同的群组（Group）来分类。随着万维网的兴起和技术进步，电子新闻组呈现衰退的现象。

3．信息查询类

这类服务主要提供给用户各种在 Internet 上查询信息的工具。

万维网（World Wide Web）是一种 Web 服务，又称 WWW。Web 以超文本的方式组织数据，用户可以在文档之间自由地切换，从多方面了解事物的信息。Web 是在网络上发布公共信息的一种形式。它集成了 Internet 上的 FTP、Telnet、WAIS（Wide Area Information System）、Gopher 的大部分服务功能。

分散式文件查询系统（Gopher）：是一个多级菜单系统，用菜单的形式显示 Internet 的资源。它主要提供以文件为单位的信息，适合办公室环境使用。目前其支持的文件类有一般文字、图形、声音等，并可以执行全文检索功能。

广域网上信息的检索查询（WAIS）：它提供了一套类似自然语言的界面，让用户以平常讲话的方式询问计算机问题，并显示查询结果。

一、网络基础服务

网络能做的工作有很多，其中最基础的是动态主机配置协议（DHCP）。

计算机要在网络上能够被识别，必须要有自己的标识。在不同的网络环境下计算机的标识是不同的，在 Internet 上，一般是以一个四字节的地址来表示，称为 IP 地址。这个地址的标识可以由用户自己设定（在分配的范围内），也可以由网络系统的管理者来分配。

在使用动态主机配置协议（DHCP）的网络里，用户的计算机可以从 DHCP 服务器那里获得上网的参数，主要是 IP 地址和 DNS。这一过程中用户几乎不需要做任何手动的配置。一般情况下，DHCP 服务器会尽量保持一台计算机使用同一个 IP 地址上网。如果计算机长时间没有活动或配置为使用动态地址上网，DHCP 服务器就会把这个 IP 地址分配给其他计算机。IP 地址的数量是有限的，为了更好地利用这些资源，一般都会使用动态分配 IP 地址的方式。

二、DNS 域名解析

计算机在网络上进行通信时只能识别如“202.101.139.188”之类的 IP 地址，而不能直接识别如“www.baidu.com”之类的域名，因此，想要让好记的域名能被网络所认识，则需要在域名和网络 IP 地址之间有一个“翻译”，它能将域名翻译成网络能够识别的 IP 地址，

DNS 服务器就是做这种翻译工作。DNS（Domain Name System 或者 Domain Name Service）指域名系统或者域名服务。域名系统为 Internet 上的主机分配域名和 IP 地址。用户使用域名，DNS 就会自动把域名转为 IP 地址。

1．Internet 的域名管理

DNS 的核心是分级的、基于域的命名机制，以及为了实现这个命名机制而建立的分布式数据库系统。同时它也是一个应用层协议，实现将不定长的 ASCII 字母和数字表示的域名或电子邮件地址映射为 IP 地址。

通常，Internet 的每一个主机必须有一个网络地址，称为 IP 地址。在 IPv4 的系统里，一个 IP 地址由 4 个字节组成。其中的每个字节都被句点分隔开来，表示为 0 到 255 的十进制数字，例如 127.1.1.10。

Internet 地址有四种类型。如图 6-1 所示。A 类地址适用于主机较多的网络；B 类地址适用于主机数和子网络数适中的网络；C 类地址适用于子网络数多的场合；D 类用于广播、多播等特殊应用。

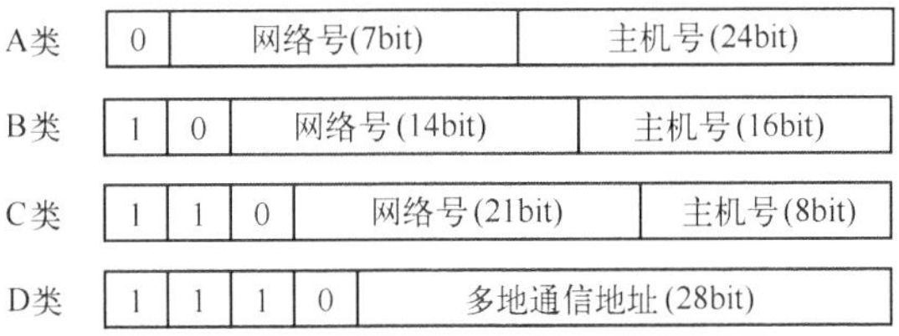

图 6-1　Internet 地址类型

因为地址是由网络号和主机号组成的，网间连接设备可以很方便地提取目的主机的网络号，将此网络号作为路由选择的依据。这样网间设备不必了解每一个主机的 Internet 位置，只需知道其网络位置。这么做的主要原因是将域名解析分布到各个子网中，降低主域名解析的负担。同时，也避免单一域名服务器故障引起的 Internet 的瘫痪。

由于我们将一个网络的 Internet 地址人为地分为 A、B、C 和 D 组，故域名解析可以分为两步，先解析网络号，再解析子网内的主机号。但是 IP 地址的长度是固定的，因此，A、B 和 C 组各自子网内的主机数量上是不同的。

2．地址转换

DNS 通常完全是由其他的应用层协议（包括 HTTP、SMTP 和 FTP）所使用，以将用户提供的 ASCII 字符的主机名解析为 IP 地址。例如，当某个用户主机上的一个浏览器（即一个 HTTP 客户机）请求浏览 http：//www.sohu.com/html 时。为了使用户的主机能够将一个 HTTP 请求报文发送到 Web 服务器 www.sohu.com，该用户主机必须获得 Web 服务器相应的 IP 地址。因此，首先在同一个用户主机上运行 DNS 应用的客户机端。该浏览器从上述 URL 中解析出主机名 www.sohu.com，并将这个主机名传给 DNS 应用的客户机端。作为 DNS 请求报文的一部分，该 DNS 客户机向 DNS 服务器发送一个包含主机名的请求。该请求中当然也包含客户机本地的 IP 地址，以便 DNS 服务器向该 DNS 客户机发送一份回答报文，其中含有对应于 www.sohu.com 的该主机名的 IP 地址。接下来，浏览器会与拥有该 IP 地址的主机上的 HTTP 服务器进程建立一个 TCP 连接，从而接收 HTTP 服务器传递过来的信息并进行显示，完成一次 Internet 连接，如图 6-2 所示。

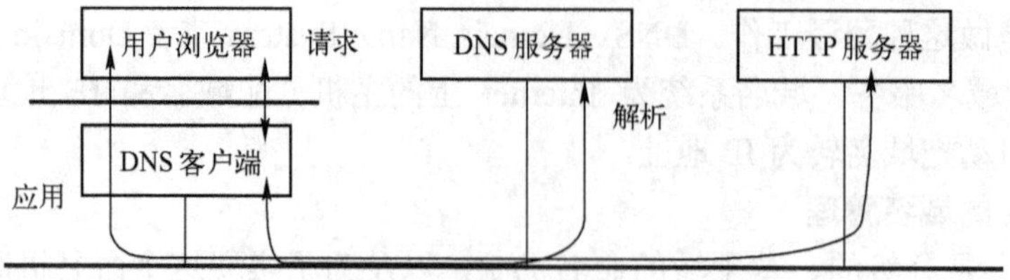

图 6-2　一次 DNS 服务的示例

从上述例子中可以看到，DNS 给使用它的 Internet 应用带来了额外的时延，若 DNS 服务器在网络上距离用户比较远，有时时延会很明显。为此，网络上一般分布有多个 DNS 服务器，而且离用户比较近，经常访问的 IP 地址通常会缓存在上面，这有助于减少 DNS 的网络流量和平均时延。

当然，对 DNS 服务器的配置和分布，与 DNS 服务和子网（本地）DNS 服务，以及权威 DNS 服务的设置和分布是网络工程中的重要内容，需要了解可参阅相关文献。

第六节　电子邮件 E-mail

一、电子邮件的概念

与普通邮件一样，电子邮件是一种异步通信媒介，人们可以在任何时候收发邮件，无须与其他人的操作进行同步或协调。电子邮件的优点是更为快捷并且易于分发，而且价格低廉。使用邮件列表，一封邮件报文可以一次发送给数以千计的接收方。另外，现代电子邮件已经可以包含附件、超链接、HTML 格式文本、图像、语音、音乐、视频和程序等。

电子邮件具有以下特点：

1）速度快。利用电子邮件发送邮件比通过邮局发送邮件要快得多。

2）异步传输。电子邮件是以一种异步方式进行传送的。即使邮件接收方当时不在场，发送方也可以发送邮件给他。接收用户可以根据自己的工作安排处理接收到的邮件。

3）费用低。电子邮件传送信息的费用比传真、电话，以及邮局传送邮件的费用要低得多。

二、结构和服务

如图 6-3 所示是电子邮件系统的结构图，该系统主要有 3 个部分组成：用户代理（User Agent）、邮件服务器（Mail Server）和简单邮件传输协议（Simple Mail Transfer Protocol）。

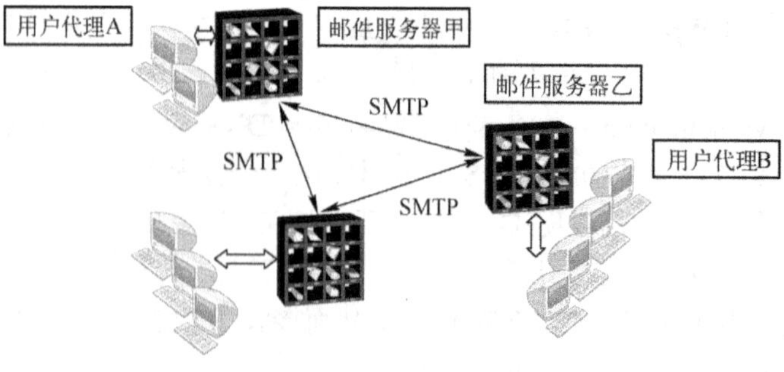

图 6-3　电子邮件系统的结构图

SMTP 是一组由源地址到目的地址传送邮件的规则，它控制着邮件的发送、中转或分发方式。SMTP 属于 TCP/IP 协议簇，它用于电子邮件系统在发送、中转或分发邮件时找到下一个目的地。通过 SMTP 所指定的服务器，发件人就可以把电子邮件寄到收信人的服务器上了。SMTP 服务器是遵循 SMTP，专门用来发送、中转或分发邮件的服务器。

三、电子邮件的工作方式

在 Internet 中电子邮件使用相当频繁，下面我们以实例来说明电子邮件的工作方式。

假设发送方 A 发电子邮件给接收方 B。发送方 A 打开用户代理（用户代理有时也称为邮件阅读器，体现为一个在用户端的软件，例如 Microsoft 的 Outlook）。用户代理允许用户阅读、回复、发送、保存和撰写报文。当发送方 A 完成邮件撰写，并发送他的邮件后，用户代理向其邮件服务器“甲”发送该邮件（邮件服务器通常设在某一台服务器上），此时该邮件被放在邮件服务器发送队列中。

现今新的用户代理提供了可以让发送者通过 HTTP 方式来阅读、回复、发送、保存和撰写报文的手段。

邮件服务器组成了电子邮件体系结构的核心。一个典型的邮件发送过程是，从发送方用户代理将邮件打包后传送到发送方的邮件服务器“甲”，发送方的邮件服务器“甲”以 SMTP 的方式，找到接收方的邮件服务器“乙”并将邮件发送过去，在接收方的邮件服务器“乙”里邮件被分发到接收方的邮箱中。接收方 B 利用用户代理登录到他的邮箱中读取邮件报文，登录时，邮件服务器“乙”包含的邮箱对接收方 B 的身份进行验证（用户名和口令）。用户验证通过后，接收方 B 可以打开并阅读属于自己的邮件。如果发送服务器“甲”由于种种原因不能将邮件投递到邮件服务器“乙”时，邮件服务器“甲”便会在一个报文队列（Message Queue）中保持该报文并在以后定时尝试再次发送。如果在设定的时限内仍不能成功，服务器“甲”删除在队列中的报文并以电子邮件的形式通知发送方 A（电子邮件发送到 A 的邮箱）。

简单邮件传送协议（SMTP）是因特网电子邮件中主要的应用层协议。它使用 TCP 从发送方的邮件服务器向接收方的邮件服务器发送邮件。像大多数应用层协议一样，SMTP 也有两个部分：运行在发送方邮件服务器的客户机端和运行在接收方邮件服务器的服务器端。当一个邮件服务器向其他邮件服务器发送邮件时，它就表现为 SMTP 的客户机；当邮件服务器从其他邮件服务器上接收邮件时，它表现为 SMTP 的服务器。所以 SMTP 客户机和 SMTP 服务器之间是直达的，一般不使用中间服务器接发邮件。

一般邮件服务器将邮件投递到接收方 B 的邮箱里后，接收方 B 是通过登录到服务器主机并直接在该主机上运行用户代理程序来阅读他的邮件的。但是，用户阅读电子邮件的典型方式是通过在他的终端上（与服务器脱离）运行一个用户代理进行的，这里的终端可能是办公室的 PC，也可以是智能手机等。通过运行在终端上的用户代理，用户可以享受一系列丰富的特性，包括查看多媒体报文和附件。

如图 6-4 所示详细说明了电子邮件的工作方式。

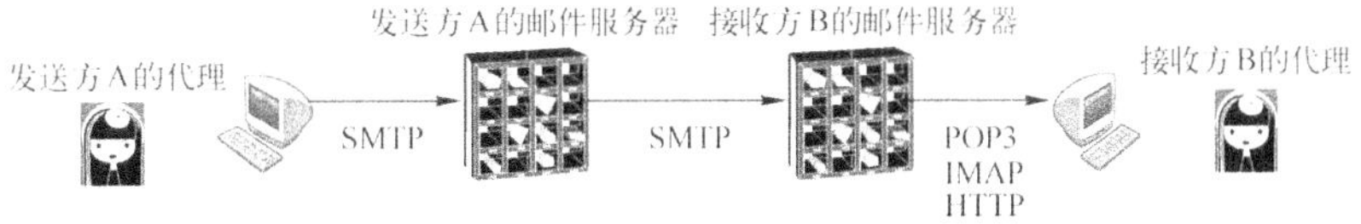

图 6-4　电子邮件协议与通信实体

发送方 A 的邮件服务器不能直接与接收方 B 的 PC 机进行对话。因为不能保证接收方 B 的邮件服务器总是保持开启状态并一直保持在线。一般，发送方 A 的用户代理先将电子邮件报文用 SMTP 推到他的邮件服务器上，接着他的邮件服务器（作为一个 SMTP 客户机）再用 SMTP 将邮件转发到接收方 B 的邮件服务器。

接收方 B 采用一个特殊的邮件访问协议来将接收方 B 邮件服务器上的邮件传送到 PC。目前有多个流行的邮件访问协议可供使用，包括 POP3（第三版的邮局协议，Post Office Protocol Version 3）、IMAP（因特网邮件访问协议，Internet Mail Access Protocol）以及 HTTP。

第七节　文件传输协议 FTP

一、FTP 的概念

文件传输协议 FTP（File Transfer Protocol）是 Internet 传统的服务之一。FTP 服务提供了用户在两个联网的计算机之间传输文件的功能，它是 Internet 传递文件，特别是大文件最主要的方法之一。此外，FTP 还提供了登录、目录查询、文件操作及其他会话控制功能。

FTP 协议是文件传输协议，运行在 TCP 上。FTP 使用了两个并行的 TCP 连接，一个是控制连接（Consol Connection），一个是数据连接（Data Connection）。控制连接用于在两主机之间传输控制信息。如用户标识，密码等，改变远程目录的命令以及“put”和“get”命令。而数据连接用于传输文件本身的数据。因为 FTP 使用分离的控制和连接，因此，也称 FTP 是控制信息带外（Out-of-Band）传送的。FTP 的控制和数据连接如图 6-5a 和 b 所示。

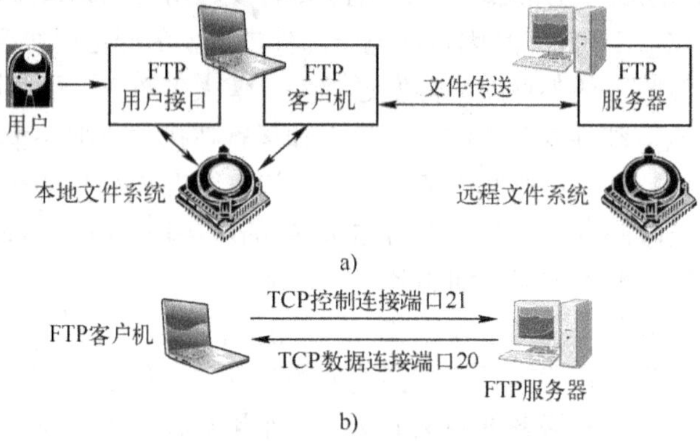

图 6-5　FTP 协议的控制和数据连接

a) 用户 FTP 文件服务的模型　b) FTP 协议的连接方式

二、FTP 的工作原理

FTP 是一个客户/服务器系统。用户运行一个客户端程序 FTP，连接到运行服务器程序的远程主机上，用户通过客户端程序向服务器程序发出控制信息，服务器程序执行用户所发出的控制信息。如：用户发出控制信息要求服务器向用户传送一份某文件。服务器响应这一控制信息，并将对应的文件传送到用户的客户机上。客户端程序代表用户收到这个文件，并将其存放在用户自己的文件目录中。

在 Internet 上利用 FTP 传送文件有一个限制，用户必须有相应的基本的权限。

当客户机（客户端程序）与服务器（服务器程序）开始 FTP 会话前，FTP 的客户机（用户）首先与服务器（远程主机）在 21 号端口上建立一个用于操作控制的 TCP 连接，FTP 的客户机通过该连接发送用户标识和控制信息，也在其上发送改变远程目录的指令。当 FTP 的服务器从该控制连接上收到一个文件传输的指令后（读或写），就启动初始化一个到客户机的数据连接，使用该数据连接传送文件，传送完毕后该连接关闭。如果在同一次会话中，用户还需要传输另一个文件，那么用户用操作控制连接指令打开另一个数据连接并进行传输。这样，在 FTP 中，控制连接贯穿了整个用户会话期间，会话中的每一次文件传输都需要建立一个新的数据连接。FTP 服务器在整个会话期间都需要保留用户的状态信息，并与指定的用户账号绑定，追踪用户在远程目录树上的位置。服务器对每个活动着的用户会话及其控制连接的状态进行追踪，并根据设置对同时进行的会话的总数进行限制。

三、FTP 的功能

FTP 主要完成 Internet 上主机之间的文件传输。在典型的 FTP 会话中，用户位于本地（客户）主机，向远程主机（服务器）上传或者下载文件。

用户在访问远程主机时必须具备相应的权限，他必须是服务器的一个用户，具有用户名和登录口令并赋予了相应权限。如果是下载文件，那么必须对远程文件具有读权限，对本地主机具有写权限；如果是上载文件，则必须对本地主机上的文件具有读权限，而对远程主机具有写权限。如果访问对象是目录，那么需要获得目录的运行许可。

当用户通过一个 FTP 用户代理与 FTP 服务器交互时，用户首先提供给用户代理远程主机的主机名，建立起本地主机 FTP 客户机进程到远程主机 FTP 服务器进程的 TCP 连接。用户接着提供用户名和登录口令，建立起 FTP 的连接并进行传送。

FTP 还可以利用其建立的控制连接通道，使用操作系统提供的内部命令实现一些特殊功能，例如改变文件传输模式、实现多文件传输等。

使用 FTP 时必须首先登录，绑定用户并在远程主机上获得相应的权限，然后才可以下载或上传文件。这种情况与 Internet 的开放性相悖。Internet 上的 FTP 主机很多，不可能要求每个用户在每一台主机上都拥有账号。匿名 FTP 就是为解决这个问题而产生的。

匿名 FTP 无须登录口令，无须绑定账号，用户可通过它连接到远程主机上，并从其下载或上传文件。为此，系统管理员在服务器上建立了一个特殊的用户，名为 anonymous（匿名用户），口令任意，Internet 上的任何人在任何地方都可使用该用户账号。

通过 FTP 程序连接匿名 FTP 主机的方式同连接普通 FTP 主机的方式基本一致，只是用户账号用统一的 anonymous，该用户账号的登录口令可以是任意的字符串。习惯上，用户用自己的 E-mail 地址作为口令，使系统维护程序能够记录下来谁在存取这些文件。

从信息安全角度看，匿名 FTP 不适用于所有 Internet 主机，它只适用于那些提供了这项服务的主机。

四、FTP 的运行

需要进行远程文件传输的计算机一般均安装和运行 FTP 客户端程序。在 Windows 操作系统中，通常都支持 TCP/IP，其中就包含了 FTP 客户端程序。FTP 可以通过启动资源管理器或 IE 浏览器来启动（视 Windows 版本和 IE 版本不同而不同）。例如，使用 IE 浏览器时，用户只需要在 IE 地址栏中输入如下格式的地址：

ftp://[用户名：口令@]ftp 服务器域名[：端口号]

如图 6-6 所示为在图形化窗口下登录到服务器进行 FTP 传输的示意图（使用的是 IE 浏览器，具有 FTP 功能）。

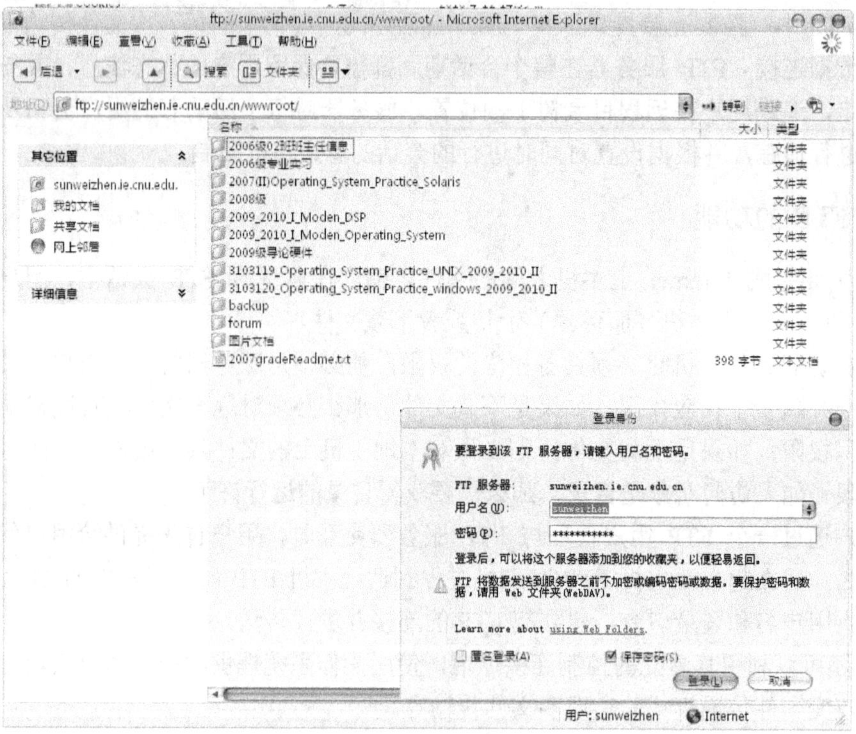

图 6-6　IE 浏览器下 FTP 文件

如图 6-7 所示，在 cmd 下输入 ftp 命令后按〈Enter〉键进入 FTP 模式，然后输入 open 202.204.220.10 命令行来建立一个连接（此方法也适用于 Linux 操作系统中用来连接 FTP 服务器）。用户登录成功后，通过 ls 命令列出目录，通过 get 命令下载 2007gradeReadme.txt 文件到本地。使用 put 命令上传亦然。

通过 IE 浏览器启动 FTP 的方法是一种途径，但是传输速度较慢，还会将密码暴露在 IE 浏览器中。因此，需要较多使用 FTP 时一般都安装并运行专门的 FTP 客户程序，例如 FileZilla 或 Cuteftp。

在 cmd 命令行下也可以用上述方法连接，图 6-7 所示表示了到文件服务器下载一个文件的整个过程。

UNIX 操作系统的 FTP 服务大部分使用命令行方式。

```
命令提示符 - ftp
Microsoft Windows XP [版本 5.1.2600]
(C) 版权所有 1985-2001 Microsoft Corp.

C:\Documents and Settings\SunWZ>ftp
ftp> open 202.204.220.10
Connected to 202.204.220.10.
220 ProFTPD 1.3.0 Server (ProFTPD Default Installation) [202.204.220.10]
User (202.204.220.10:(none)): sunweizhen
331 Password required for sunweizhen.
Password:
230 User sunweizhen logged in.
ftp> cd wwwroot
250 CWD command successful
ftp> ls
200 PORT command successful
150 Opening ASCII mode data connection for file list
图片文档
3103119_Operating_System_Practice_UNIX_2009_2010_II
2009_2010_I_Moden_DSP
2006级专业实习
backup
2007gradeReadme.txt
2009级导论硬件
2006级02班班主任信息
2008级
3103120_Operating_System_Practice_windows_2009_2010_II
2007(II)Operating_System_Practice_Solaris
forum
2009_2010_I_Moden_Operating_System
226 Transfer complete.
ftp: 收到 319 字节，用时 0.00Seconds 319000.00Kbytes/sec.
ftp> get 2007gradeReadme.txt
200 PORT command successful
150 Opening ASCII mode data connection for 2007gradeReadme.txt (398 bytes)
226 Transfer complete.
ftp: 收到 407 字节，用时 0.00Seconds 407000.00Kbytes/sec.
ftp>
```

图 6-7　Windows 下利用命令行下载文件

第八节　Web 服务

一、WWW 概念

World Wide Web（简称 WWW，也称万维网）是一种特殊的结构框架，它的目的是为了访问遍布在 Internet 上的文件。

对用户来说，WWW 最具有吸引力的就是网络服务（Web）的按需操作。当用户需要时，就能从 Web 上得到他所想要的内容。这不同于广播和电视，用户只能收听收看节目提供者提供的节目。Web 除了可以按需操作以外，还有其他很多特性。Web 的超文本格式信息系统可以使任何人方便地从超文本数据库找到所需相关信息。还有，Web 是跨平台的。跨平台是指通过任何的计算机、使用任何操作系统、使用任何终端都能访问 Web。另外，Web 提供的信息还是分布式的。Web 把信息分布在全球成千上万个站点上，每个站点只负责提供它所发布的信息。任何一个用户只需要到那个站点上阅读自己所需要的信息。

二、WWW 与 Internet

Internet，也就是因特网，是全世界最大的国际互联网络。不同的计算机和不同的计算机局域网、广域网都可以与 Internet 相连。Web 是 Internet 上发展最快的网络服务，是 Internet 上最主要的服务之一。通常，Internet 是指物理网络，由计算机，路由器，交换机等组成；

Web 是以 HTTP 按超文本方式在 Internet 互联网上提供的内容服务。

HTTP 协议是 Web 使用的协议，由 HTTP 服务器使用。该协议是 Internet 上进行特殊文件传输使用的协议。HTTP 由两部分组成：从浏览器到服务器的请求集，以及从服务器到浏览器的应答集。HTTP 支持两种请求：简单请求和完全请求。

超文本（Hyper Text）是一种特殊文件格式，由网页浏览器（Web Browser）的程序解释运行。网页浏览器从网页服务器取回称为“文档”或“网页”的特殊文件并解释运行。运行结果通常显示在浏览器的窗口中。用户可以随着网页上的超链接（Hyper Link），再次取回文件进行运行，也可以根据需要送出数据上传给服务器。按超链接的指引不断取回文件的过程称为浏览网页。

所以，Internet 上的服务器，使用标注语言 HTML 组织 Web 要发布的信息，按照 Web 的通信协议（HTTP）传播所发布的信息而组成了万维网。

三、Web 的工作原理

Web 采用客户/服务器模式，它是由分布在 Internet 上的成千上万个 Web 服务器和 Web 浏览器构成的。建立 Web 服务器已成为 Internet 上发布信息的重要手段之一。

在万维网上阅读一个网页，或者下载网络资源的时候，用户首先要在浏览器的网址栏上输入网页的统一资源定位符（URL：Uniform Resource Locator），或者通过超链接方式链接到你所需的那个网页或网络资源。

有了 URL 之后，首先的工作是解析 URL 服务器，通过域名系统 DNS 解析，并根据解析结果引导进入哪一个 IP 地址。

取得 IP 地址后，浏览器向那个 IP 地址上的服务器发送一个 HTTP 请求。服务器上安装有 HTTP 的服务，得到请求后，将用户所需的 HTML 文本、图片和构成该网页的一切其他文件发送回用户本地。

浏览器（IE 或 FireFox 等）接下来的工作是把 HTML、CSS 和其他接收到的文件所描述的内容，加上图像、链接和其他必需的资源，在浏览器中显示给用户。于是用户就看到了所谓的“网页”。

大多数的网页包含有其他的超链接指向相关网页，可能还有下载、源文献、定义和其他网络资源。像这样通过超链接，把有用的相关资源组织在一起的集合，就形成了一个所谓的信息的“网”。

HTTP 是 Web 的应用层协议。HTTP 由两部分程序实现：客户机程序和服务器程序，它们运行在不同的端系统中，通过交换 HTTP 报文进行会话。HTTP 定义了这些报文的格式以及客户机和服务器进行报文交换的方式。

HTTP 使用 TCP 作为底层运输协议。HTTP 客户机初始化建立与服务器的 TCP 连接，一旦连接建立，浏览器和服务器进程就可以通过套接字访问 TCP。一旦客户机发送了一个 HTTP 请求报文，该报文就“脱离客户机的控制”并“进入 TCP 的控制”。由于 TCP 为 HTTP 提供了可靠的数据传输服务。所以客户机进程发出的每个 HTTP 请求报文最终能完整地到达服务器；同样，服务器进程发出的每个 HTTP 响应报文最终能完整地到达客户机。

与 FTP 不同，HTTP 服务器向客户机发送被请求的文件时并不存储任何关于该客户机的状态信息。假如某个特定的客户机在短短的几秒钟内两次请求同一个对象，服务器并不会因为刚刚为该用户提供了该对象就不再做出反应，而是重新发送该对象，就像该服务器已经完全忘记不久之前所做过的事一样。因为 HTTP 服务器并不保存关于客户机的任何信息，我们说 HTTP 是无状态协议。

还有与 FTP 不同的是，HTTP 的控制信息和数据均包含在协议包之中，并没有另外的控制通道。

四、URL

在 Web 的客户端用到了 URL 资源定位器。当 Web 建立第一次连接时，或超链接从一个页面指向另一个页面时，需要使用定位页面的机制，这里采用统一资源定位器 URL（Uniform Resource Locator）来解决此问题。

URL 由三个部分组成：协议、页面所在服务器的 DNS 名字（必要时要加端口号）、路径和文件名。例如：

http://baike.baidu.com/view/1496.htm

这个 URL 由 3 部分组成：协议采用 HTTP 协议、主机的 DNS 名为 baike.baidu.com，路径为 view，文件名为 1496.htm。如图 6-8 所示。

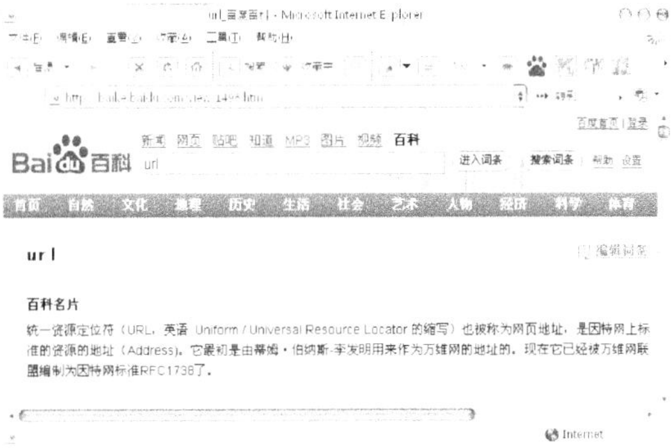

图 6 8　URL 资源定位器示例

第九节　远程登录服务

一、Telnet 的概念

有的时候我们需要运行一些很大的程序，而自己的计算机又达不到运行这个程序所必需的配置，在这种情况下，我们可以通过网络连接上一台功能强大的超级计算机，并且把自己的计算机模拟成那台超级计算机的终端，进而达到在超级计算机上运行复杂程序的目的。这种利用网络远程登录到其他计算机上，并且以虚拟终端方式遥控程序运行的方法就是 Telnet。

二、Telnet 的实现

Telnet 协议是 TCP/IP 协议簇中的一员，是 Internet 远程登录服务的标准协议。应用

Telnet 协议能够把本地用户所使用的计算机变成远程主机系统的一个终端。它提供了三种基本服务：

1）Telnet 定义一个网络虚拟终端为远程系统提供一个标准接口。客户机程序不必详细了解远程系统，他们只需使用标准接口的程序即可。

2）Telnet 包括一个客户机和服务器协商的机制，并提供了一组标准选项。

3）Telnet 对称处理连接的两端，即 Telnet 不强迫客户机从键盘输入，也不强迫客户机在屏幕上显示输出。

当用 Telnet 登录进入远程计算机系统时，客户端启动 Telnet 客户程序，它运行在用户的本地机上；Telnet 服务器程序运行在用户要登录的远程计算机上。本地机上的客户程序要完成如下的工作：

1）建立与服务器的 TCP 连接；

2）从键盘上接收输入的字符和字符串；

3）把输入的字符和字符串变成标准格式并送给远程服务器；

4）从远程服务器接收输出的信息；

5）把该信息显示在 Telnet 窗口中或屏幕上。

远程 Telnet 服务器的 Telnet 服务程序监听客户端连接，一旦接到连接的请求，就马上被激活，并完成如下的功能：

1）通知客户端计算机，远程计算机已经准备好了；

2）等候用户输入命令；

3）对输入的命令做出反应（如显示目录内容，或执行某个程序等）；

4）把执行命令的结果送回给用户的计算机；

5）重新等候输入的命令。

三、Telnet 应用

Telnet 应用一大优点在于操纵远程计算机与使用身旁的计算机一样方便。

使用 Telnet 的前提是你需要在远程计算机上注册，取得权限。例如对于一台 UNIX 系统的计算机，必须具有一个用户标识和口令，同时远程计算机提供 Telnet 服务。

Telnet 服务的使用过程如下：客户端需要运行一个特殊的远程登录程序，即 Telnet 程序。该程序通过网络（可以是局域网或广域网）连接到某一台计算机。该计算机运行着 Telnet 服务。当连接成功后，Telnet 程序就成为用户与服务器之间的中介。用户通过键盘输入的所有动作都传送给服务器，而服务器标准输出即显示器显示的内容也将返送到客户计算机并在 Telnet 终端窗口上显示出来。其操作过程似乎与远程运行有 Telnet 服务的计算机直接连在一起。

在 Telnet 术语中，用户计算机称为“本地计算机”（本地机），而 Telnet 程序所连接的另一台计算机称为“远程计算机”（远程机）。无论两台计算机的物理距离有多远，是在同一张桌子上还是在遥远的天边。

Telnet 现在被更加安全的 SSH 所替代，但是其功能是一致的。

第十节 代 理 服 务

一、代理服务器

代理服务器（Proxy Server）是网络上的一种特殊服务器。

通常情况下，当用户向服务器请求资料时，假设用户采用 HTTP 寻求万维网的资料时，用户输入 http://www.sina.com.cn 访问新浪网时，在正常情况下，用户的浏览器首先收到 URL 地址，即 www.sina.com.cn 这个域名，用户的计算机然后向域名解析服务器（DNS）询问 www.sina.com.cn 所对应的 IP 地址，DNS 找到并传回对应的新浪 IP 地址后，用户计算机的浏览器会按照 IP 地址的路由向 sina 服务器请求资料，这个流程是正确的，一般情况下均是这么操作的，当遭遇网络阻塞、网站的计算机性能较差、网站的带宽不足等不利因素叠加在一起时，网站的反应会变得很慢，甚至链接不上，所以这个时候需要有一个叫代理服务器的特殊服务器，会把一般用户经常访问的网页暂存在网络中的某一个地方，这个地方的计算机性能通常会很好，线路带宽会很大，速度会较快。

当用户设了代理服务器后，操作过程变得这样：用户计算机的浏览器同样向 DNS 询问 IP 地址，得到 IP 地址后，则浏览器会先向代理服务器询问是否有这个网站的资料，如果有，代理服务器会直接把网站内容回传用户，如果没有，则由代理服务器向网站主站请求资料并回传给用户，同时代理服务器也会保存一份副本，以备其他用户使用。因此，这样就减少了用户计算机与 sina 主站的流量，代理服务器起到了资源共享的作用。

代理服务器的主要功能有：

1）设置用户验证和记账功能，能够按用户进行记账，没有注册的用户无权使用代理服务器访问网站。同时对需要代理的用户记录并统计访问时间、访问地点、信息流量等。

2）对用户进行分级管理，赋予不同用户不同的访问权限，对外部或内部的网络地址进行过滤。

3）设置缓冲区（Cache），对用户频繁访问的网站创建缓冲区，缓存该网站的数据，这样就大大提高了热门站点的访问效率。通常代理服务器都设置有一个较大的硬盘缓冲区或专门的网络存储设备（如 NAS 等），只要有数据经过代理服务器，服务器均会保留一份拷贝，分类保存到缓冲区中，当其他用户请求相同的信息时，可以直接由缓冲区中取出，快速传递给用户，提高了相应的访问速度。

4）连接外网与内网时，代理服务器还可以充当防火墙（Firewall）角色。当内网的用户通过代理服务器访问外网时，对外网只呈现出一个 IP 地址，所以外网不知道内网的结构。同时代理服务器还可以设置 IP 地址过滤，限制内网对外网的访问权限。

5）节省 IP 资源。代理服务器对外网只呈现一个 IP，避免了内网的用户每人都申请一个 IP 地址，节约网上资源以及费用。使用代理服务器后，内网用户可以使用 10.*.*.*这样的网内私有 IP 地址，通过代理服务器访问外网。

二、代理服务器的应用

代理服务器也可以在 Internet 上作为网关使用，它工作在开放系统互联（OSI）模型的会话层，起到防火墙的作用，为内网提供一种安全机制。

代理服务器也可以作为 HTTP 的代理，Web 应用通常位于代理服务器的 80、3128、8080 等端口上。

代理服务器中，采用 socks 协议进行通信的代理服务器称为 socks 服务器。socks 是个底层网关，它不要求应用程序依赖特定的操作系统，socks 代理与应用层代理、HTTP 层代理是不同的，socks 代理只是简单地传递数据包（因为它位于电路级），它不关心网络的上层是什么应用协议（如 FTP、HTTP 和 NNTP 请求等）。因此，socks 代理比其他应用层代理要快得多。它通常绑定在代理服务器的 1080 端口上。位于内网的用户需要透过防火墙或通过代理服务器访问外网时就可能需要使用 socks。用户在浏览网页时用到的代理服务器通常是专用的 HTTP 代理，它和 socks 是不同的。因此，能够浏览网页不一定可以通过 socks 访问外网。一般常用的防火墙，或代理软件都支持 socks。

在实际应用中 socks 代理可以用于电子邮件、新闻组软件、即时通信软件、网络聊天等应用软件当中。

Windows 操作系统下对代理服务器的配置非常简单，在 Internet 选项卡上选中“连接→局域网设置→选中为 LAN 使用代理服务器”，并将代理服务器的地址和端口填入空格即可。如图 6-9 所示。

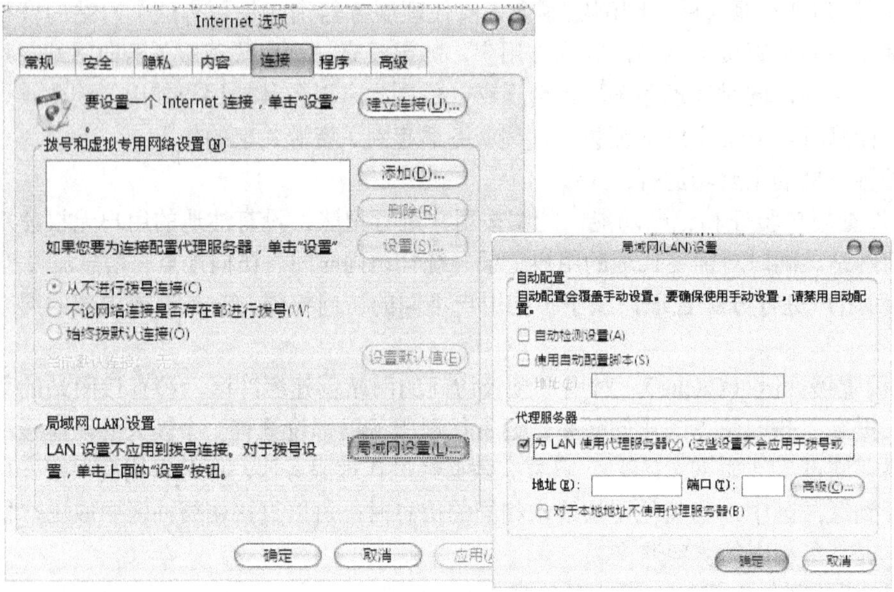

图 6-9 windows 代理服务器配置

本 章 小 结

本章综合介绍了网络的基本管理以及网络能提供的服务。介绍了网络管理的需求和目标以及管理协议和管理方法。实施网络管理可以减少停机时间、改进响应时间、提高设备利用率、减少运行费用、提高效率、减少/消灭网络瓶颈、适应新技术（多媒体、多种平台）、使网络更容易使用以及安全运行。其中计算机网络既是网络管理的对象，又是管理网络的基础。

本章还介绍了网络服务。通常在计算机网络的应用层、表示层、会话层为用户提供了多种应用服务。本章介绍了几种常用的服务，如网络基础服务 DHCP、DNS 域名解析服务，并且介绍了电子邮件 E-mail 服务、文件传输协议 FTP 服务、万维网 WWW 服务和 Telnet 远程登录服务等，最后简单介绍了代理服务。

自测习题

一、选择题

1. 下列哪个不是网络管理的主要工作（　　）。
   A．配置管理　　B．性能管理
   C．计费管理　　D．提高资源利用率
2. 网络管理的目的是（　　）。
   A．抵御攻击　　B．保证正常运行
   C．降低费用　　D．提高资源的利用率
3. 配置管理中，哪一项不是必需的（　　）。
   A．网络管理协议　　B．管理配置信息
   C．用户操作记录　　D．服务器资源
4. 安全管理中，哪一项不是其主要工作（　　）。
   A．授权、访问控制　　B．加密和加密关键字
   C．检查内部漏洞　　D．维护安全日志
5. 网络管理通常分为（　　）和分布式管理。
   A．集中式管理　　B．批处理式管理
   C．交互式管理　　D．嵌入式管理
6. Internet 中的 IP 地址 128.255.6.5 属于（　　）。
   A．A 类地址　　B．B 类地址
   C．C 类地址　　D．D 类地址
7. 以超文本的方式组织数据，提供给用户一个查询信息的 Internet 服务称为（　　）。
   A．文件传输协议（FTP）　　B．远程登录（Telnet）
   C．电子公告系统（BBS）　　D．万维网（WWW）
8. 电子邮件系统由两个子系统组成：用户代理和（　　）。
   A．消息传送代理　　B．信息服务代理
   C．文电处理系统 MHS　　D．文电接收系统
9. 由一个或几个按有意义的方式连接构成的 Web 页称为（　　）。
   A．主页　　B．Web 展示
   C．Web 站点　　D．网站
10. 电子邮件系统支持的基本功能中,不包含（　　）。
    A．撰写和传输　　B．报告和显示
    C．处理　　D．编码和压缩
11. Web 的工作模式是（　　）。

A．主从模式　　　　　　　　　　　　B．对等模式
C．客户/服务器模式　　　　　　　　　D．点—点模式

12．Internet 地址分 4 类，适合用于网络数较多的网络地址是（　　）。
A．A 类　　　　　　　　　　　　　　B．B 类
C．C 类　　　　　　　　　　　　　　D．D 类

13．Internet 上进行文件传输所使用的协议是（　　）。
A．Telnet　　　　　　　　　　　　B．Email
C．NEW　　　　　　　　　　　　　D．FTP

14．识别域名的基础服务是（　　）。
A．DNS　　　　　　　　　　　　　B．WWW
C．Server　　　　　　　　　　　　D．FTP

15．对文件进行下载的 FTP 命令是（　　）。
A．put　　　　　　　　　　　　　B．get
C．open　　　　　　　　　　　　D．cd

16．下面对电子邮件的论述中，不正确的是（　　）。
A．电子邮件系统由用户代理和消息传输代理两个子系统组成
B．在服务器上运行的程序叫用户代理
C．电子邮件是一种存储转发的过程
D．电子邮件的信息头包括发送者和接收者的地址

二、填空题

1．故障管理主要包含（　　）、（　　）、（　　）和排错支持工具等。

2．性能管理估价（　　）的运行状况及（　　）等系统性能。

3．安全管理中，要尽可能地防止来自内外的非法操作造成的对信息的（　　）、（　　）和（　　）。

4．网络管理协议主要有（　　）、（　　）、（　　）和（　　）四种。

5．网络服务可以分为（　　）、（　　）和（　　）三大类。

6．Internet 的电子邮件中，在用户机器上与用户打交道的程序叫（　　）。

7．对于同步通信原语而言，进程调用 send 原语将消息发出后便处于（　　）状态。

8．网络通信软件的任务是根据（　　）来控制和管理进程间的通信。

9．Internet 的 IP 地址由网络号和（　　）组成。

10．FTP 服务要求客户与服务器建立（　　）个连接，其中一个用于（　　），另一个用于（　　）。

三、应用题

1．请描述对网络进行集中式管理的三个方面。

2．代理服务有哪些主要功能？

四、思考题

1．什么是网络管理？网络管理的目的？

2．网络管理系统都有哪些功能？

3．什么是配置管理？配置管理主要完成什么工作？

4．故障管理的主要任务是什么？
5．如何完成性能和计费管理？
6．网络管理的安全如何保证？
7．网络管理协议有哪几种？
8．什么是网络服务软件？都有哪些？
9．DHCP 的作用是什么？
10．为什么要建立 DNS 服务？若没有会有什么结果？
11．DNS 是如何实现域名到 IP 地址的转换的？
12．Internet 的地址格式是怎样的？分几个类型？
13．什么是电子邮件？它是如何工作的？
14．什么是 FTP？如何使用 FTP？
15．何为 Web 服务？请列出 Web 服务的主要特点。
16．什么是 URL？如何定位？
17．Telnet 如何实现？其主要用途是什么？
18．何为代理服务？代理服务的主要功能是什么？
19．SNMP 有什么优点？
20．描述 CMIS/CMIP 与 SNMP 的联系和区别。
21．集中式网络管理有哪几个方面？
22．网络运行一般需要做好哪几个方面的准备？
23．网络的日常维护有哪些？
24．管理网络应该注意哪几个要点？

五、解释下列名词

1．网络管理、网络管理系统。
2．配置管理、故障管理、性能管理、计费管理、安全管理。
3．网络管理协议。
4．集中式网络管理、分布式网络管理和分层式网络管理。
5．网络服务、网络服务提供者、网络（信息）内容提供者。
6．DHCP、DNS、FTP、Web、Telnet、WINS、SMTP。
7．用户代理、邮件服务器和简单邮件传输协议。
8．匿名 FTP、URL 资源定位、Web 与 Internet。
9．代理服务。

第七章　Linux 网络操作系统

本章主要介绍 Linux 网络操作系统。Linux 网络操作系统具有较强的网络能力，通过微内核设计，各种网络服务功能均可以作为外围模块进行添加。通过本章的学习，读者可以了解：

1. Linux 网络操作系统的结构和历史发展过程。
2. Linux 网络操作系统为网络提供的服务。
3. 基本掌握 Linux 网络操作系统中网络服务的配置。

第一节　Linux 网络操作系统概述

一、Linux 的历史

Linux 是类 UNIX 的操作系统，它可以运行在 x86 系列 CPU 的计算机上。也可以移植到其他处理机上运行。Linux 最早开始于芬兰的学生 Linus Torvalds 的毕业设计。其目的是建立不受任何商品化软件的版权制约的、全世界都能自由使用的 UNIX 兼容产品。现在的 Linux 是指所有开放的类 UNIX 操作系统的统称，它们的名称各有不同，如：Redhat，CentOS 等。

Linux 的历史是和自由软件操作系统（GNU's Not UNIX，GNU）紧密联系在一起的。1991 年，当 Linux 内核发布的时候，GNU 已经基本完成了除了系统内核之外的其他周边软件的开发。在 Linus Torvalds 和其他开发人员的努力下，GNU 组件可以运行在 Linux 内核之上。整个内核的设计是基于 GNU 通用公共许可协议，也就是 GPL（GNU General Public License，GNU 通用公共许可证）协议。

绝大多数称为 Linux 操作系统的软件使用了大量的 GNU 软件，包括了 Shell 程序、程序库、编译器及工具等，还有许多其他程序，例如 Emacs 等。Linux 的基本思想有两点：第一，一切都是文件；第二，每个软件都有确定的用途。其中第一条详细来讲就是系统中的所有对象都归结为一个文件，包括命令、硬件和软件设备，操作系统、进程等对于操作系统内核而言，也都被视为拥有各自特性或类型的文件。第二条也是基于 UNIX 的，Linux 与 UNIX 的基本思想十分相近。

Linux 更多是被用作服务器的操作系统，因为它的廉价、灵活性及 UNIX 背景使得它得到了广泛的应用。传统上有以 Linux 为基础的“LAMP（Linux, Apache, MySQL, Perl/PHP/Python 的组合）”经典技术组合，提供了包括操作系统、数据库、网站服务器、动态网页的一整套网站架设支持。而面向更大规模级别的领域中，如数据库中的 Oracle、DB2、PostgreSQL，以及用于 Apache 的 Tomcat JSP 等都已经在 Linux 上有了很好的应用样本。除了已在开发者群体中广泛流行，它也是当前提供网站服务最常使用的平台。

二、Linux 的特点

（1）低廉性

大部分已发布可以使用的 Linux 几乎不必付费，也不受版权的约束（只要遵循 GPL 协议即可），并且许多最新版本可以在 Internet 上免费下载。

（2）适应性

Linux 具有高度适应性，作为操作系统被广泛应用于各种系统中，例如工控机、移动终端及其他便携装置等。还有不少安全设备，如网络防火墙及日志审计设备其内部都是使用 Linux 来运行的。

（3）广泛性

采用 Linux 作为操作系统的电脑亦非常多，世界顶尖的超级计算机，大部分超级计算机使用的是经过优化了的 Linux 操作系统。

（4）强健性

由于 Linux 类 UNIX 的特点以及其软件的开放性，所以其对病毒、黑客等的攻击有一定的抵御能力，受到攻击后自我恢复能力也较强，自身的稳定性也较高。

Linux 尽管有图形化的人机界面和开放的办公软件，但是与 Windows 操作系统相比，无论是易用性和操作性均有所不足，这限制了它的桌面应用。

三、Linux 的分类

现在的 Linux 经过数次改版（包括核心的升级和周边程序的完善），已经发展成了一个遵循 POSIX 标准的操作系统。Linux 可以兼容大部分的 UNIX 系统，很多 UNIX 的应用程序不需要改动，或者很少的改变就可以运行于 Linux 环境。

Linux 发行版为许多不同的目的而制作，包括对不同计算机结构的支持, 对一个具体区域或语言的本地化，实时应用和嵌入式系统，最普遍被使用的发行版大约有十几个。

一个典型的 Linux 发行版包括：Linux 内核，一些 GNU 程序库和工具，命令行 shell，图形界面的 X Window 系统和相应的桌面环境，如 KDE 或 GNOME，并包含数千种从办公套件、编译器、文本编辑器到科学工具的应用软件。

1）主流的 Linux 发行版：Asianux，B2D Linux，Conectiva Linux，Debian GNU/Linux，Fedora Core，Gentoo Linux，Knoppix Linux，Linux From Scratch，Magic Linux，Mandriva Linux，Red Hat Linux，Slackware Linux，Stanix Live CD，SUSE Linux，Turbo Linux，Ubuntu Linux 等。

2）中国大陆的 Linux 发行版：红旗 Linux（Redflag Linux），冲浪 Linux（Xteam Linux），蓝点 Linux，新华 Linux，共创 Linux，百资 Linux，中标普华 Linux，中软 Linux，新华华镭 Linux（RaysLX），CD Linux，MC Linux，即时 Linux（Thizlinux），酷博 Linux，新氧 Linux，雨林木风 Linux 等。需要说明的是，新氧、雨林木风都是基于 Ubuntu 的。

3）台湾地区的 Linux 发行版：宏碁 Linux。

4）目前较著名的 Linux 发行版本为：Debian，红帽（Redhat）、Ubuntu（包括 Kubuntu，Xubuntu 等）、OpenSuse（原 Suse）、Mandriva（原 Mandrake）、CentOS 等。

5）国内比较著名的 Linux 版本：红旗 Linux。

四、Linux 的发展

Linux 是较早的源代码开放的操作系统，使得用户节省了不少经费，也降低了对封闭源码软件潜在的安全性的忧虑。

Linux 具有其他操作系统无法比拟的优势。其一，Linux 具有开放的源代码，能够降低成本；其二，可以定制系统，吸引了众多软件开发者对应用软件的开发，丰富了第三方应用。

除了传统服务器和桌面终端的应用，基于 Linux 的嵌入式设备具有各种不同的形态，从无线 AP 到 DNS，从防火墙到机顶盒都可以找到 Linux 的身影。嵌入式设备上主要运行的是嵌入式 Linux，是指对标准 Linux 经过小型化裁剪处理之后，移植保留适当功能，固化在容量只有几千或者几兆字节的存储器芯片或者单片机中，适合于特定嵌入式应用场合的专用 Linux 操作系统。

Linux 操作系统的发展道路上衍生出了许多开源软件，例如：Android 操作系统发展自 Linux 又独立于 Linux。Linux 的类 UNIX 结构又使得其具有极大的柔性，既可以服务大型超级计算机，也可以裁减到穿戴设备中，使用广泛，组合灵活。

第二节　Linux 网络操作系统的基本组成

一、Linux 的层次结构

Linux 与其他操作系统一样，主要分为用户层和内核层，其中，内核层又分为可移植的和不可移植的核心层，如图 7-1 所示（最下层为硬件描述层）。

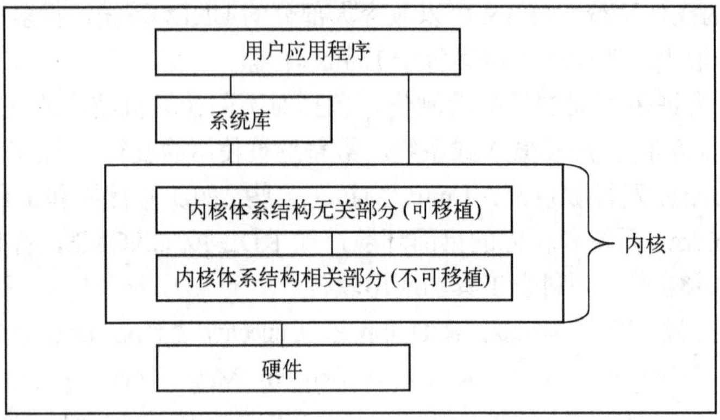

图 7-1　Linux 层次结构

Linux 内核主要由五个子系统组成：进程调度，内存管理，虚拟文件系统，网络接口和进程间通信。它们互相之间的关系如图 7-2 所示。

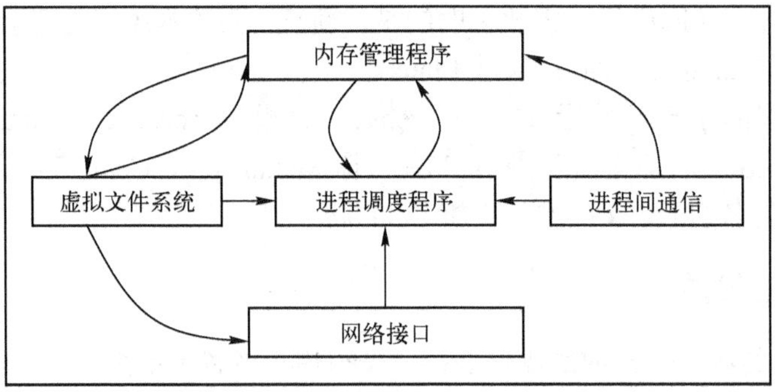

图 7-2　Linux 的组成

其中各部分的功能如下：

1. 进程调度

进程调度（Scheduling）控制进程对 CPU 的访问。实现调度算法，进行进程间的切换，分派处理机。Linux 使用了可抢先式高优先级优先的进程调度算法，嵌入式 Linux 一般选用不可抢先式高优先级算法。如图 7-3 所示。

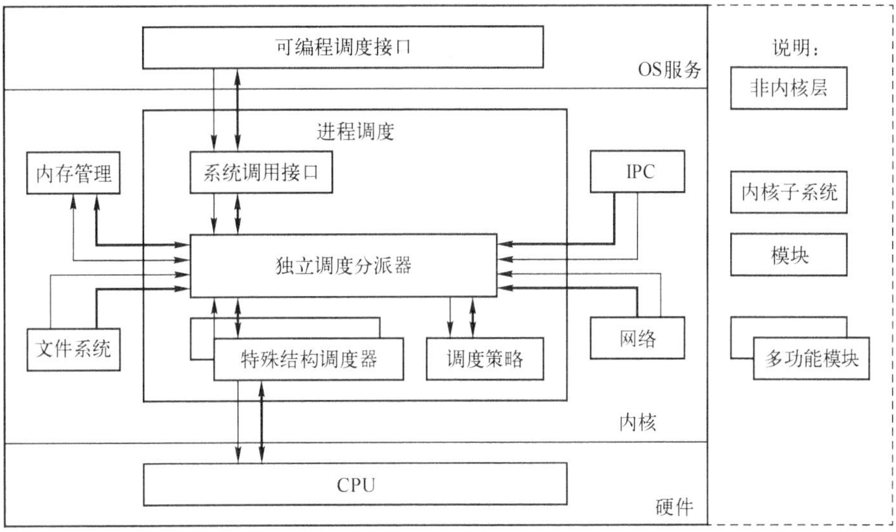

图 7-3　进程调度

2. 内存管理

内存管理（Memory Management）管理、分配和回收内存资源。Linux 的内存管理支持虚拟内存，段页式管理。内存管理从逻辑上分为硬件无关部分和硬件有关部分。硬件无关部分提供了进程的映射和逻辑内存的对换；硬件相关的部分实现虚拟内存到物理内存的映射。如图 7-4 所示。

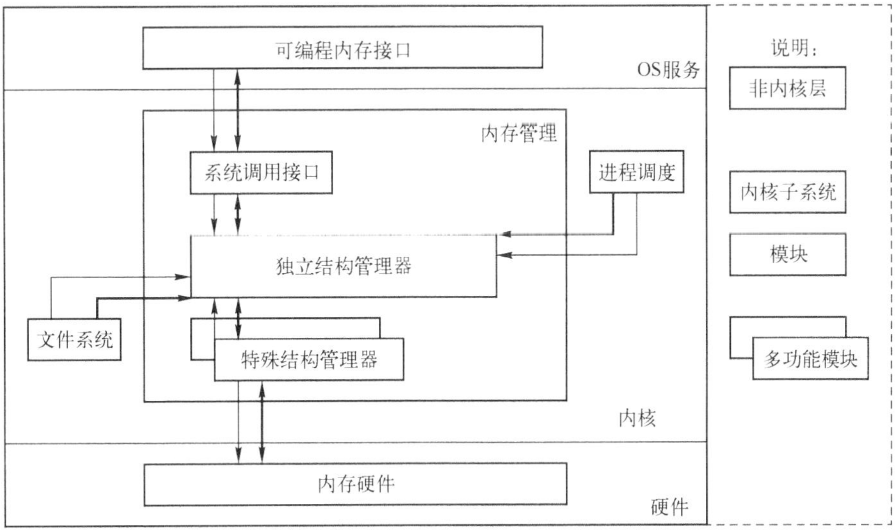

图 7-4　内存管理

3. 虚拟文件系统

虚拟文件系统（Virtual File System，VFS）隐藏了各种硬件的具体细节，为所有的设备提供了统一的接口，VFS 提供了多达数十种不同的文件系统。虚拟文件系统可以分为逻辑文件系统和设备驱动程序。逻辑文件系统指 Linux 所支持的文件系统，如 ext2，fat 等，设备驱动程序指为每一种硬件控制器所编写的设备驱动程序模块。如图 7-5 所示。

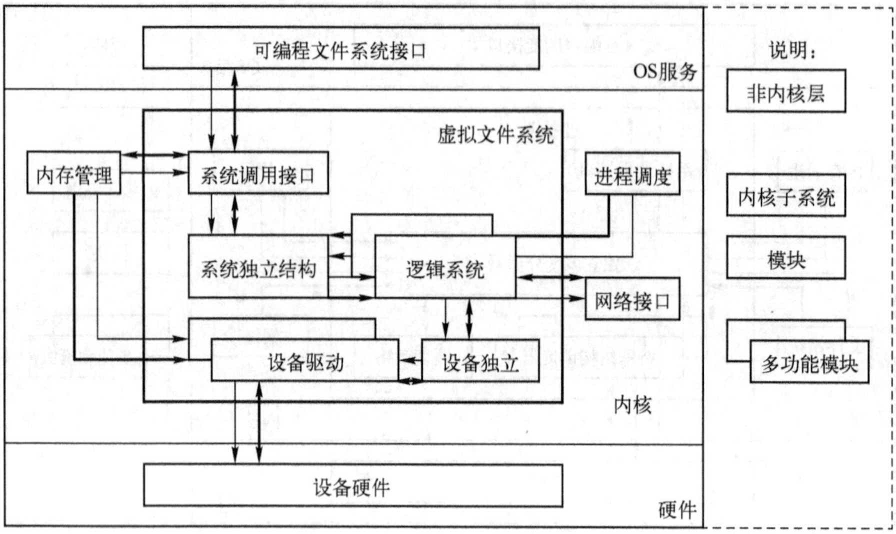

图 7-5　虚拟文件系统

4. 网络接口

网络接口（Net）提供了对各种网络标准的存取和各种网络硬件的支持。网络接口可分为网络协议和网络驱动程序。网络协议部分负责实现每一种可能的网络传输协议。网络设备驱动程序负责与硬件设备通讯，每一种可能的硬件设备都有相应的设备驱动程序。如图 7-6 所示。

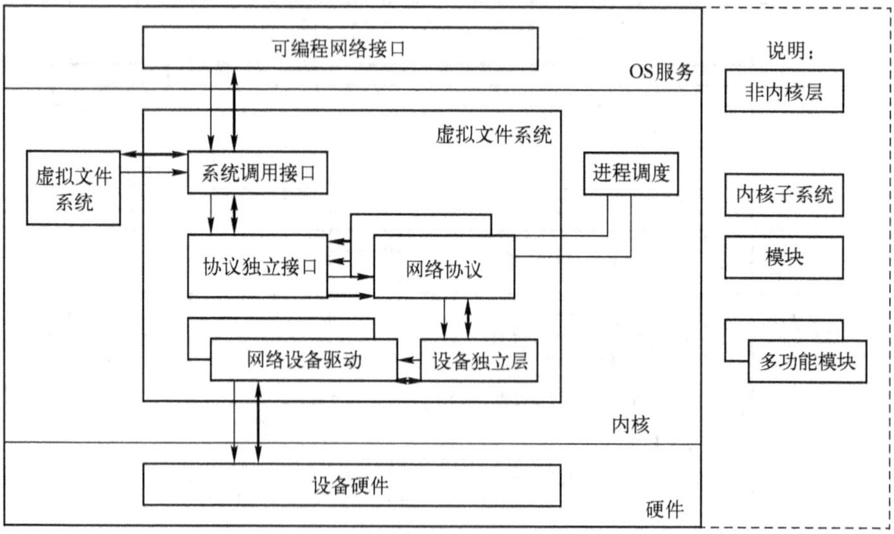

图 7-6　网络接口

5．进程间通信

进程间通信（IPC）利用管道、消息、共享内存和文件映射等方式支持进程间相互通信。

第三节　Linux 域名服务的实现

一、Linux 域名服务的安装

DNS 服务作为互联网的重要服务和基础服务，在 Internet 发展中发挥了重要作用。有了 DNS 系统，人们可以使用便于记忆的域名，而不用记忆没有任何意义的 IP 地址，邮件服务器、Web 服务器，或者其他的服务器都依赖于域名服务，所以需要为 Internet 用户提供可靠、稳定和高性能的域名解析服务。DNS 的原理和意义不再重复。

目前，Linux 平台下建立 DNS 服务器的主要软件是 Berkeley Internet Name Domain（Bind）。许多 Linux 操作系统的发行版本中就包含 Bind，默认情况下 Bind 不会被安装。这也符合微内核操作系统的特征，外围服务功能可以选择安装。

安装方法可以命令行安装和 GUI 安装。下面以（Ubuntu/Linux）为例，简单介绍它们的安装过程。其他的 Linux 和嵌入式 Linux 也是类似的。

1．通过命令行方式安装

在命令行窗口中输入：

~$dpkg –l | grep ii | grep bind

如果 bind 尚未安装，系统会在前面显示：

iU bind9。

如果 bind 已经安装，则会显示版本和文件信息。如图 7-7 所示。

上述这条命令的意义是：

dpkg 命令是显示系统中安装过的压缩包，–l 是表示按行列表，| 表示输出给下一个命令作为输入（即管道）。grep 命令是找出字符并显示出来的命令，字符紧跟在后面，上例中是“ii”和“bind”。

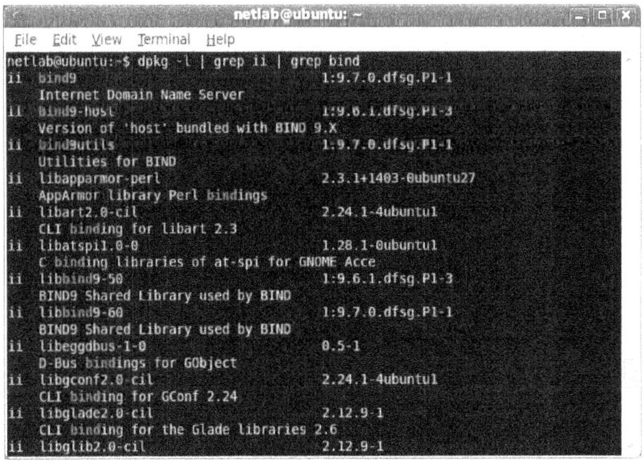

图 7-7　以命令行方式检查 bind 包的安装情况

图 7-6 中，ii 表示安装成功。

若系统尚未安装，那么，输入如下命令：

```
~$ sudo apt-get install bind9                    //安装服务器
~$ sudo apt-get install bind9-host dnsutils      //安装测试工具
~$ sudo apt-get install bind9-doc                //安装文档
```

其中：sudo 是切换到超级用户的命令，apt-get 是获取安装包的命令，安装包一般是从网络上自动获取。安装期间，需要用户输入口令。安装结束后将会显示安装成功信息。

2．通过 GUI 界面安装

通过 GUI 界面安装更为简便。

从桌面的"系统"（System）→"系统管理"（Administration）→"新立德软件包管理器"（Synaptic Package Manager）选中。快速找到 bind 及其组件，选择"安装"并"应用"，系统会自动下载并安装所有的 bind 组件，如图 7-8 所示。

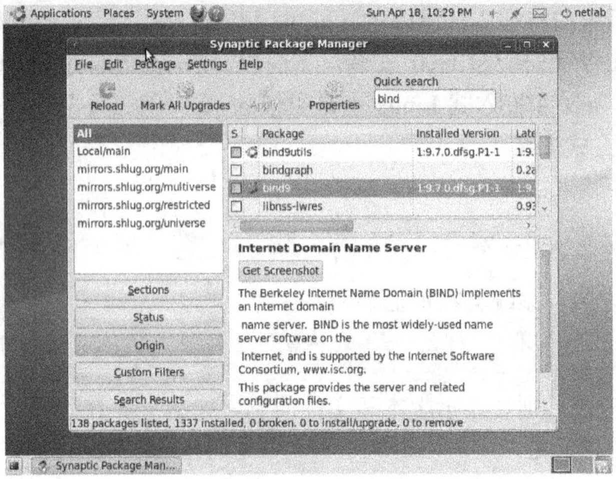

图 7-8　通过 GUI 界面安装 bind

二、Linux 启动和停止 DNS 服务

启动、重启和停止 DNS 服务也可以用命令行的方式，或 GUI 的方式。

以 Ubuntu 9.0 为例，以命令行方式启动 DNS 的过程如下：

```
~# /etc/init.d/bind start          //开机后人工启动
~# /etc/init.d/bind stop           //开机后人工关闭
~# /etc/init.d/bind restart        //开机后人工重新启动
```

其中：/etc/init.d/是 bind 的路径。

下列指令可以设置在开机时自动启动 DNS 服务。

```
~# sysv-rc-conf bind on            //设定开机时启动
```

GUI 方式启动 DNS 服务比较简单，按照图形化界面的指示操作即可。

三、Linux 使用 chroot 创建安全的 DNS 服务器

在通常情况下，如果使用 root 用户（即超级用户）启动 DNS 服务，有可能这是个潜在的安全问题。如果 DNS 服务有安全漏洞，则入侵者会通过安全漏洞获取 root 的权限，从而对 DNS 服务器的安全构成了很大的威胁。

这个时候采用 chroot 对 DNS 服务进行限制，让 DNS 服务运行在一个非 root 用户下，从而提高系统安全性。chroot 重新定义了一个应用程序的运行环境，即重新定义了应用程序的 root 目录。对于这个应用程序而言，chroot 定义的路径是这个应用程序的根路径，对于 chroot 路径之外的路径则实际上是不可见的。下面就是一个非 root 用户的 bind 服务的启动示例：

1）创建下面目录结构。

```
~$ sudo mkdir -p /chroot/named                //以超级用户的权限建立目录 named
~$ cd /chroot/named                           //进入该目录
~$ sudo mkdir -p dev/etc/namedb/slave/var/run
//同样的方法创建 run 目录
```

2）为 chroot 环境设置权限。

```
~$ sudo chown root:root /chroot               //建立 chroot 用户
~$ sudo chmod 700 /chroot                     //该目录只限用户可读可写可运行
~$ sudo chown bind:bind /chroot/named         //将该目录赋予 chroot
~$ sudo chmod 700 /chroot/named               //赋予 chroot 读、写和运行 named 目录
```

3）创建和移动 bind 配置文件。

```
~$ sudo touch /chroot/named/etc/named.conf    //创建文件 named.conf
~$ sudo cp /etc/named.conf /chroot/named/etc  //拷贝文件
```

4）将/chroot/named/etc/namedb/slave 目录的写权限赋予 bind 用户。

```
~$sudo chown bind:bind /chroot/named/etc/namedb/slave
```

所有的从域将放置在此处。这样可以增强安全性，如果攻击者得到了 bind 用户的权限，他们也没有办法修改主域文件。因此在/chroot/named/etc/named.conf 文件中的所有的从文件名都必须带着指向从目录的目录名。

四、配置 DNS 服务器

域名服务器的配置过程包括下列步骤。

1）注册一个域名。

2）如果域名服务器提供公共服务，需要给主域名服务器和从域名服务器各申请一个公网的静态 IP 地址。如果只是企业内部使用，则只需要分配给域名服务器固定的内部 IP 地址即可（也可以同时绑定公网 IP）。

3）创建一个主机名和 IP 地址的映射列表。

4）创建/etc/named.conf 文件。

5）创建区域数据文件。

在 Linux 上配置域名服务时，根据不同的版本方式有所不同，因此，读者不可拘泥某一个 Linux 死记条文，而是应该灵活掌握，融会贯通，掌握基本的操作。

第四节　Linux 共享文件系统

Linux 操作系统的另一个主要特点是具有资源共享，借助于网络，Linux 操作系统可以做到文件的共享和打印机的共享。作为一个网络服务器，最重要的一件事就是文件的共享。若在周围的桌面办公用机是 Windows 操作系统的情况下，为了安全，少受病毒的攻击，系统管理员往往采用 Linux 作为文件服务器的操作系统。在 Linux 和 Windows 共存的时候，文件共享和打印机共享是通过 Samba 来实现的。Samba 作为在 Linux 上的文件和打印服务器，已经成为最常用的用于 Linux 和 Windows 平台之间的文件、打印机共享软件。下面分别来说明。

一、Samba 介绍

Samba 是可以让 Linux 操作系统能够与 Windows 系列操作系统通过网络进行文件交换的软件。通过实现与 Windows 的网络共享兼容的网络协议来达到与 Windows 系统进行信息交互的目的。

Samba 模仿了 Windows 内核的文件和打印共享协议，称之为 SMB 协议（Server Message Block）。SMB 在 Windows 出现之前就已经存在了。它是客户机/服务器协议，客户机通过该协议可以访问服务器上的共享文件系统、打印机及其他资源。SMB 协议是基于 NetBIOS 实现的，随着应用网络的高速发展，面向局域网设计的 NetBIOS 协议很快就显示出先天不足。于是，人们又基于 TCP/IP 协议实现了 SMB 协议，实现了与全世界的计算机分享资源。

微软把这种新的 SMB 协议改名为 CIFS（Common Internet File System），并且加入了许多新的特色。这组协议的功能类似于 NFS 加上 LPD（Linux 标准打印服务器）。支持此协议的操作系统包括 Windows、UINX、Linux 和 OS/2 等。在网络中异构系统并存的情况下，如果要实现文件共享等功能，那么基于 SMB 的 Samba 绝对是不二的选择。

通过 Samba，我们可以在 Linux 和 Windows 系统之间进行信息的共享，其特性包括：

1）Samba 可以提供 Windows 风格的文件和打印机共享。

2）提供 SMB 客户功能。可以从 Linux 下以类似于 FTP 的方式访问 Windows 的共享资源。

3）备份 PC 上的资源。可以使用 tar 格式备份和恢复一台远程 Windows 上的共享文件。

4）Samba 服务器可以配置成一个 Windows 的域控制器来控制域内所有的 Windows 系统。

二、Samba 结构

Samba 包括两个服务端的守护进程、两个客户程序和一个管理工具程序。

1．smbdSMBD

smbdSMBD 是 Samba 服务的内核，是建立对话、验证客户、提供文件系统和打印服务的基础，它负责硬盘驱动器和打印机的共享。用户通过客户端程序 smbclient 访问这个服务进程来进行文件和打印的共享。

2．nmbd

nmbd 实现了网络浏览的功能，它的任务是向局域网广播 Samba 服务器所提供的服务，nmbd 使得 Samba 服务器显示在 Windows 操作系统的“网上邻居”窗口中，允许用户浏览可以通过 Samba 使用的资源。它负责 NetBIOS 信息的管理和传递。它使得 Windows 的用户可以在 Explorer 的地址栏中输入\\serverip（服务器地址）来访问 Samba 的共享文件。它还可以跨整个网络提供一系列文件和打印服务。这些服务能够被网络中的其他机器浏览。Linux 用户可以通过 nmblookup 程序访问 nmbd 服务器程序。

三、Samba 服务的安装与配置

大部分 Linux 中已经包含了 Samba 的稳定版本，这个版本能够完全满足我们的要求。在安装操作系统的时候选中“Windows 文件服务器”，就会安装 Samba 服务。也可以在安装完操作系统后手工安装这个服务，如下所示。

```
~$ sudo apt-get install samba          //获得安装包，并安装 samba
~$ sudo apt-get install samfs          //获得安装包，并安装 samba 文件服务
```

当然，在超级用户下可以不用转换身份，如下所示。

```
~# apt-get install samba               //#提示符表示超级用户
~# apt-get install samfs
```

在 GUI 界面下，可以选择 SMB 通过网络来安装，如图 7-9 所示。

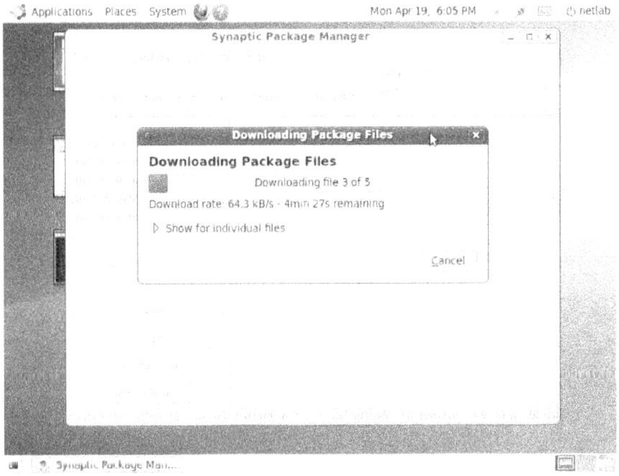

图 7-9　GUI 界面下安装 Samba

正常安装 Samba 后还需要添加 Linux 用户来保证登录使用（以下在 root 权限下操作）。

```
~# useradd user1                       //user1 当然是某个用户名
~# passwd user1                        //为 user1 建立口令
~# mkdir /home/user1                   //为该用户建立使用的子目录
```

还需要给 Samba 添加用户，Samba 的用户也必须是 Linux 的用户。

```
~# smbpasswd –a user1                  //添加并给 user1 设置口令
```

接下来要为 Samba 的运行设定配置文件。进入下面目录：

```
~# cd /etc/samba                      //进入目录
~# mv smb.conf smb.conf.bak           //做好文件备份
~# vi smb.conf                        //新建和编辑配置 smb.conf 文件
```

配置好的该文件是允许 user1 共享 X4 目录的。例如：

```
......
[global]
workgroup = X1                 //X1 为局域网中的工作组名，例如 cnucie
netbios name = X2              //NetBIOS 的主机名，例如 MyServer
server string = X3             //X3 为你 linux 主机描述性文字，例如 Pools。
security = user                //samba 的安全等级，user 代表需要输入用户名和密码，改成 share 则不需要输入用户名和密码
dns proxy = no                 //防止 nmdb 通过 DNS 搜索 NetBIOS
log file = /var/log/samba/log.%m          //日志文件
[Files]      //Files 这个名字可以随便取，这是在 Windows 的网上邻居中显示的共享文件夹名。
path = /home/X4                //X4 为共享的文件夹名，在共享前要建立这个文件夹，并设好权限以便访问，通常可以用用户的目录，例如 netlab。
[netlogon]                     //登录控制
read only = no                 //允许 user1 在 X4 目录中进行读和写操作，反之 yes。
browseable = yes               //X4 共享目录是否可以浏览。
......                         //存盘退出。
```

修改完成后，我们来测试一下服务是否正常。

```
~# testparm                    //测试服务
```

结果如图 7-10 所示，工作正常。

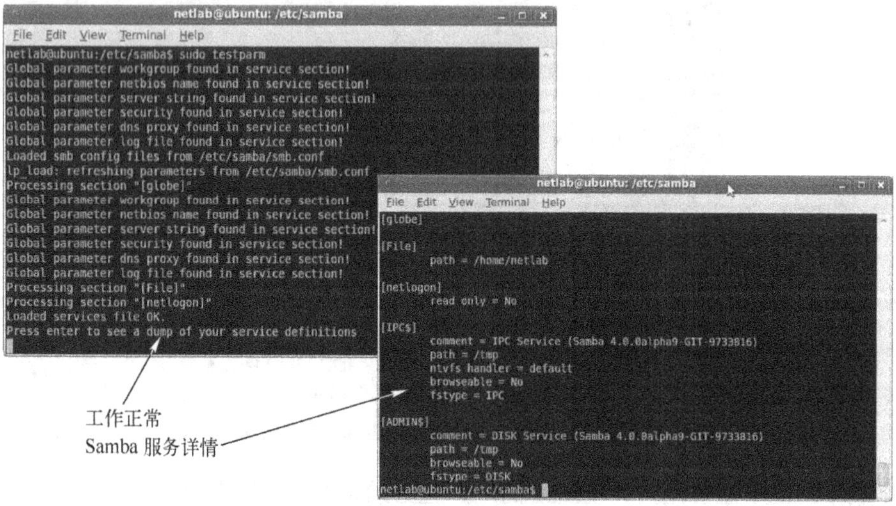

图 7-10　Samba 服务配置测试

在同一个网段中的另一台 Windows 计算机上，我们可以访问到如下文件夹，如图 7-11 所示。

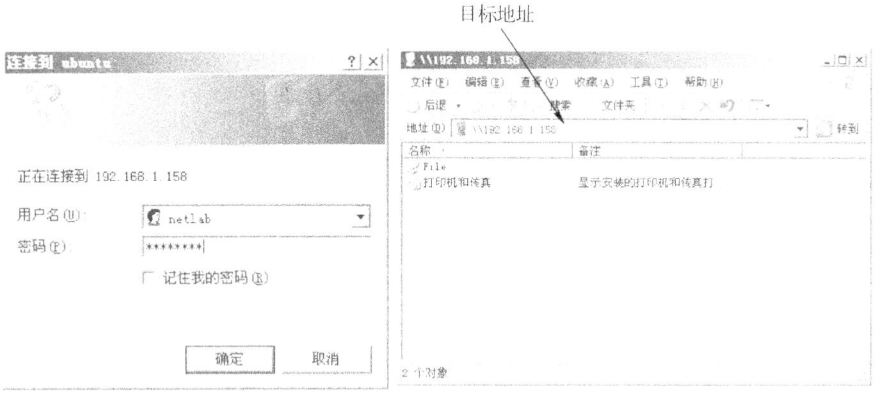

图 7-11　Windows 操作系统下访问 Linux 服务器

在服务器上的共享文件夹为 File，进入 File 我们看到的文件如图 7-12 所示。

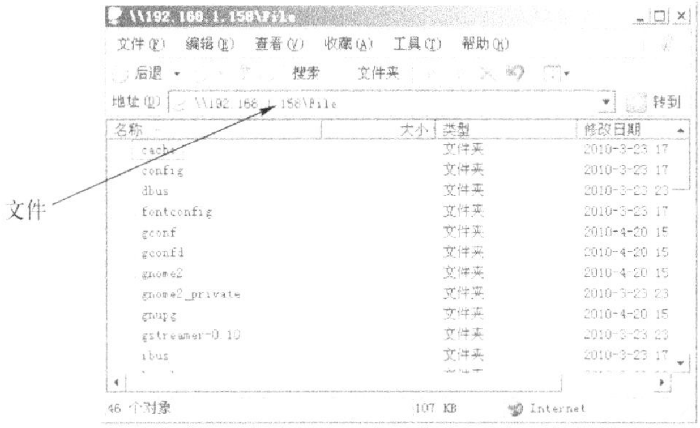

图 7-12　File 目录下的文件

利用 Samba 不仅可以将 Linux 文件服务器上的文件共享给需要的用户，也可以通过 Samba 的客户端 smbclient，在 Linux 的客户机上访问 Windows 服务器，共享所需要的文件。

Samba 除了可以做到文件共享以外，通过它还可以共享打印机。

同样，为了实现打印机的共享，我们需要修改配置文件。

打开 smb.conf 文件，加入如下配置：

```
......
[printers]                          //打印用户的配置
comment = All printers              //适用于所有用户
browseable = yes                    //打印机可见
path = /var/spool/samba             //打印服务的路径
printable = yes                     //允许使用打印机
read only = no                      //可读写
create mask = 0700                  //权限配置，许可的用户是全权限
[print$]                            //这里配置的是接到这台计算机的打印机
comment = Printer Drivers           //说明打印机
```

```
path = /var/lib/samba/printers            //打印驱动的路径
browseable = yes                          //所有打印机可看见
read only = no                            //可访问
......
```

将该配置的打印机使用的文件保存，并重启 Samba，用户即可看见打印机，如图 7-13 所示。

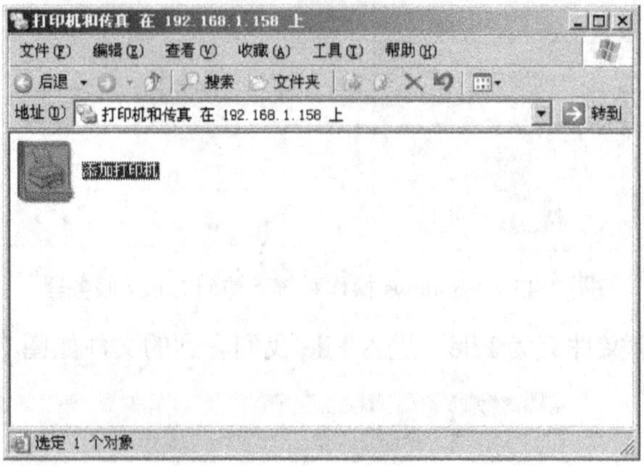

图 7-13　打印共享

Linux 下还可以用一种简单的方法实现打印机共享，就是安装 CUPS 服务，这是另一个打印机共享的软件。

```
~# apt-get install cupsys                  //获取，解包并安装
```

与 Samba 的配置文件类似，需要修改/etc/cups/printers.conf 的配置文件。

从 Linux 客户机输出到 Windows 打印服务器上打印的方法与文件共享比较类似，在此不再累赘。

第五节　Linux 的其他网络服务

一、Web 服务

Web 服务是互联网上最为常用也是最为广泛的一种服务。在 Linux 网络操作系统之上架设 Web 服务是经常需要的。在 Web 服务器软件方面居于领先地位的是 Apache，它也是一种开放源代码产品。

Apache 的特点、工作机理和服务方式不再描述，下面以一个配置实例来说明实现一个 Web 服务器的过程。

```
~# apt-get install ssh                              //首先安装 SSH
~# apt-get install mysql-server-5.1                 //安装 MySQL
~# apt-get install apache2                          //安装 Apache
~# apt-get install php5 libapache2-mod-php5         //安装 PHP
```

```
~# /etc/init.d/apache2 restart          //重启 Apache
~# apt-get install phpmyadmin           //安装 phpMyAdmin
```

当然，也可以通过 GUI 界面的方式来安装。

在新立得软件包管理器中选择“编辑”，使用任务分组标记软件包在打开的窗口中，勾选 “LAMP SERVER”，然后确定在主窗口中点击选中，再点击“应用”按钮，接下来就是等新立得自动下载完毕并安装完成。中间会有一次提示输入 MySQL 的 root 用户密码。

下面测试安装是否完成。

1）首先测试 Ubuntu Apache。

在浏览器里输入：http://localhost/，看是否出现“It works”字样。如图 7-14 所示，说明 Apache 安装完成。

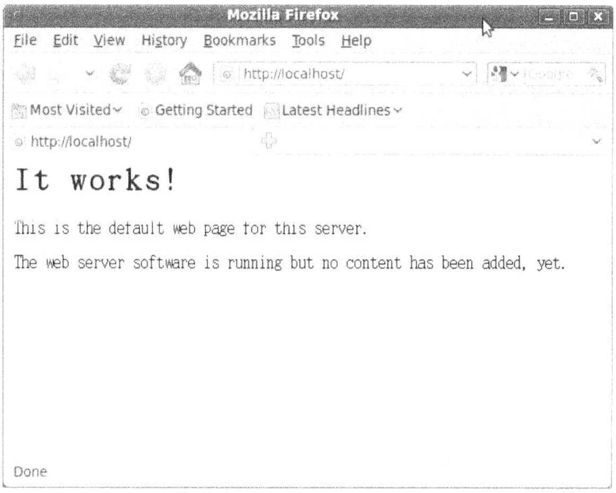

图 7-14　测试 Ubuntu Apache 工作情况

2）下面测试 MySQL。

输入以下命令：

```
~# netstat -tap | grep mysql            //显示网络工作状态
tcp 0 0 localhost:mysql *:* LISTEN
```

如果服务器不能正常运行，您可以通过下列命令启动它：

```
~# /etc/init.d/mysql restart            //重启服务
```

3）接下来测试 PHP。

Ubuntu Apache 的根目录位于/var/www 中，在里面添加一个测试文件 test.php 文件，在浏览器输入 http://localhost/test.php，若看到 PHP 网页信息，则说明 PHP 安装成功。

二、E-mail 服务

E-mail 服务应该是除了 Web 服务之外人们最常用的互联网应用了，它也是最早的互联网应用之一。

架设 E-mail 服务器可以利用 LAMP 的所有组件和模块，然后再安装 extmail 来完成，也可以用 postfix 来提供邮件服务。

在 Ubuntu Linux 下用 postfix 配置邮件服务器如下：

安装 postfix，命令如下：

```
~# apt-get install postfix          //获取、解包并安装邮件服务器
```

安装完成 postfix 后，在配置界面中选择 Internet Site，System mail name 填写已经申请到的域名，若是内部局域网，则也可以填写内网的地址。本例中管理员没有取名 root，而是取名为 admin。然后 postfix 就安装完毕并且启动，如图 7-15 所示。

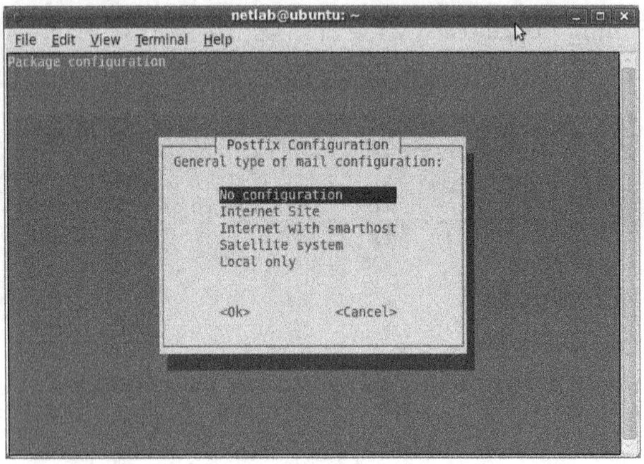

图 7-15　邮件服务器 postfix 的安装

下面，安装一个简单的邮件客户端用于测试：

```
~# apt-get install mailx          //获取、解包并安装邮件客户端
```

我们可以利用原来的用户 netlab 作为客户，以管理员身份向客户发送一个邮件。如图 7-16 所示。

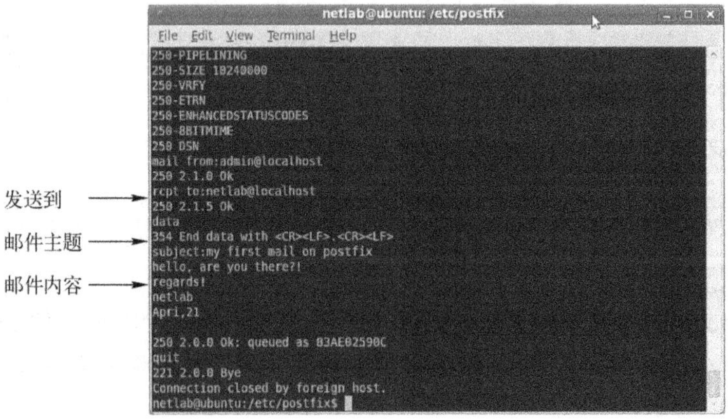

图 7-16　发送一个邮件

邮件发送成功后，在 netlab 用户客户端会出现邮件提醒，打开邮件如图 7-17 所示。

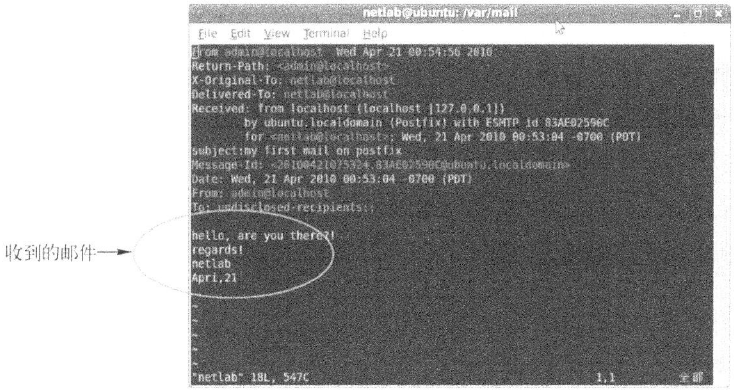

图 7-17　用户接收到的邮件

如果发信成功并且收到回复，则可以进行下一步，继续配置 POP3 和 IMAP 收取邮件的协议。postfix 本身是不带 POP3 和 IMAP 的，可以通过选装 dovecot 来安装这两个协议，命令如下所示：

```
~# apt-get install dovecot-imapd dovecot-pop3d
```

运行上述命令之后，POP3 和 IMAP 都应该启动了，在 Windows 客户端下用邮件客户端软件（例如 Outlook 等）可以用 POP3 或者 IMAP 协议收邮件了。

三、FTP 服务

在 Ubuntu9.0 的网络操作系统下，FTP 服务的配置和使用如下：

Ubuntu 自带的 FTP 服务器是 vsftpd，安装此服务器的命令如下所示：

```
~# apt-get install vsftpd              //获取、解包并安装 FTP 服务器
```

安装完成之后，会在/srv/下建立一个“ftp”目录。为了演示匿名 FTP 登录，我们在 ftp 目录下建立一个 anoftp 的子目录。这时候在 Windows 远端机浏览器下试着访问 ftp://localhost（填入相应的 IP 地址，例如 192.168.1.158）。应该可以看到匿名的 ftp 空间，里面有 anoftp 的子目录。浏览器下面注明是匿名的。如图 7-18 所示。

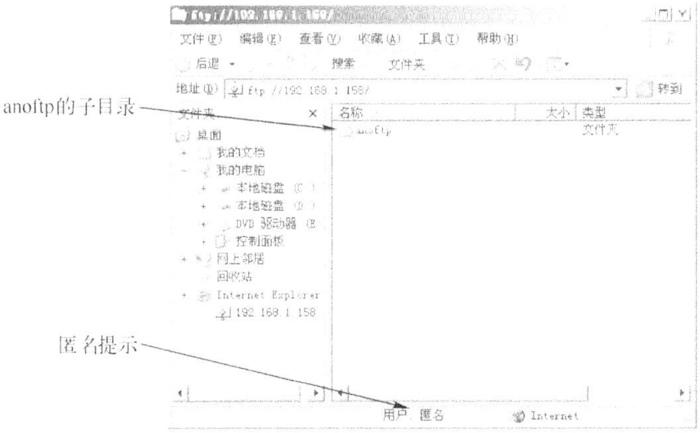

图 7-18　FTP 匿名服务

通常默认设置下匿名用户可以下载，但是不能写入或是上传。

接下来修改设置。让匿名用户无法访问，并且需要输入 Linux 上已经存在的用户，经过密码认证后才能访问到他们自己目录里的内容。这里假设新用户是 sunwz。

首先找到设置 vsftpd 的配置文件：

```
/etc/vsftpd.conf
```

修改之前最好先备份下这个文件：

```
~# cp /etc/vsftpd.conf /etc/vsftpd.conf.bak
```

然后用 vi 对该配置文件进行编辑：

```
......
#anonymous_enable=YES                    //不让匿名用户使用
local_enable=YES                         //本地用户可用
write_enable=YES                         //可用写操作
#dirmessage_enable=YES                   //不需要显示某目录下文件信息
ftpd_banner=welcome to FTP service       //加点 banner 提示
max_clients=100                          //FTP 服务器最大承载用户
max_per_ip=5                             //限制每个 IP 的进程
local_max_rate=256000                    //最大传输速率（b/s）
```

重启 FTP 服务器，再次远端登录，看到的效果如图 7-19 所示。此时需要用户认证了。

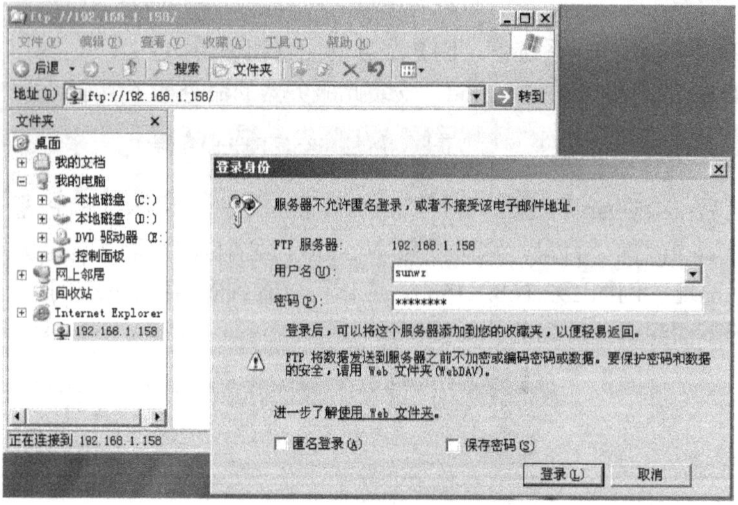

图 7-19　认证用户 FTP 登录

从安全角度考虑，为了防止用户的权限被滥用，需要建立 chroot 的用户列表，命令如下所示：

继续修改 vsftpd.conf：

```
......
chroot_list_enable=YES                   //启动 chroot 列表（Change root）
chroot_list_file=/etc/vsftpd.chroot_list //指定列表位置
```

接下来可以用 vi 编辑 vsftpd.chroot_list，写入要限制的那些用户，如图 7-20 所示。

图 7-20 chroot 用户列表

如果需要更加严厉管束的权限，那么继续修改 vsftpd.conf 的内容。增加一句：

```
......
user_config_dir=/etc/private                //限制文件的路径
local_root=/home/sunwz/ftproom
```

用 vi 在 private 下编辑建立与用户名 sunwz 相同的文件。在其内部添加受限的用户。

重启服务器，那么，用户 sunwz 仅能在远端 FTP 访问其自己的 ftproom 了。如图 7-21 所示。

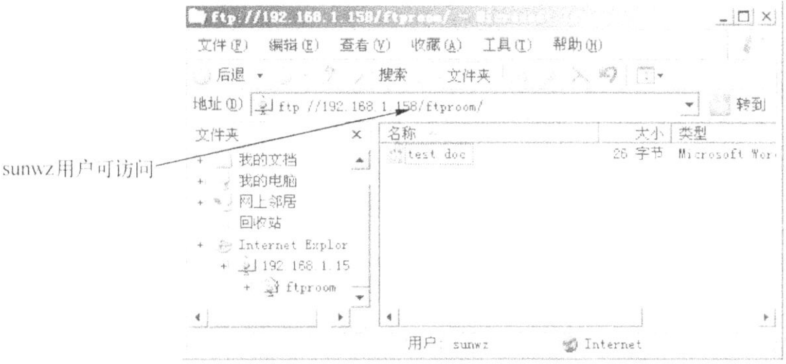

图 7-21 chroot 的用户目录

在 Linux 下的其他网络服务还有 DHCP 服务，NFS 服务，MySQL 数据库服务，SSH 服务等。随着网络的发展，相应的网络服务还会层出不穷，读者在阅读这部教材时，可能又会出现新的服务，已有的服务也有可能消亡。软件的种类会越来越多，安装的方式会越来越简单，服务的效率越来越高；而操作的方式和配置的参数也会因此而改变。

本 章 小 结

本章主要介绍 Linux 网络操作系统，包括 Linux 的结构、特点以及其基本的网络管理和网络服务。介绍了 Linux 的内部结构以及其基本组成，还介绍了 Ubuntu 操作系统的网络服务安装、配置及其简单使用。包括：基础服务功能 DNS 的安装、配置和使用；共享文件系统 Samba 的结构、安装和配置、使用；在 Linux 下配置 Web 服务的方法；在 Linux 上架设电子邮件服务器；FTP 服务的配置使用方法。

通过本章的学习，读者可以对网络操作系统有进一步的了解。

自 测 习 题

思考题

1．如何利用 Linux 操作系统构建一个局域网？

2．试写出安装和配置一个 DNS 服务的详细步骤。

3．从操作系统的角度，简述 Linux 的结构。

4．试描述配置一个邮件服务器的过程。

5．请将自己编写的网页加入到 Linux 的 Web 服务中，并能在局域网中可以访问。

6．请描述在 Linux 操作系统中，FTP 文件上载过程中，客户机与服务器之间的网络连接关系，并指出控制和数据传输的端口。

7．如何保证授权用户只能访问其自己的目录？管理员应该怎么设置？

8．Samba 共享文件是如何实现的？请将 Linux 上的一个文件共享给网络上的其他用户。

9．配置 DNS 服务器的必要步骤有哪些？

10．如何远程登录？

第八章　Windows Server

本章主要介绍 Windows Server 网络操作系统的结构及它所提供的服务。Windows 操作系统根据角色的不同分为不同的类型，Windows Server 网络操作系统具有较强的信息服务能力，能够根据需要，以集中或分布式的方式提供服务。通过本章的学习，读者可以了解:

1. Windows Server 网络操作系统的结构和运行机制。
2. Windows Server 网络操作系统为网络提供的服务。
3. 基本掌握 Windows Server 网络操作系统中网络服务的配置。

第一节　Windows Server 概述

Windows Server 网络操作系统是一个集成了多种网络功能而且具有交互操作能力的服务器操作系统，它为网络应用提供了一个基础平台。Windows Scrvcr 随着计算机技术和用户需求的发展而不断迭代发展，通常在具体产品中体现有具体年份，例如，Windows Server 2003 或 Windows Server 2019。

一、Windows Server 的设计目标

Windows Server 具有如下特点。

1）服务器角色。Windows Server 是一个多任务操作系统。它能够按照需要，以集中或分布的方式处理各种服务器角色。包括：文件和打印服务器；Web 服务器和 Web 应用程序服务器；邮件服务器；终端服务器；远程访问/虚拟专用网络（VPN）服务器；目录服务器、域名解析服务器（DNS）、动态主机配置协议（DHCP）服务器和 Windows 因特网命名服务器（WINS）；多媒体服务器等。

2）Windows Server 包含了基于 Windows Server System 构建的核心技术，尽力实现具有可靠、可用、高效具有联网功能、经济划算的优质服务器操作系统。

3）Windows Server 能够满足从小公司到数据中心等不同规模组织的需要。

二、Windows Server 的结构

操作系统在设计时一般有几种结构。

（1）单体系统

单体系统也称程序系统，它是面向过程的设计方法，其结构的特色就是没有结构，整个操作系统以过程调用的方式编写，若有必要，每个过程都可以调用其他的过程。简单地说，单体系统就是一盘“大锅菜”。

（2）分层结构

将每一个系统的动作进行分类，并规定其相应的操作范围，超出范围的操作通过调用的

方式实现，每个分层有着严格的接口标准。这种方式可以将一个复杂的系统分割成多个不同的简单的系统，每个系统均可以独立发展。

（3）虚拟机

虚拟机实际是一种会话监控器。用户程序在执行代码时，系统调用一般是首先陷入会话监控器中（每个虚拟机具有一个会话监控器）。会话监控器再向虚拟机监控器发出普通的硬件 IO 指令来执行系统调用。由于每个部分完全分离，系统变得简单、灵活且容易维护。如图 8-1 所示。

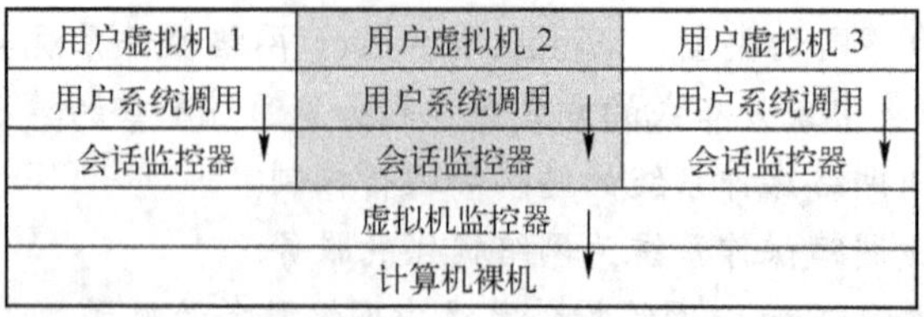

图 8-1　分层结构

（4）客户/服务器

为保持系统的效率，将内核尽可能地减小，而将大部分策略制定留给上层，用户有任何需求，通过通信渠道请求服务器服务。这种结构具有较高的安全性和强健性，更适合分布式应用。如图 8-2 所示。

图 8-2　客户/服务器模型

第二节　Windows Server 的体系结构

作为一个实际应用中的操作系统，Windows Server 没有单纯地使用某一种体系结构。它的设计融合了分层操作系统和客户/服务器（微内核）操作系统的特点。

Windows Server 像其他许多操作系统一样，通过硬件机制实现了核心态（Kernel Mode）以及用户态（User Mode）两个特权级别。核心态也称管态，用户态也称目态。

Windows Server 的核心态组件使用了面向对象设计原则，例如，它们不能直接访问某个数据结构中由单独组件维护的消息，这些组件只能使用外部的接口传送参数并访问或修改这些数据。但是 Windows Server 并不是一个严格的面向对象的操作系统，出于可移植性以及效率因素的考虑，Windows Server 的大部分代码不是用某种面向对象语言编写的，它使用了 C 语言并采用了基于 C 语言的对象实现。

Windows Server 的体系结构的框架如图 8-3 所示。

Windows Server 分为用户态和核心态两部分。用户态进程运行在私有地址空间中。主要有：系统支持进程（System Support Process）；服务进程（Service Process）；环境子系统（Environment Subsystem）；用户应用程序（User Application）。

服务进程和用户应用程序是不能直接调用操作系统服务的，它们必须通过子系统动态链接库（Subsystem DLL）和系统交互。子系统动态链接库的作用就是将文档化函数（公开的调用接口）转换为适当的 Windows Server 内部系统调用。

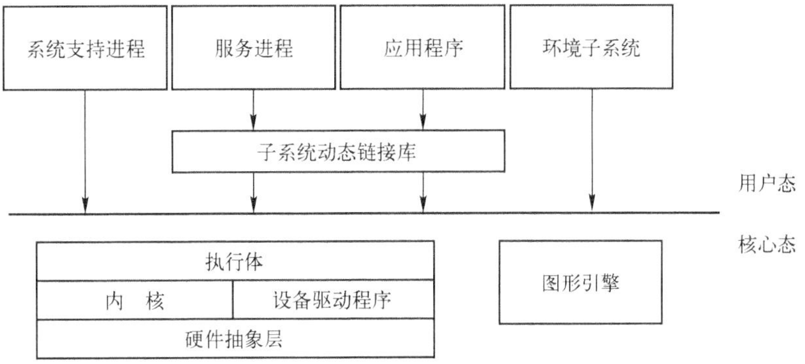

图 8-3　Windows Server 体系结构框图

Windows Server 的核心态组件都运行在统一的核心地址空间中。核心态组件包括：内核（Kernel），它包含了最低级的操作系统功能，如线程调度、中断和异常调度，多处理机同步等；执行体包含了基本的操作系统服务，如内存管理器、进程和线程管理、安全控制等；硬件抽象层（Hardware Abstraction Layer），它将内核、设备驱动程序以及执行体同硬件分隔开来，使它们可以适应多种平台；设备驱动程序（Device Drivers），它包括文件系统和硬件设备驱动程序等；图形引擎包含了实现图形用户界面（Graphical User Interface）的基本函数。

Windows 利用硬件机制（CPU 内部有保护位）实现了核心态和用户态两个特权级别。与操作系统相关的那些重要的代码在核心态运行，它们可以访问系统数据（例如 PCB）和硬件设备（包括其控制器等）。而用户程序在用户态运行，不能直接访问操作系统特权代码和数据（例如 PCB），只能通过系统调用来访问。

Windows Server 详细的体系结构如图 8-4 所示。以下分别进行说明。

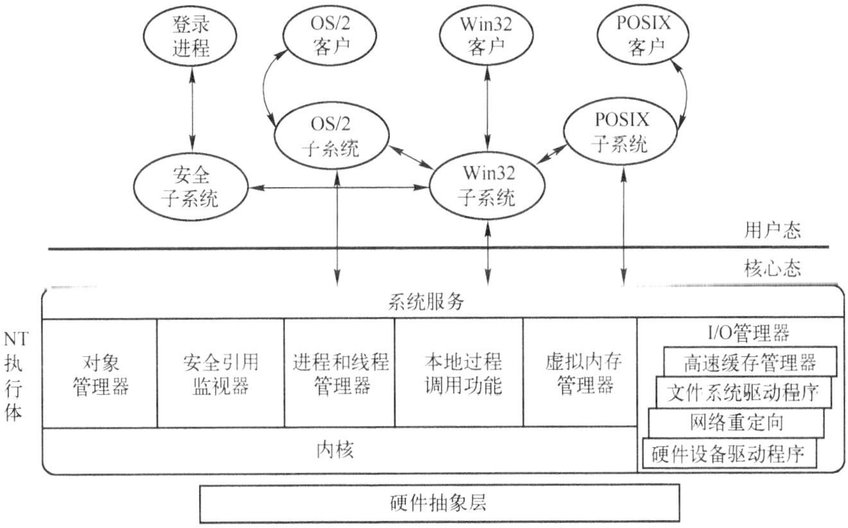

图 8-4　Windows Server 的体系结构

一、内核

Windows Server 中，在核心态下，操作系统各部分组件可以和硬件以及组件之间交互，不会引起任何模式转变，Windows Server 的核心态操作系统组件采用了分层次的结构，将依赖于处理机体系结构或平台的系统底层部分隔离在单独的模块之中（硬件抽象层，内核层，设备驱动），这样核心系统的高层，即执行体（Executive）就可以被屏蔽在千差万别的硬件平台之外。

内核是 ntoskrnl.exe 的下层，它实现最基本的操作系统功能，管理线程调度、进程切换、异常处理和中断处理以及多处理机同步（若存在多处理机的话）。中断处理、异常处理和多处理机同步等功能是随处理机体系结构的不同而异的，内核的一个重要功能就是把执行体和处理机体系结构的差异隔离开，为执行体提供一组在整个体系结构上可移植的、语义完全相同的接口。

内核是常驻内存的，永远不会由页面调度程序调出内存（所以也不是一个进程）。与执行体的其他部分和用户应用程序不同，内核自身的代码并不以线程的方式运行。内核可以被中断服务例程（Interrupt Service Routine）中断，但是永远不会被抢先。内核除了实现最基本的操作系统功能外，几乎将所有的策略制定留给了执行体。这一点充分体现了 Windows Server 将策略与机制分离的设计思想（Policy Versus Mechanism Separate）。

二、硬件抽象层

硬件抽象层是计算机硬件平台的接口，内核和设备管理层是处理机体系结构的功能（如线程上下文切换或者外部设备类）。硬件抽象层是一个加载型的核心模块，存在于文件 hal.dll 中，它为硬件平台提供底层接口；其作用是将操作系统从与平台相关的硬件差异中隔离出来（Intel、AMD 等）。

若变换了硬件，尤其是 CPU（当然包括各种其他硬件），只需更换 hal.dll 文件。因此，使得机器硬件的系统总线、桥接器、DMA 控制器、中断控制器、系统计时器以及多处理机通信机制等对内核来说看上去都是相同的。

三、执行体

Windows Server 的执行体是 ntoskrnl.exe 的上层，它由一些重要的系统组件组成，这些组件为用户态的应用程序提供了系统服务功能（即通常所说的本机 API）。

执行体中还包含许多其他的对象。如图 8-4 中，对象管理器是面向对象的，负责创建、跟踪以及删除 Windows Server 执行体对象。为对象的命名、维护和安全性设置实施统一的规则（执行体为 C/S 模式）。

进程与线程管理器负责创建、跟踪以及删除进程和线程对象。对进程和线程的基本支持在内核中实现，而执行体的进程与线程管理器给这些低级对象添加附加语义和功能。

本地过程调用机制以类似于分布式处理中远程过程调用的方式，在单机系统中的应用程序和环境子系统之间实现客户/服务器模型（异步、对象化）。

虚拟内存管理器负责把进程地址空间中的虚拟地址映射为计算机内存中的物理页面。

四、设备驱动

I/O 管理器是为应用程序提供访问 I/O 设备的统一框架，负责分发适当的设备驱动程序（各类数据结构和表格）。

高速缓存管理器通过使最近访问过的磁盘数据驻留在内存中来提供快速访问，从而提高基于文件的I/O性能。

五、环境子系统

环境子系统向应用程序提供运行环境和应用程序编程接口。Windows Server支持三种环境子系统：Win32、POSIX和OS/2。Windows Server最重要的环境子系统是Win32子系统，其他子系统都要通过Win32子系统接收用户的输入和显示输出。环境子系统的作用是将基本的执行体系统服务的某些子集提供给应用程序。用户应用程序不能直接调用Windows Server系统服务，这种调用必须通过一个或多个子系统动态链接库作为中介才可以完成。例如，Win32子系统动态链接库（包括kernel32.dll、user32.dll和gdl32.dll）实现Win32API函数。

六、安全

安全访问监视器是为访问受保护对象实施访问确认和审核，受保护对象包括文件、进程、I/O设备等。

系统支持进程作为操作系统核心的一部分提供的系统支持服务，例如，登录进程（WINLOGON）和会话管理器（SMSS）。

第三节　Windows Server的系统机制

Windows Server在设计时就考虑到网络应用，所以在设计系统机制时，更多地采取了对象模式。其中面向对象的过程调用是其最基本的机制。

一、本地过程调用

本地过程调用是为子系统通讯特别设计的。本地过程调用的基础是远程过程调用，远程过程调用是网络上用于运行在两台机器上的进程间通讯的事实上的标准。本地过程调用为在同一台机器上运行的进程间的通讯进行了优化，是子系统和其客户进程之间通讯的机制。客户线程当需要子系统的服务时就会调用本地过程调用。本地过程调用将调用的参数传递给服务器进程。服务器线程执行服务并使用本地过程调用将结果传回给客户端线程。

本地过程调用用在多任务操作系统中，使得同时运行的任务能互相会话。这些任务共享内存空间使任务同步和互相发送信息。通过本地过程调用，程序能利用其他程序来处理客户的数据。客户机执行自己的任务，靠服务器提供后端文件或其他服务。本地过程调用为客户机提供向服务器申请服务的通信机制，这种通信若在本机实现就为本地过程调用，若在网络实现，就称为远程过程调用。

Windows Server并没有提供传统的本地过程调用，但是却可以通过远程过程调用机制实现本机本地过程调用，使得使用本地过程调用的接口简单、快速。

二、远程过程调用

远程过程调用（Remote Procedure Call，RPC）是一个计算机通信协议。该协议允许运行于一台计算机的程序调用另一台计算机的子程序，而程序员不用另外再为这个交互作用进行编程。如果涉及的软件采用面向对象编程实现，那么远程过程调用亦可称作远程调用或远程方法调用，原理相同，只是叫法不同。用这种方式运行程序，用户不需要拷贝服务器上的整个数据库或程序到用户系统中运行，而是把需要对数据的操作送到远程计算机（服务器）中进行处理。所以，服务器会处理用户的请求，或者执行一些计算、查找等操作，然后把结果再发送回用户。这种方式数据并不移动，数据库的同步和互斥就容易实现，当多个用户同时访问相同的数据时，可以很容易地实现过程代码共享（在做好同步互斥的逻辑下），从而提高系统资源的利用率。

RPC 采用的是 C/S 编程模式，与 C/S Socket 编程模式类似。一旦我们建立了 RPC 服务，客户端的调用参数将通过 RPC 传输通道（采用协议如 UDP 或 TCP），并根据 Socket 所提供的目的地址及 RPC 上层应用程序号连接到相应的 RPC 应用程序服务器，若客户端处于等待状态，则会收到应答（服务器响应）或 Time Out 超时信号（失联）。RPC 过程如图 8-5 所示，当服务器端收到了请求消息，则会根据 RPC 系统的应用程序号例程入口地址执行相应的操作，并将结果返回至客户端。

当一次 RPC 调用结束后，线程会发出相应的信号，客户端程序按预设继续运行。

一台服务器上可以提供多个远程过程服务，为了区别，一个远程过程要有三个要素来唯一确定：进程号、版本号和过程号。进程号表示的是一个特定的远程过程。一个进程通常有一个或几个不同的版本，其中包含有一系列能被远程客户调用的过程，不同版本下的 RPC 可以同时提供客户远程服务。而每个版本都包含有许多可供远程调用的过程，其中每个过程有其唯一的过程号。

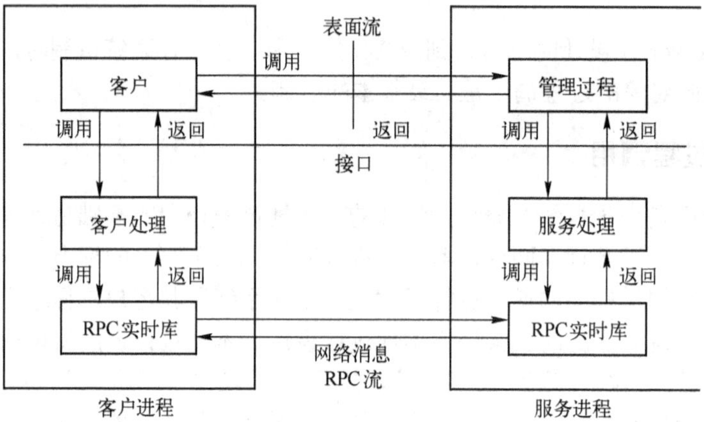

图 8-5　RPC 过程

应该说 RPC 的应用是十分广泛的，特别是在网络操作系统中尤为显得重要。

三、多处理机同步

Windows Server 支持多处理机，当在一个系统中调度少量的处理机时还不算复杂，但当处理机的数量特别巨大时或者在网络上的计算机数量巨大时，协调和同步处理机也是网络操作系统的重要任务。

网络上的计算机一般采用比较松散的、处理机之间显式地传递消息。消息传递根据简单的网络协议，通过传递消息来请求某些服务或传输数据，从而完成通信。如某个进程需要对远程计算机中存储器内的数据进行访问或操作，那么它就通过系统调用发送一个消息，该消息请求传送数据、访问或操作数据。此时，消息可以看成是一个远程过程调用。目的处理机接收到上述消息以后，执行相应的访问或操作，完成后发送一个应答消息将结果返回。若请求的进程发送一个消息后一直要等到应答结果才继续运行，则这种消息称为同步消息，反之称为异步消息。现代计算机的软件系统已为发送和接收消息的各种操作提供了较广泛的系统调用支持，包括传送复杂的参数以及返回计算结果等。

如果数据发送方感知其他计算机需要处理数据，通信也可以从数据发送方发出，不需要一定是数据接收方发出请求。上述方法中，数据可以不经请求就直接送往数据接收方。一般采用这种消息传递方法往往是异步进行的，即发送方发出数据后不需要等待接收方响应，可以继续运行原来的程序，不需要阻塞等待。

第四节　Windows Server 的网络服务

Windows Server 是一个专为服务器设计的网络操作系统。它能提供现行网络上的所有服务功能，不仅如此，它还提供了 Windows 特有的一些特殊服务，以满足用户的需求。

一、Windows Server 的网络特点

Windows Server 自 Windows NT/2000 以来增加了不少功能，也添加了不少服务。

下面简单介绍一下 Windows Server 的特点。

（1）增强的服务功能

服务器角色包括：文件和打印服务器；Web 服务器和 Web 应用程序服务器；邮件服务器；终端服务器；远程访问/虚拟专用网（VPN）服务器；目录服务器；域名服务器（DNS）；动态主机配置协议（DHCP）服务器和 Windows Internet 命名服务器（WINS）；流媒体服务器等。这些服务器提供的服务可以通过 IIS 集成系统进行管理。

（2）活动目录

活动目录是 Windows Server 家族的目录服务。它存储了有关网络上对象的信息，并且通过提供目录信息的逻辑分层组织，使管理员和用户易于找到该信息。Windows Server 为活动目录带来了很多改善措施，使其使用起来更通用、更可靠，也更经济。在 Windows Server 中，活动目录提供了增强的性能和可伸缩性，允许用户更加灵活地设计、部署和管理组织的目录。

（3）系统快照

系统快照记录了系统的即时状况，管理人员启用该项服务后，服务器会定时定期对系统进行快照记录。终端用户可以利用这一特性恢复已被删除的文件，甚至在必要的情况下将系统回退到旧的版本。

（4）增强的群集支持

集群服务改进了组织的可用性、可伸缩性和易管理性。Windows Server 操作系统支持多达 8 个节点的服务器集群。如果集群中某个节点由于故障或者维护而不能使用，另一节点会立即提供服务。

二、Windows Server 网络的活动目录

活动目录（Active Directory）是 Windows Server 的“目录服务”。其中保存了各种对象

的有关信息（包括各种网络服务），包装后使这些信息易于管理员和用户查找及调用。活动目录服务使用结构化的数据进行存储。

活动目录具有信息安全性、基于策略的可管理、可扩展性、可伸缩性、信息的复制、DNS 集成、与其他目录服务的互操作性、灵活查询等诸多优点。使用目录服务可以简化管理，提供更强的安全性和更高的互操作性。

活动目录可作为管理工具，也可作为用户工具。从管理角度来看，集中控制资源并使用一致的操作界面能够降低管理成本。从用户角度来看，认证的中心服务更易于网络资源的访问。活动目录出现之前，大多数网络操作系统的用户认证都是“基于服务器”的，账户管理工作需要在一台台服务器上逐个进行，每台服务器上都维护着一个可访问其资源的用户列表和用户许可列表。活动目录的出现成为网络安全保证的中心权力点，同时也是将各种系统连接在一起的集中点，大大降低了许多企业网络操作系统的管理开销。

1. 规划活动目录的结构

在安装活动目录之前，应对活动目录的结构进行详细规划设计，使得用户和管理员在使用时更为方便。规划的主要目的是确定各个账户的权限。

（1）规划 DNS

用户使用活动目录时，需要首先规划名称空间。应先有可用的活动目录结构，再有 DNS 域名称空间。设计活动目录并用适当的 DNS 名称命名。在 Windows Server 中，可以用 DNS 名称命名活动目录域。若选择 DNS 名称用于活动目录域时，则以保留在 Internet 上使用的已注册的 DNS 域名后缀开始（如 lenovo.com），并将该名称和单位中使用的地理（或者部门）名称结合起来，组成活动目录域的全名。如 lenovo 的 sales 组可以称他们的域为“sales.lenovo.com”。这种命名方法确保每个活动目录域名是全球唯一的。而且，这种命名方法一旦被采用，使用现有名称作为创建其他子域的父名称以及进一步增大名称空间以供单位中的新部门使用的过程将变得有序可循。

（2）规划用户的域结构

最简单的域结构就是单域。规划时，用户应从单域开始，并且只有在单域模式不能满足用户的要求时，才增加其他的域。单域可跨越多个地理站点或部门。在一个域中，可以使用组织单元（Organizational Units，OU）来实现这个目标。接下来可以设置组策略，并将用户、组和计算机一起放在组织单元中。例如，一个企业需要组建内部网，公司员工使用的计算机都是企业配置的，计算机里存放的资源也是与企业有关的，公司员工之间要经常进行数据交流和资源共享。这样就需要建立一个单域模式的网络。如图 8-6 所示。

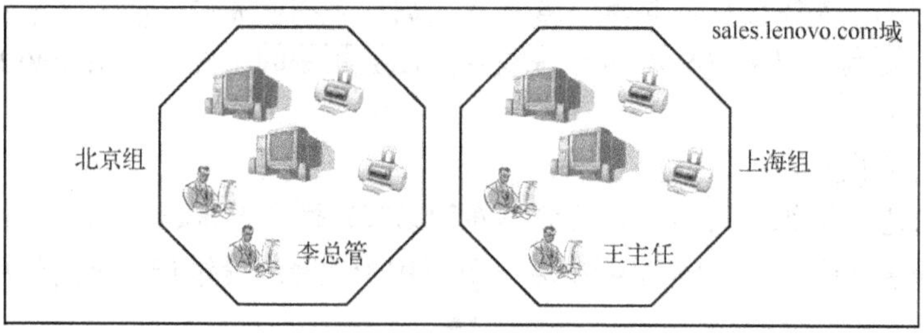

图 8-6　单域模式

（3）规划用户的委派模式

管理员可以将权限分派给单位中各个部门，具体是在每个域中创建组织单元树，并将部分组织单元子树的权限委派给用户或组。通过委派管理权限，管理员可以以新身份登录系统并开展工作。一般为了安全，拥有整个域的管理授权的最高管理员账户会保留下来以备偶尔使用。例如，经理可以将销售组内成员的变化增减权力赋予销售主管，或者，销售主管可以将上海组的成员的变化或更改权赋予上海销售组的组长。

2. 安装活动目录服务

规划好各级权限以后，可以开始安装活动目录服务。

运行活动目录安装向导将 Windows Server 计算机升级为域控制器，创建一个新域或者向现有的域添加其他域控制器。

（1）安装前的准备工作

首先必须获得管理员权限。在安装活动目录之前，要确保系统盘为 NTFS 分区。同时，已准备好 DNS 服务器的解析，如 hongqi.com。

（2）安装域控制器

在安装活动目录前首先要确定 DNS 服务器正常工作，确定方法如下：

1）单击“开始→控制面板→管理工具→管理你的服务器”菜单项，或者“开始→管理工具→管理你的服务器”项，然后在出现的对话框中双击“向导”选项，启动配置向导。单击“添加或删除角色”选项，再单击“下一步”按钮。如图 8-7 所示。

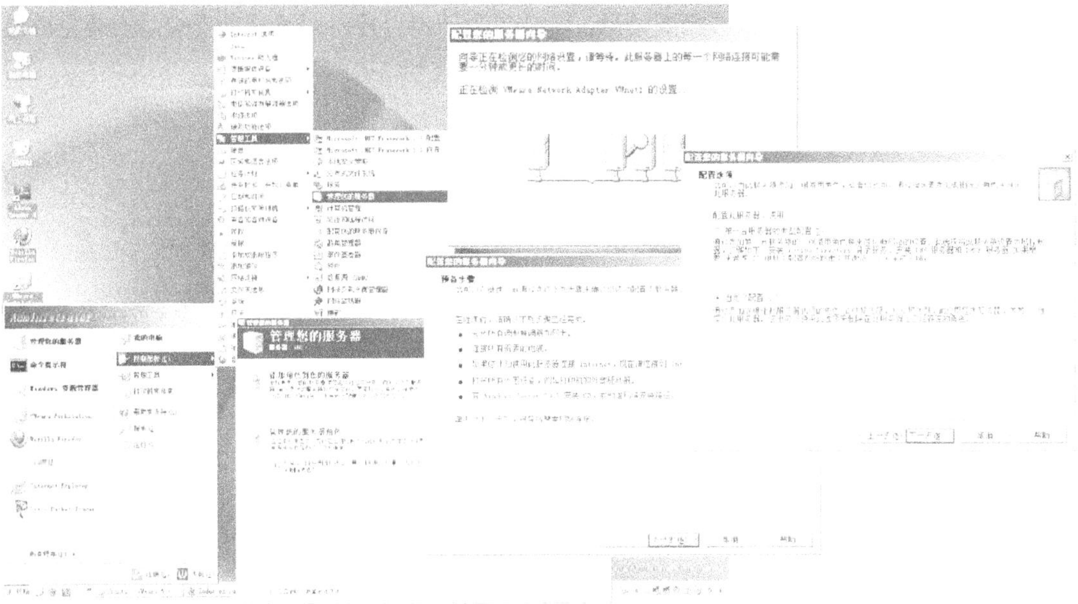

图 8-7　配置活动目录

2）在“配置选项”对话框中，选择“自定义配置”选项，然后单击“下一步”按钮。

3）在“服务器角色”对话框中，选择“域控制器（Active Directory）”选项，单击“下一步”按钮，将启动活动目录安装向导，然后单击“下一步”按钮。

4）若用户所建立的是域中的第一台域控制器，则在“域控制器类型”对话框中选择“新域的域控制器”选项，单击“下一步”按钮继续。

5）在“创建一个新域”对话框中选择“在新林中的域”选项，然后单击“下一步”按钮。

6）在“新的域名”对话框中的“新域的 DNS 全名”框中输入需要创建的域名，这里是“techasist.hongqi.com”，单击“下一步”按钮继续。

7）在“NetBIOS 名”对话框中，更改 NetBIOS 名称。运行非 Windows 操作系统客户端将使用 NetBIOS 域名。可保持默认设置，单击“下一步”按钮继续。

8）在“数据库和日志文件文件夹”对话框中，将显示数据库、日志文件的保存位置，一般不作修改，单击“下一步”按钮继续。

9）在“共享的系统卷”对话框中，指定作为系统卷共享的文件夹。Sysvol 文件夹存放域的公用文件的服务器副本。Sysvol 广播的内容被复制到域中的所有域控制器，其文件夹位置一般不作修改，单击“下一步”按钮继续。

10）在“配置 DNS”对话框中，单击“下一步”按钮。如果在安装活动目录之前未配置 DNS 服务器，可在此让安装向导配置 DNS。

11）在“权限”对话框中为用户和组选择默认权限，若需要使用 Windows Server 以前的操作系统，则选择“与 Windows 2000 之前的服务器操作系统兼容的权限”选项，单击“下一步”按钮继续。

12）在“目录服务恢复模式的管理员密码”对话框中输入以目录恢复模式下的管理员密码，单击“下一步”按钮继续。

此时，安装向导将显示安装摘要信息，单击“下一步”按钮即可开始安装。安装完成之后，重新启动计算机即可。

上述过程如图 8-8 和图 8-9 所示。

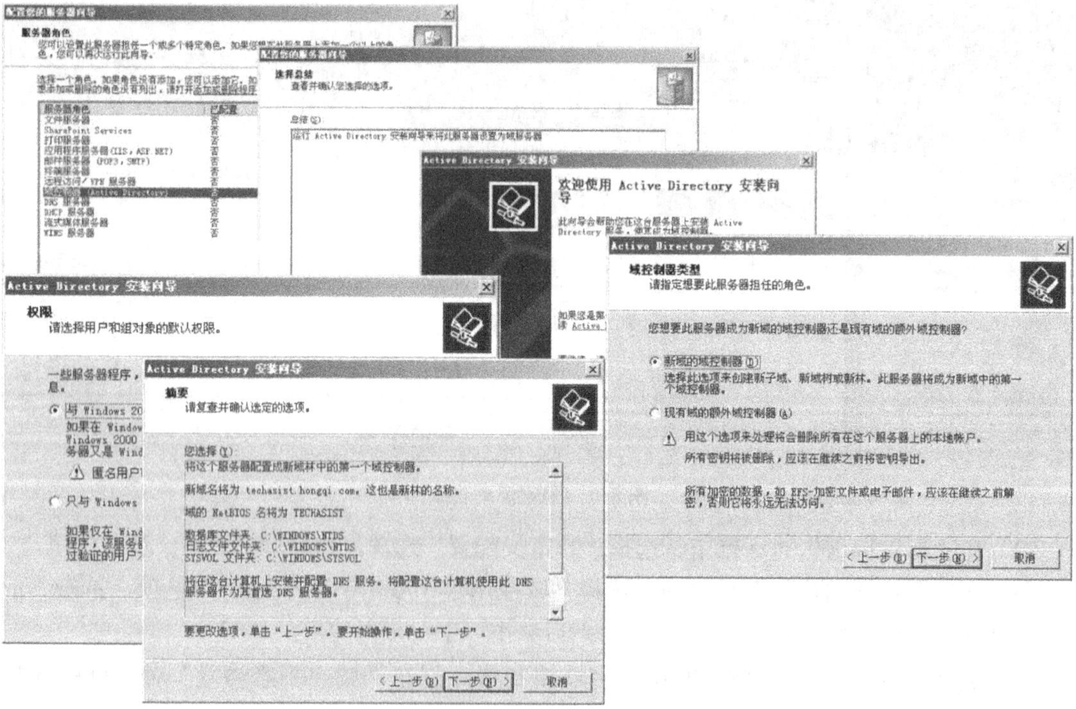

图 8-8　配置活动目录

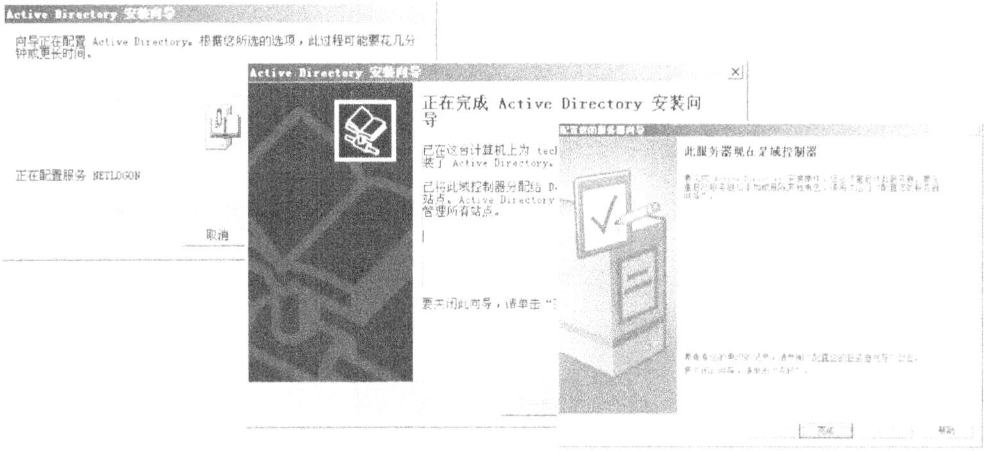

图 8-9　安装活动目录

若需要删除活动目录，那么按照上述方法，根据向导提示即可删除活动目录。或者在命令窗口中运行 dcpromo.exe 文件，按照提示操作即可。

3. 备份和恢复活动目录

活动目录安装好以后，为防止系统被有意或无意地破坏，需要进行备份操作；当对损坏部分进行修复时需要进行恢复的操作。

在 Windows 中，备份与恢复活动目录是一项非常重要的工作。一般不能单独备份活动目录，因为 Windows 将活动目录作为系统状态数据的一部分进行备份。系统状态数据包括注册表、系统启动文件、类注册数据库、证书服务数据、文件复制服务、集群服务、域名服务和活动目录 8 个部分。这 8 个部分都不能单独进行备份，必须作为系统状态数据的一部分进行备份。

（1）备份活动目录

如果一个域内存在不止一台域控制器，当重新安装其中的一台域控制器时，备份活动目录并不是必需的，只需要将其中的一台域控制器从域中删除，重新安装，并使之回到域中，那么另外的域控制器自然会将数据复制到这台域控制器上。也就是说，在整个域中，所有的域控制器的数据是一致的。但是，如果一个域内只有一台域控制器，那就有必要对活动目录进行备份。

1）单击“开始→程序→附件→系统工具→备份”菜单项，以启动备份或还原向导。单击“高级模式”选项，打开“备份工具”对话框，单击“备份向导”按钮，然后单击“下一步”按钮继续。

2）在“要备份的内容”对话框中，选择“只备份系统状态数据”选项，单击“下一步”按钮继续。

3）在“备份类型、目标和名称”对话框中，输入备份数据文件名，然后单击“下一步”按钮，完成备份向导，如图 8-10 所示。

（2）活动目录的恢复

恢复活动目录有两种方式。

1）从域的其他域控制器上恢复数据，前提是域内必须还有一台域控制器是可用的，这时当损坏的域控制器重新安装并加入到它原来的域时，域控制器之间会自动进行数据复制，活动目录也会随之恢复。

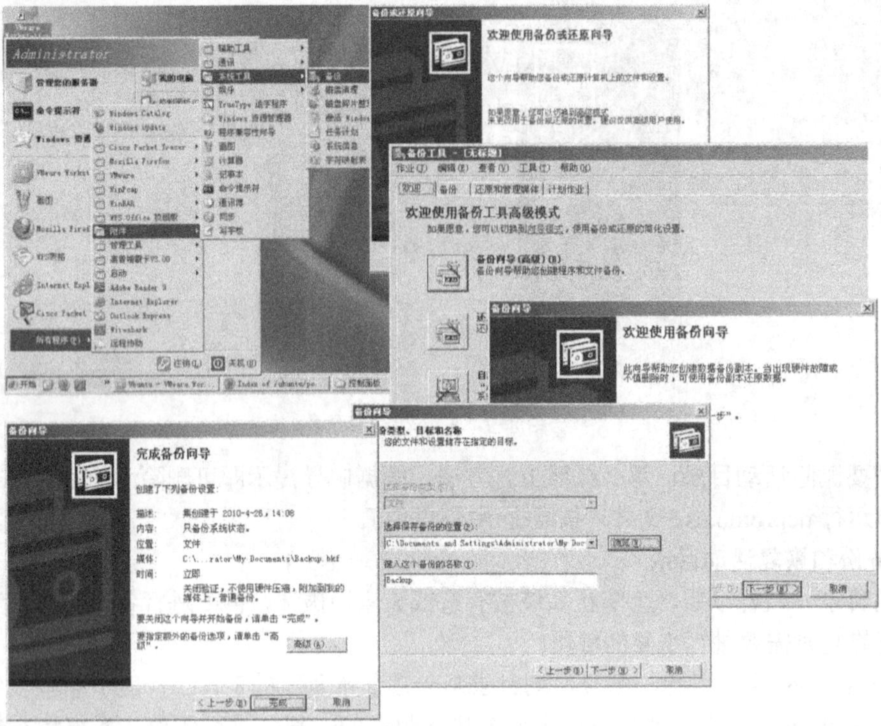

图 8-10　活动目录的备份操作

2）从备份介质进行恢复。通常情况下，整个网络环境中只有一台域控制器，因此只能从介质恢复活动目录。

从备份介质进行活动目录恢复有两种方式可以选择：验证方式（Authoritative Restore）和非验证方式（Nonauthoritative Restore）。

① 非验证方式恢复。

通常情况下，Windows Server 使用非验证方式恢复。活动目录从备份介质中恢复以后，域内其他的域控制器会在复制过程中使用新的数据覆盖旧的数据。

要实现非验证恢复，目录服务必须处于离线状态。否则为保持同步，目录服务器会搜索整个网络。恢复时，域控制服务器必须处于“目录服务恢复模式”，即不是处于服务模式。重新启动服务器，按下〈F8〉键进入系统启动高级菜单，选择其中的“目录服务恢复模式”选项。当 Windows 出现用户登录窗口时，输入本地管理员账户和密码，登录成功后，就可以进行恢复操作了。

下面的操作所见与备份时的操作差不多，单击“开始→程序→附件→系统工具→备份”菜单项，以启动还原向导。按提示操作，重新启动计算机即可。通常情况下，你不能恢复 60 天以前备份的活动目录数据。

② 验证方式恢复。

验证模式会将从备份介质恢复过来的数据强行复制到域内所有的域控制器上，无论从备份以后数据是否发生了变化。验证模式恢复活动目录通常用于活动目录在域内某台域控制器上发生了严重的错误，而且这种错误通过复制扩散到了域内的其他域控制器上。

为实现验证方式恢复，必须首先实现非验证方式恢复，然后使用 ntdsutil 命令行工具实现验证式恢复。

以上述方式进入“目录服务恢复模式”。登录成功后，就可以进行恢复操作了。

恢复完成后，输入 quit 命令退出，重新启动计算机即可。

三、Windows Server 的 IIS 服务

Windows Server 将邮件服务器、Web 服务器、文件 FTP 服务器等各种网络服务集成到一起，称为互联网信息服务（Internet Information Services，IIS）。IIS 能发布基于 ASP（Active Server Pages）、JAVA、VBscript 产生的页面。IIS 支持具有编辑环境的（Frontpage）、有全文检索功能的（Index Server）、有多媒体功能的（Net Show）等软件来完成上述各种服务。

IIS 的配置同样是信息系统网络管理中经常要进行的任务之一。Web 网站、FTP 服务器、邮件服务器等的配置方案非常之多，下面以 Web 服务器的配置为例来说明 IIS 的配置过程。

1. IIS 的添加

单击“开始→控制面板→添加/删除程序→添加/删除 Windows 组件”，全选“Internet 信息服务（IIS）”。添加的 IIS 组件中将包括 Web、FTP、NNTP 和 SMTP 等全部服务。或者，采用管理工具中的“管理您的服务器”工具来完成，过程如图 8-11 所示。

图 8-11　IIS 的安装

2. IIS 的运行

单击“开始→管理工具→Internet 服务管理器（IIS 信息服务）”打开 IIS 管理器，对于有“已停止”字样的服务，均在其上单击右键，选“启动”命令来开启。

安装完成后，打开浏览器输入 “http://localhost/”，检查 IIS 是否正常。如果正常，则会显示“It works!”字样。

接下来介绍如何安装一台基于 IIS 的 Web 服务器。

首先介绍在服务器上建立一个 Web 站点的操作。

找到本机的 IP 地址，例如 192.168.1.158，将已经做好的网页放在 D:\os_course 目录下，网页的首页文件名为 Index.htm。

对于此 Web 站点，我们单击“开始→管理工具→Internet 服务管理器（IIS 信息服务）”打开 IIS 管理器，用“默认网站”来做相应的修改后，就可以实现。具体步骤如下。

1）在“默认网站”上单击右键，选“属性”，进入名为“默认网站属性”设置界面。

2）修改绑定的 IP 地址：转到“网站”窗口，再在“IP 地址”后的下拉菜单中选择所需用到的本机 IP 地址“192.168.1.158”。

3）修改主目录：转到“主目录”窗口，再在“本地路径”输入（或用“浏览”按钮选择）好自己网页所在的“D:\os_course”目录。

4）添加首页文件名：转到“文档”窗口，再按“添加”按钮，根据提示在“默认文档名”后输入网页的首页文件名“Index.htm”。若已经有该文件名，则将其上移到最上面。

5）测试：在本机或联网的计算机上打开浏览器，在地址栏输入“http://192.168.1.158/”之后再按〈Enter〉键，此时就能够调出网页的首页，如图 8-12 所示。

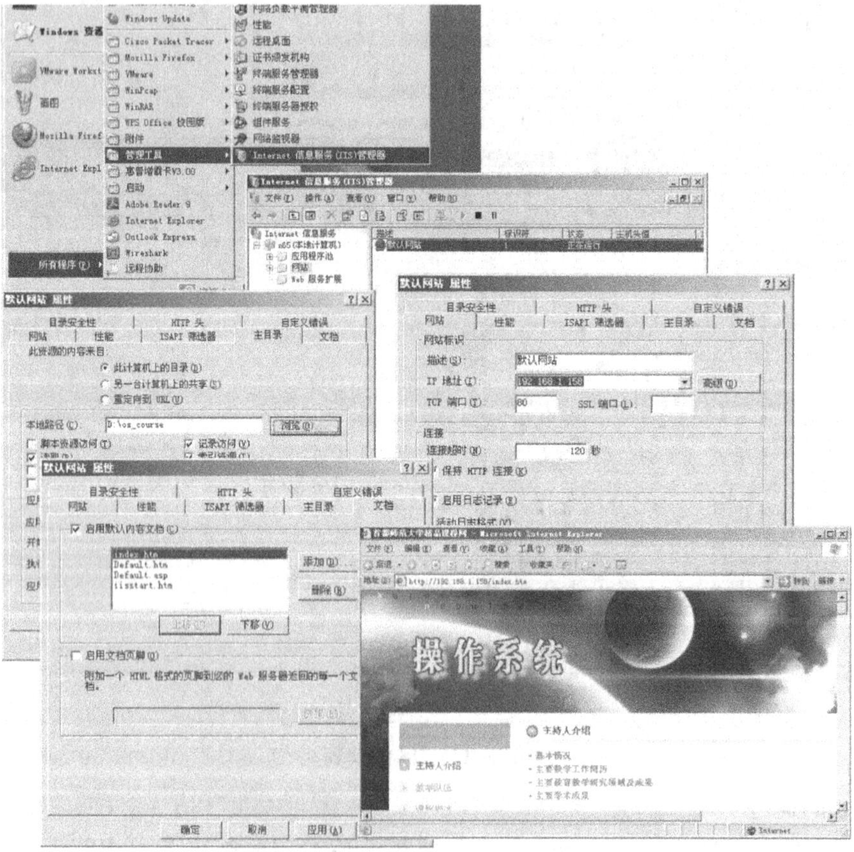

图 8-12　安装和配置基于 IIS 的 Web 服务器

当需要在一台服务器上添加更多的 Web 站点时，可以如下操作。

（1）多个 IP 对应多个 Web 站点

如果本机已绑定了多个 IP 地址，想利用不同的 IP 地址得出不同的 Web 页面，则只需在“默认站点”处单击右键，选“新建→站点”，然后根据提示在“说明”处输入任意用于说明它的内容（比如为“我的第二个站点”）、在“输入站点使用的 IP 地址”的下拉菜单处选中需给它绑定的 IP 地址即可。当建立好此站点之后，再按上步的方法进行相应设置。

（2）一个 IP 地址对应多个 Web 站点

当按上步的方法建立好所有的 Web 站点后，对于虚拟主机，可以通过给各 Web 站点设不同的端口号来实现，比如给一个 Web 站点设为 80，一个设为 81，一个设为 82 等，对于端口号是 80 的站点，访问格式仍然直接是 IP 地址就可以了，而对于绑定其他端口号的站点，访问时必须在 IP 地址后面加上相应的端口号，即使用“http://192.168.1.158:81”的格式。

改了端口号之后使用起来就比较麻烦。如果 DNS 服务器将所有网站的域名映射到了此唯一的 IP 地址，则用不同“主机头名”的方法比较好，这样就可以直接用域名来完成对不同站点的访问。

例如本机只有一个 IP 地址为 192.168.1.158，Web 站点，一个是“默认站点”，一个是“第二个站点”，如果想输入“http://www.hongqi.com”可直接访问前者、输入“http://www.hongguang.com”可直接访问后者的话，则应如下操作。

1）先确定在 DNS 服务器中两个域名都已映射到了上述确定的 IP 地址上，并确定所有的站点的端口号均保持为 80。

2）单击“默认站点→右键→属性→网站”，单击“IP 地址”右侧的“高级”按钮，在“此站点有多个标识下”双击已有的那个 IP 地址（或单击选中它后再按“编辑”按钮），然后在“主机头名”下输入“www.hongqi.com”，再按“确定”按钮保存退出。

3）继续按上述同样的方法为“第二个站点”设好新的主机头名为“www.hongguang.com”。

测试一下，打开浏览器，在地址栏输入不同的网址，就可以看到不同站点的内容了。

（3）多个域名对应同一个站点

先将上述 IP 地址绑定到站点上，再在 DNS 服务器中，将所需域名全部映射到这个 IP 地址，则在浏览器中输入任何一个域名，都会直接得到所设置好的那个网站的内容。

虽然 IIS 可以完成 Web 服务，但是它只支持静态页面，当需要加载动态数据时，即后台需要数据库支持时，Apache 可能是个更好的选择（可以参阅 Linux 一章）。

利用 IIS 还可以搭建邮件服务、文件服务（FTP）等，设置方法类似，本书不再重复。

搭建 IIS 服务器应该注意的问题如下。

1）安全对于服务器来说特别重要，所以需要及时更新安全补丁。

2）对于 FTP 目录，为了安全，要对每个目录按不同的用户设置不同的访问权限，然后关闭一些不需要的服务。

3）默认端口容易受到攻击，FTP 尽量不要使用 21 这个默认端口号，并启用日志，以便

FTP 服务出现异常时检查。

四、Windows Server 的远程服务

Windows Server 的另一个特色是支持远程控制。远程控制是在网络上由一台计算机（主控端 Remote/客户端）远距离去控制另一台电脑（被控端 Host/服务器端）的技术。电脑中的远程控制技术，始于 DOS 时代，只不过当时由于技术上没有什么大的变化，网络不发达，市场没有更高的要求，所以远程控制技术没有引起更多人的注意。但是，随着网络的高度发展，计算机管理及技术支持的需要，远程操作及控制技术越来越引起人们的关注。远程控制通常支持的网络方式有：LAN、WAN、拨号方式、互联网方式。此外，有的远程控制软件还支持通过串口、并口、红外端口来对远程机进行控制。传统的远程控制软件一般使用 NetBEUI、NetBIOS、IPX/SPX、TCP/IP 等协议来实现远程控制，不过，随着网络技术的发展，目前很多远程控制软件提供通过 Web 页面以 Java 技术来控制远程电脑，这样可以实现不同操作系统下的远程控制。

Windows Server 的远程管理工具都是自带的，包括：远程桌面连接，远程桌面 Web 连接，管理远程桌面，“远程桌面”管理单元和远程管理（HTML）五种远程管理的方法。以下以远程桌面连接为例，说明其服务的配置和使用。

远程桌面连接（以前称为“终端服务客户端”）可以在同样的程序中创建、配置、打开、编辑和保存连接文件。利用 Windows Server 远程桌面，用户可以从其他计算机上访问、运行在宿主计算机上的 Windows 会话，好像在自己的计算机前面工作一样。

在默认情况下，远程桌面连接安装在所有 Windows Server 系列操作系统中。可以使用远程桌面连接与终端服务器相连接，或者与运行 Windows Server 系列操作系统之一的计算机桌面相连接。

当用户远程连接到服务器上时，远程桌面将自动锁定该计算机，这样其他任何人都无法再访问应用程序和文件。返回上述计算机后，可以按〈Ctrl+Alt+Del〉组合键解除锁定。

远程桌面还允许多个用户在一台计算机上拥有活动的会话。这意味着多个用户可以让他们的应用程序保持运行状态，并保留他们的 Windows 会话状态，甚至在其他人登录时依然如此。

远程桌面可以用于实现各种使用场景。

1）远程工作：在家里或外出在外时，只要有网络连接，就可以访问办公室中的计算机并进行工作，包括对所有本地和远程设备的全部访问能力。

2）远程协作：同一个工作组的同事可以从办公室看到成员的桌面，以便调试某些代码、更新 PowerPoint 幻灯片或者校对文档。

3）共享控制台：允许多个用户维护同一台计算机上的不同程序和配置会话。

在 Windows Server 网络操作系统中，默认情况下禁用“管理远程桌面”，这主要是出于对服务器的安全考虑。而且，默认情况下的“远程桌面用户”组（Remote Desktop Users）未被配置成员，若要使用，必须手工添加。

具有“管理远程桌面”的服务器的远程管理适用于所有运行 Windows Server 系列操作系

统的计算机中。

“远程桌面连接”与“管理远程桌面”的管理工具有一些区别。

“远程桌面连接”与“管理远程桌面”这两者是一种包含关系。使用“远程桌面连接”，可以很容易地连接到终端服务器或其他运行远程桌面的计算机，也就是它可同时管理远程服务器和工作站。而“管理远程桌面”提供的是到运行任一 Windows Server 系列操作系统的计算机的桌面的远程访问，允许从网络中的任何虚拟计算机上管理服务器。它只是一种服务器的远程管理方式，不能用这种方式管理其他工作站。不过，它仍需要通过远程桌面连接来实现。所以，“远程桌面连接”包括“管理远程桌面”的功能。

使用“远程桌面连接”管理远程计算机需要配置服务器和客户端，以下分别说明。

在 Windows Server 域控制器系统中，以系统管理员账户登录。单击“开始→控制面板→系统”，选择“远程”选项卡，如图 8-13 所示。如果是其他 Windows 操作系统，操作方法类似，读者可以参照上述方法来操作。

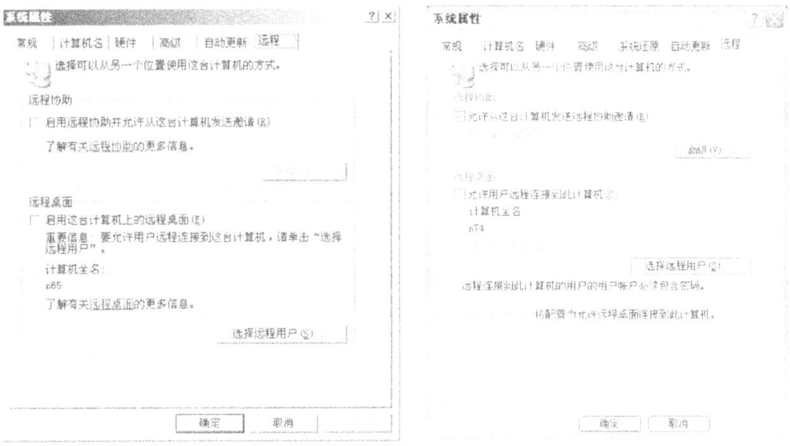

a) b)

图 8-13 配置远程连接

a) Windows Server b) Windows XP Professional

在“远程桌面”选项组中选中“允许用户远程连接到这台计算机”。然后再指定可以通过远程桌面连接到本地计算机的用户账户，可以有以下两种方式。

1）在对话框中单击“选择远程用户”按钮，提示用户用于远程连接的账户必须是有密码的，而且还要在防火墙中启用相应的端口。如果采用的仅是 Windows Server 系统自带的“Internet 连接防火墙”，则只需在这个防火墙软件中开启“远程桌面”服务即可。如果是其他防火墙，则需要开启“终端服务远程桌面协议”（RDP）所用的 3389 号 TCP 端口。

回到“选择远程用户”设置，打开如图 8-14 所示的“远程桌面用户”对话框。因为系统默认是没有添加任何成员，所以初始用户列表为空白。

在这里可以添加用于远程桌面连接的本地用户账户和组，可以连续添加多个用户和组。

2）在控制面板的“计算机管理”单元中的“用户和组”中“Remote Desktop Users”组中添加允许进行远程桌面连接的用户，如图 8-15 所示。

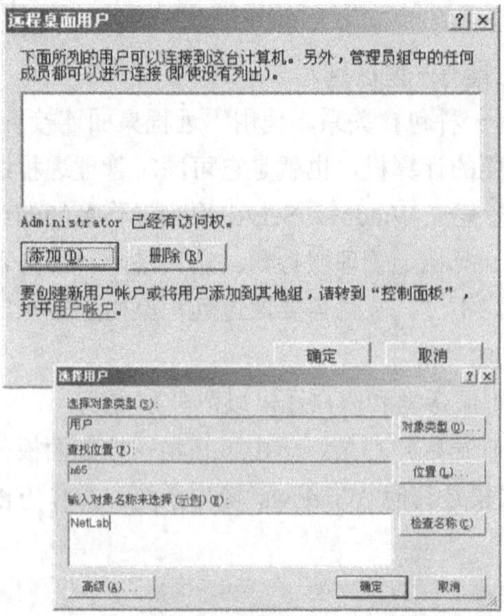

图 8-14　打开“远程桌面用户”对话框

图 8-15　添加远程桌面连接的用户账户

双击“Remote Desktop Users”组，选择“成员”选项卡。在这里可以添加用户或组。

下面以实例来说明远程桌面连接的建立。在安装了远程桌面连接客户端程序后，就可以用有权限进行远程桌面连接的用户在该计算机上通过远程连接到域控制器，进行所需的管理工作。具体步骤如下。

1）单击“开始程序远程桌面连接”菜单命令，打开“远程桌面连接”对话框。这是一个简易界面，通常需要单击“选项”按钮展开，以便输入远程桌面连接所用的用户账户信息，展开后的对话框如图 8-16 所示。在对话框中可选择要登录的计算机，输入所使用的用户账户信息。

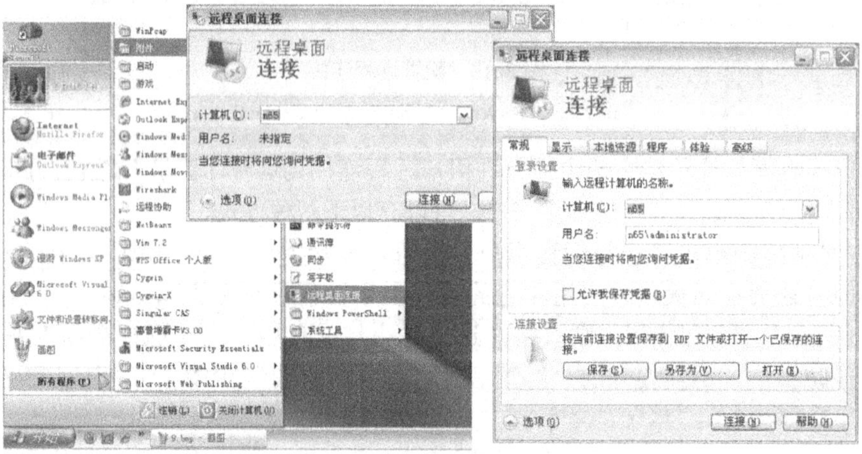

图 8-16　配置远程桌面连接的参数

2）单击“显示”选项卡，在这个对话框中设置此次远程连接时的远程桌面大小、颜色，以及连接时是否需要显示连接栏等。

3）单击“本地连接”选项卡，在“远程计算机声音”下拉列表框中选择远程计算机上的声音文件播放方式。

4）单击“程序”选项卡，指定桌面连接启动的同时可以启动的程序。

5）单击“高级”选项卡，指定优化当前远程网络连接性能所使用的连接方式。

6）全部配置好后，为了使下次进行连接不必更新配置，将配置值保存好。

7）单击“连接”按钮进行远程桌面连接。连接成功后即弹出如图 8-17 所示的 Windows Server 域控制器系统远程桌面。

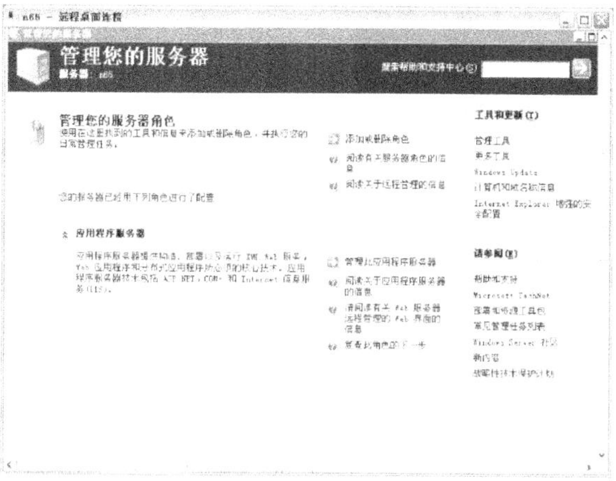

图 8-17　远程登录后的域控制器

对远程域控制器计算机进行远程配置和管理，就像在域控制器本地登录一样。如果选择了“磁盘驱动器”复选框，则可在远程域控制器上浏览资源管理器时可见到连接双方的磁盘，如图 8-18 所示。在这里就可以很方便地进行双方文件互操作了。

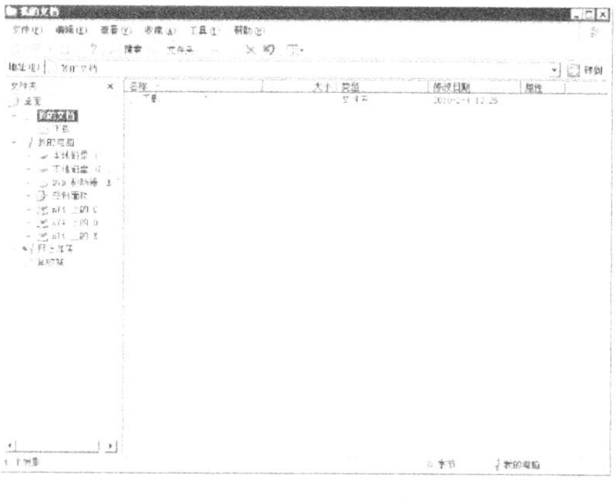

图 8-18　共享磁盘

在远程桌面连接成功后，全屏显示时，在桌面顶部有一个连接栏，如图 8-19 所示。它是用来控制远程桌面连接窗口的。

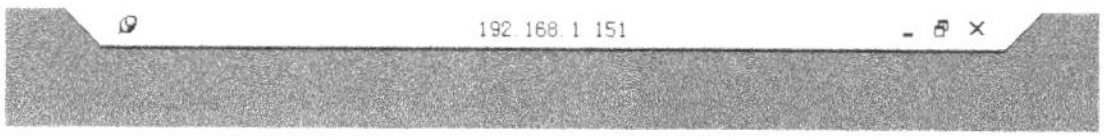

图 8-19　连接栏

8）当完成了服务器配置后，可结束当前会话，断开远程桌面连接。

其他远程管理工具也可以对远程的计算机进行控制，只是在形式上有区别，实质的差别不大。

本章小结

本章系统地介绍了 Windows Server 操作系统。Windows Server 是一个专为网络应用而设计的服务器操作系统，它结合了面向对象的思想，分层结构和客户/服务器模型，同时贯彻了策略与机制分离的设计准则。Windows Server 的体系结构是分层的，通过硬件的支持，实现了用户态和核心态两个特权级别。前者指环境子系统，它支持多操作系统的运行，后者指内核执行体。执行体本身就是一个操作系统。

Windows Server 执行体的结构采用层次式与客户/服务器模式的结合。以对象的方式实现。执行体的上层是系统服务、对象管理器、安全引用监视器、进程和线程管理器、本地过程调用、虚拟内存管理器等，下层是内核和硬件抽象层。

Windows Server 的系统机制大量采用客户/服务器模式，这种模式在网络环境下具有较高的工作效率，同时也为网络服务提供了方便。

Windows Server 是一个网络操作系统。它能提供现行网络上的所有服务功能，不仅如此，它还提供了 Windows 特有的一些特殊服务，例如活动目录，系统快照等，同时还提供了综合的网络管理和服务软件 IIS。为此，本章还介绍了信息管理服务的安装、配置和使用。最后，简单介绍了 Windows Server 的远程控制。

自测习题

一、思考题

1．Windows Server 的设计目标是什么？它有什么特点？
2．请描述 Windows Server 的体系结构，画出相互关系图。
3．Windows Server 中分几个特权级别？都是什么？
4．Windows Server 的系统机制是什么？
5．Windows Server 中远程过程调用的过程是什么？
6．Windows Server 都提供哪些网络服务？有什么特点？
7．建立活动目录的主要目的是什么？
8．请描述配置一个活动目录的详细过程。
9．Windows Server 的 IIS 服务是指什么？都包含哪些传统服务？
10．如何添加和配置 IIS 服务？请详细描述。
11．Windows Server 为什么设置了远程服务？其主要目的是什么？
12．如何进行远程服务的连接？
13．在 Windows Server 中要实现 DNS 服务应该怎么做？
14．如何用 Windows Server 做一台 DHCP 服务器？
15．在 Windows Server 操作系统中如何实现 FTP 文件服务？

二、解释下列名词

1．系统支持进程、服务进程、环境子系统、用户应用程序。

2．内核、执行体、内存管理器、进程和线程管理、安全控制、硬件抽象层、设备驱动程序、图形引擎。

3．本地过程调用、远程过程调用。

4．互联网信息服务。

5．远程服务、远程管理、远程桌面。

主要参考文献

[1] TANENBAUM A S，BOS H. 现代操作系统（原书第4版）[M]. 陈向群，马洪兵，等译. 北京：机械工业出版社，2017.

[2] 王万森，等. 计算机操作系统原理[M]. 2版. 北京：高等教育出版社，2008.

[3] 谭耀铭. 操作系统[M]. 2版. 北京：中国人民大学出版社，2007.

[4] 左万历，周长林，彭涛. 计算机操作系统教程[M]. 3版. 北京：高等教育出版社，2010.

[5] 费翔林，骆斌. 操作系统教程[M]. 5版. 北京：高等教育出版社，2014.

[6] 孟庆昌，牛欣源. Linux教程[M]. 3版. 北京：电子工业出版社，2011.

[7] 孟庆昌，等. 操作系统[M]. 3版. 北京：电子工业出版社，2017.

[8] 陈向群. 网络操作系统[M]. 北京：机械工业出版社，2010.

[9] 陈向群，杨芙清. 操作系统教程[M]. 2版. 北京：北京大学出版社，2006.

[10] STEVENS W R. UNIX网络编程卷2：进程间通信（英文版）[M]. 2版. 北京：人民邮电出版社，2016.

[11] STEVENS W R，等. UNIX环境高级编程（英文版）[M]. 3版. 北京：人民邮电出版社，2014.

[12] STEVENS W R，等. UNIX网络编程卷Ⅰ：套接字联网API（英文版）[M]. 3版. 北京：机械工业出版社，2004.

[13] 张尧学，宋红，张高. 计算机操作系统教程[M]. 4版. 北京：清华大学出版社，2013.

[14] 罗宇，等. 操作系统[M]. 4版. 北京：电子工业出版社，2015.

[15] 汤小丹，梁红兵，等. 计算机操作系统[M]. 4版. 西安：西安电子科技大学出版社，2014.

[16] 任爱华，王雷，等. 操作系统实用教程[M]. 3版. 北京：清华大学出版社，2010.

[17] 邹鹏. 操作系统原理与实践[M]. 北京：高等教育出版社，2008.

[18] 邹恒明. 计算机的心智：操作系统之哲学原理[M]. 2版. 北京：机械工业出版社，2012.

[19] 陆松年. 操作系统教程[M]. 4版. 北京：电子工业出版社，2014.

[20] 陆松年. 操作系统实验教程[M]. 北京：电子工业出版社，2010.

[21] 陈向群. Windows内核实验教程[M]. 北京：机械工业出版社，2002.

[22] Richard Petersen. Ubuntu完全手册[M]. 北京：电子工业出版社，2009.

[23] 安装 Windows Server Essentials[M/OL]. 北京：Microsoft Corporation 2017[2019-03-15]. https://docs.microsoft.com/zh-cn/windows-server-essentials/install/install-windows-server-essentials.

[24] 陈向群. 操作系统[M]. 北京：北京大学出版社，2002.

[25] 陈向群，向勇，王雷，等. Windows操作系统教程[M]. 2版. 北京：机械工业出版社，2004.

[26] STALLINGS W. 操作系统：精髓与设计原理[M]. 8版. 陈向群，陈渝，译. 北京：电子工业出版社，2012.

后　记

经全国高等教育自学考试指导委员会同意，由电子电工与信息类专业委员会负责计算机网络专业教材的审定工作。

本教材由北京大学陈向群教授、首都师范大学孙卫真副教授负责编写。电子电工与信息类专业委员会在上海组织了本教材的审稿工作。参加审稿并提出修改意见的有中国科学技术大学张信明教授和上海大学武频副教授，谨向他们表示诚挚的谢意。

电子电工与信息类专业委员会最后审定通过了本教材。

全国高等教育自学考试指导委员会

电子电工与信息类专业委员会

2019 年 6 月